精品实例教程丛书

中文版 AutoCAD 2014 建筑设计实例教程

李红萍　编著

清华大学出版社

北　京

内 容 简 介

本书为中文版 AutoCAD 2014 建筑设计实例教程，系统全面地讲解了 AutoCAD 2014 的基本功能及其在建筑设计领域的具体应用。

本书共 5 篇 18 章，第 1 篇为基础入门篇，主要讲解了建筑制图标准和 AutoCAD 2014 基本操作；第 2 篇为二维绘图篇，主要讲解了 AutoCAD 二维建筑图形的绘制和编辑方法；第 3 篇为效率提升篇，主要讲解了精确绘图工具、图层、文字与表格、尺寸标注、块与设计中心等功能；第 4 篇为建筑施工图篇，分别讲解了建筑总平面图、建筑平面图、建筑立面图、建筑剖面图、室内装潢施工图和建筑详图的绘制方法；第 5 篇为设备施工图及打印输出篇，介绍了给排水、建筑电气、空调通风施工图的绘制及打印输出的方法。

图书在版编目(CIP)数据

中文版 AutoCAD 2014 建筑设计实例教程/李红萍编著. --北京：清华大学出版社，2015
(精品实例教程丛书)
ISBN 978-7-302-37855-6

Ⅰ. ①中… Ⅱ. ①李… Ⅲ. ①建筑制图—计算机辅助设计—AutoCAD 软件—教材　Ⅳ. ①TU204

中国版本图书馆 CIP 数据核字(2014)第 199310 号

责任编辑：秦　甲
封面设计：杨玉兰
责任校对：李玉萍
责任印制：沈　露

出版发行：清华大学出版社
　　网　　　址：http://www.tup.com.cn，http://www.wqbook.com
　　地　　　址：北京清华大学学研大厦 A 座　　　　　邮　　编：100084
　　社 总 机：010-62770175　　　　　　　　　　　邮　　购：010-62786544
　　投稿与读者服务：010-62776969，c-service@tup.tsinghua.edu.cn
　　质 量 反 馈：010-62772015，zhiliang@tup.tsinghua.edu.cn
　　课 件 下 载：http://www.tup.com.cn，010-62791865
印 装 者：北京嘉实印刷有限公司
经　　销：全国新华书店
开　　本：185mm×260mm　　　**印　张**：29.5　　　**字　数**：714 千字
　　　　　　(附光盘 1 张)
版　　次：2015 年 1 月第 1 版　　　　　　　　　**印　次**：2015 年 1 月第 1 次印刷
印　　数：1～3000
定　　价：59.00 元

产品编号：054205-01

前　言

关于 AutoCAD 2014

AutoCAD 是 Autodesk 公司开发的计算机辅助绘图和设计软件，广泛应用于机械、建筑、电子、航天、石油化工、土木工程、冶金、气象、纺织、轻工业等领域。在中国，AutoCAD 已成为工程设计领域应用最广泛的计算机辅助设计软件之一。

AutoCAD 2014 与以前的版本相比，具有更完善的绘图界面和设计环境，在性能和功能方面都有较大的增强，同时保证与低版本完全兼容。

本书内容

本书为中文版 AutoCAD 2014 建筑设计实例教程。全书结合 170 多个知识小案例，系统讲解了 AutoCAD 2014 的基本操作和建筑设计的技术精髓。全书内容具体如下。

- 第 1 章主要介绍建筑设计和制图的基础知识，包括建筑设计概述、建筑施工图的种类、建筑制图标准等内容，可以使读者对建筑设计和制图有一个全面的了解和认识。
- 第 2 章主要介绍 AutoCAD 2014 的入门知识，包括 AutoCAD 2014 的启动与退出、工作界面、文件管理和绘图环境设置等内容。
- 第 3 章主要介绍 AutoCAD 2014 的基本操作，包括坐标系的使用、AutoCAD 命令的调用、视图的操作等。
- 第 4 章主要介绍基本建筑二维图形的绘制方法，包括点、直线、构造线、圆、椭圆、多边形、矩形等。
- 第 5 章主要介绍复杂建筑二维图形的绘制，包括多段线、样条曲线、多线、图案填充等内容。
- 第 6 章介绍建筑二维图形的编辑方法，包括对象的选择、图形修整、移动和拉伸、倒角和圆角、夹点编辑、图形复制等内容。
- 第 7 章主要介绍高效和精确绘图工具的用法，包括正交、栅格、极轴追踪、对象捕捉、块、设计中心等功能。
- 第 8 章介绍图层和图层特性的设置，以及对象特性的修改等内容。
- 第 9 章介绍文字与表格的创建和编辑功能。
- 第 10 章介绍为建筑图形添加尺寸标注的方法，包括尺寸标注样式的设置、各类尺寸标注的用途及操作、尺寸标注的编辑、多重引线标注等内容。
- 第 11 章首先介绍建筑总平面图的形成和作用、图示方法等基本知识，然后以一个住宅小区的建筑总平面图为例，讲解了详细的绘制流程和方法。
- 第 12 章首先介绍建筑平面图的基础知识，然后以一幢住宅楼的平面图为例，介绍了建筑平面图的绘制流程和方法。
- 第 13 章首先介绍建筑立面图的基础知识，然后以一幢住宅楼的立面图为例，介绍建筑立面图的绘制流程和方法。

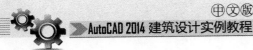

- 第 14 章首先介绍建筑剖面图的基础知识，然后以一幢住宅楼的剖面图为例，介绍建筑剖面图的绘制流程和方法。
- 第 15 章首先介绍室内设计的基础知识，然后以一套别墅的室内设计为例，讲解室内平面布置图、地材图、立面图等整套室内施工图的绘制流程和方法。
- 第 16 章介绍建筑详图的基础知识和相关绘制方法。
- 第 17 章介绍建筑电气、空调通风、给水排水等建筑设备施工图的基础知识和绘制方法。
- 第 18 章介绍建筑施工图的出图打印方法和技巧。

本书特色

零点起步、轻松入门　本书内容讲解循序渐进、通俗易懂，易于入手，每个重要的知识点都采用实例讲解，读者可以边学边练，通过实际操作理解各种功能的实际应用。

实战演练、逐步精通　本书安排了行业中的大量经典实例，每个章节都有实例示范来提升读者的实战经验。实例串起多个知识点，提高读者应用水平，使您快步迈向高手行列。

多媒体教学、身临其境　附赠光盘内容丰富超值，不仅有实例的素材文件和结果文件，还有由专业领域的工程师录制的全程同步语音教学视频，让您仿佛亲临课堂，工程师"手把手"带领您完成行业实例，让您的学习之旅轻松愉快。

以一抵四、物超所值　学习一门知识，通常需要一本教程来入门，掌握相关知识和应用技巧；需要一本实例书来提高，把所学的知识应用到实际当中；需要一本手册书来参考，在学习和工作中随时查阅；还要有多媒体光盘来辅助练习。现在，您只需花一本书的价钱，就能得到所有这些，绝对物超所值。

本书作者

本书由李红萍编著，参加图书编写和资料整理的还有：陈运炳、申玉秀、李红艺、李红术、陈云香、陈文香、陈军云、彭斌全、陈志民、林小群、刘清平、钟睦、刘里锋、朱海涛、廖博、喻文明、易盛、陈晶、张绍华、黄柯、何凯、黄华、陈文轶、杨少波、杨芳、刘有良等。

由于作者水平有限，书中错误、疏漏之处在所难免。在感谢您选择本书的同时，也希望您能够把您对本书的意见和建议告诉我们。

作者联系邮箱：lushanbook@qq.com。

编　者

目 录

 第 1 章
建筑设计与 AutoCAD 制图

> **本章导读**

　　本章主要介绍建筑设计和施工图绘图的一些基本理论，包括建筑设计概述、建筑施工图的分类和组成、建筑制图标准等内容，为后面学习相关建筑工程图纸的绘制打下坚实的理论基础。

> **学习目标**

- ➤ 了解建筑设计的流程和内容。
- ➤ 了解建筑施工图的种类。
- ➤ 熟悉建筑制图的标准。

1.1　建筑设计概述

建筑设计是指建筑物在进行实地建造之前，设计者依据设计意图和建设任务，遵循相关的法律法规，将施工与使用过程中所存在或可能发生的问题，提前做好全面设想，拟订好解决问题的方法与方案，用图纸和文件表达出来的一种过程与结果。

建筑工程从拟订计划到建成使用要经过以下环节：编制设计任务书、审定设计指标以及设计方案、选择建造地址、场地勘测、建筑工程设计、施工招标、组织施工、安装配套工程、装饰装修工程、试运行及交付使用建筑物、回访和总结。

建筑工程设计包括建筑设计、结构设计、设备设计三个方面，涵盖设计一栋建筑物或建筑群所要做的全部工作。习惯上将建筑工程设计称为建筑设计。

1. 建筑设计

建筑设计包括总体和个体设计两个方面，通常由注册建筑师来完成该项工作。

在进行建筑设计工作时，要根据审批下达的设计任务书和国家有关的政策法规，综合分析建筑功能、建筑规模、建筑标准、材料供应、施工水平、地段特点、气候条件等因素，运用科学技术知识和美学方案，正确处理各种要求之间的相互关系，为创造良好的空间环境提供方案和建造蓝图。

2. 结构设计

结构设计是指根据建筑设计选择符合实际的结构布置方案，进行结构计算及构件设计，多由结构工程师来完成。

3. 设备设计

设备设计包括给水、排水、电气照明、采暖通风空调、动力等的设计，该领域需要由有关专业的工程师配合建筑设计来完成。

图 1-1、图 1-2 所示为 2008 年北京奥运会的标志性建筑物，即鸟巢体育馆与水立方游泳馆，是经典建筑设计的代表。

图 1-1　鸟巢体育馆

图 1-2　水立方游泳馆

1.2 建筑施工图的种类

建筑施工图依据其功能的不同，可以大致分为建筑施工图、结构施工图、设备施工图三类。这三类施工图包括了建筑工程设计的全部内容，在绘制建筑施工图纸时，需要完成这三类施工图的绘制，才能完整地表达设计意图，付诸使用。

本节介绍关于各类建筑施工图的知识。

1.2.1 建筑施工图

建筑施工图是房屋建筑工程施工图设计的首要环节，是建筑工程施工图中最基本的图样，也是其他各专业施工图设计的依据。

建筑施工图主要包括总平面图、平面图、立面图、剖面图以及详图等。

1. 建筑总平面图

建筑总平面图是新建房屋在基地方位内的总体布局，是新建房屋范围内的水平正投影。总平面图反映新建房屋的平面形状、位置、标高、朝向及其与周围原有建筑及道路、河流、地形等的关系。作为新建房屋定位、施工放线、土石方施工、现场布置的依据，建筑总平面图是建筑施工图集不可缺少的图纸之一。

图 1-3 所示为绘制完成的建筑总平面图。

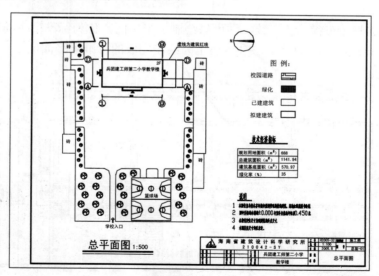

图 1-3 建筑总平面图

2. 建筑平面图

建筑平面图也可称为房屋各层的水平剖面图。通常说来，要根据房屋的层数来绘制平面图。尽量保证每层都绘制平面图，并在图形下方绘制相应的图名、比例标注。

沿着房屋底层洞口剖切所得到的平面图称为底层或一层平面图，一般绘制散水、台阶、坡道等室外设施。图 1-4 所示为绘制完成的一层平面图。

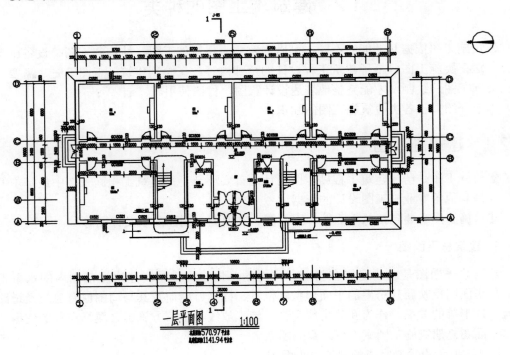

图 1-4   一层平面图

中间的各层假如布置等相一致，则可只绘制一个平面，称为标准层平面图，也可按层数来命名，比如 2～6 层平面图。图 1-5 所示为绘制完成的标准层平面图。

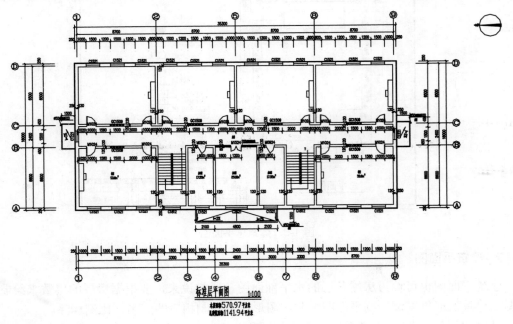

图 1-5   标准层平面图

最上面一层的平面图称为顶层平面图，又称为屋顶平面图，主要表达屋顶的做法、标高以及排水沟的设置等。图 1-6 所示为绘制完成的屋顶平面图。

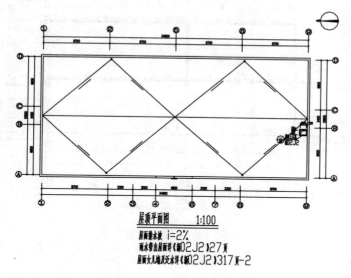

图 1-6   屋顶平面图

3. 建筑立面图

建筑立面图是在与房屋立面平行的投影面上所做的正投影图，又称立面图，主要反映房屋的外貌、各部分配件的形状和相互关系以及立面装修做法等，是建筑以及装饰施工不可缺少的图样。

图 1-7 所示为绘制完成的建筑立面图。

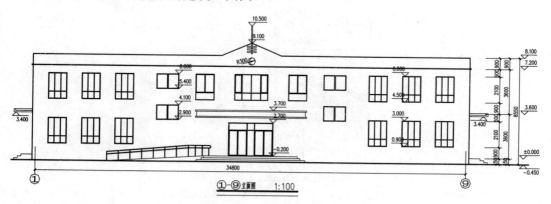

图 1-7   建筑立面图

4. 建筑剖面图

建筑剖面图主要反映房屋内部垂直方向的高度、分层情况，楼地面和屋顶的构造以及各构配件在垂直方向的相互关系。剖面图与平面图、立面图相配合，成为建筑施工图的重要图样。

图 1-8 所示为绘制完成的建筑剖面图。

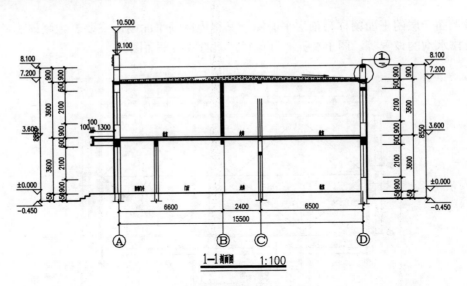

图 1-8　建筑剖面图

5. 建筑详图

为了满足施工的需要，对房屋的一些细部构造，比如形状、层次、尺寸、材料和做法等，必须以较大的比例来绘制详细图样，这种图纸称为建筑详图，简称详图。

详图是建筑细部的施工图，是对建筑平面、立面、剖面图等基本图样的深化和补充，是建筑工程细部施工、建筑构配件的制作及编制预算的依据。

图 1-9 所示为绘制完成的檐口建筑详图。

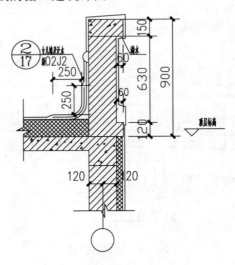

图 1-9　檐口建筑详图

1.2.2　结构施工图

结构施工图主要表达各承重构件的平面布置、构件大小、所用材料、配筋及施工要求等，是构件制作、安装、编制施工预算、编制施工进度和指导施工的重要依据。

结构施工图由结构设计说明、基础平面图、基础详图、结构平面布置图、钢筋混凝土构件详图、节点构造详图以及其他一些图样组成。

1. 基础施工图

基础施工图是表示建筑物在相对±0.000 以下基础部分的平面布置和详细构造的图样，是施工过程中在地基上放线、确定基础结构的位置、开挖基坑和砌筑基础的重要依据。

基础施工图包括基础平面图、基础详图以及文字说明三个部分。

在基础平面图中，需要绘制基础墙、柱轮廓线和基础底部的轮廓线以及基础梁等构件，其他的细部轮廓线均省略不画，仅将其反映在基础详图中。图 1-10 所示为绘制完成的基础平面图。

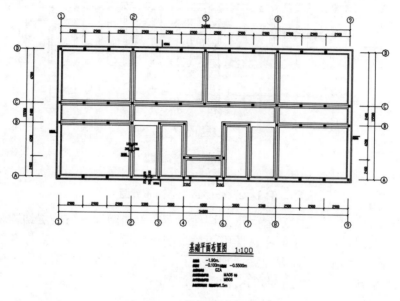

图 1-10　基础平面图

基础详图反映了基础各部分的形状、大小、材料、构造以及基础的深埋等情况。图 1-11 所示为绘制完成的基础详图。

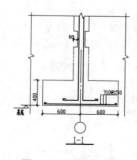

图 1-11　基础详图

2. 结构平面布置图

结构平面布置图表示房屋上各承重结构或构件的布置图样，是施工时布置和安放各层承重构件的依据,一般包括楼层结构平面布置图和屋顶结构平面布置图。

楼层结构平面布置图主要用来表示房屋每层的梁、板、柱、墙等承重构件的平面位置,说明各构件在房屋中的位置以及它们之间的构造关系。图 1-12 所示为绘制完成的楼层结构平面布置图。

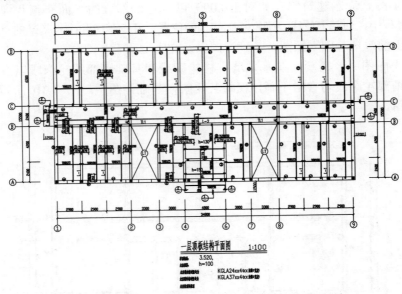

图 1-12　楼层结构平面布置图

屋顶结构平面布置图是表示屋面承重构件平面布置的图样,与楼层结构平面布置图基本一致。另外,在屋顶结构平面布置图中还要表明挑檐板的范围及节点详图的剖切符号。在阅读屋顶结构平面图时,还要注意屋顶上入孔、通风道等处的预留孔洞的位置和大小。图 1-13 所示为绘制完成的顶层(屋顶)结构平面布置图。

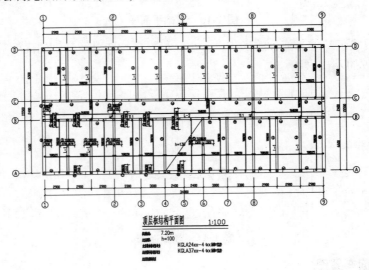

图 1-13　顶层结构平面布置图

3. 结构详图

结构详图主要表达建筑物各承重构件的形状、大小、材料、构造和连接情况。结构详图由配筋图、模板图、预埋件图、配筋表以及必要的文字说明组成。

配筋图主要用来表示构件内部的钢筋配置、形状、规格、数量等，是钢筋下料、成型的依据。

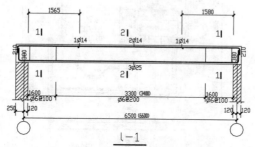

图 1-14 所示为绘制完成的配筋立面图、断面图。

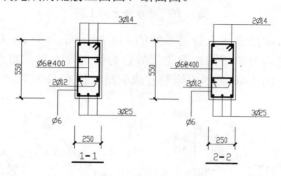

图 1-14　梁的配筋图

1.2.3　设备施工图

建筑设备是指安装在建筑物内的给水排水管道、采暖通风空调、电气照明等管道，以及相应的设施、装置。建筑设备服务于建筑物，使建筑能更好地发挥本身的功能，改善和提高使用者的生活质量或者生产者的生产环境。

设备施工图用来表明建筑工程各专业设备、管道以及埋线的布置和安装要求，由给水排水施工图(简称水施)、采暖施工图(简称暖施)、电气施工图(简称电施)等组成。

1. 给水排水施工图

建筑物内的给水排水施工图是指居住房屋内部的厨房和盥洗室等卫生间设备图样，以及工矿企业车间内生产用水装置的工程设计图，主要显示了这些用水器具的安装位置及其管道布置情况，一般由平面布置图、系统图、安装详图等组成。图 1-15 所示为绘制完成的给水排水施工图。

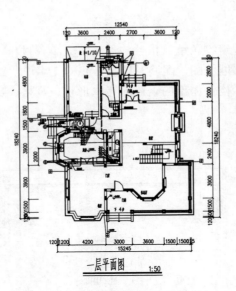

一层平面图　1:50

图 1-15　给水排水施工图

给水排水系统图反映给水排水管道系统的上下层之间、前后左右间的空间关系，各管段的管径、坡度、标高以及管道附件的位置等，与给水排水平面布置图一起表达给水排水工程空间布置的情况。图 1-16 所示为绘制完成的给水排水系统图。

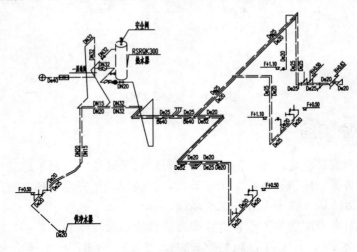

图 1-16　给水排水系统图

2. 采暖施工图

采暖平面图和采暖系统图共同反映了采暖系统管道平面布置、连接关系、空间走向及管道上各种配件和散热器在管路上的位置，反映管路各段管径和坡度等。采暖系统图应与采暖施工图对照阅读，以便了解采暖施工图的完整内容。图 1-17 所示为绘制完成的采暖平面图。图 1-18 所示为绘制完成的采暖系统图。

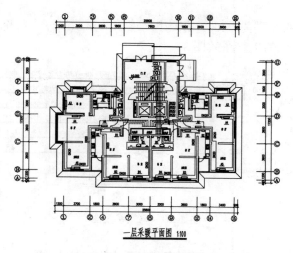

一层采暖平面图 1:100

图 1-17　采暖平面图

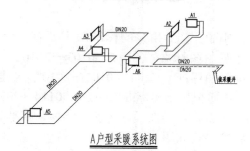

A 户型采暖系统图

图 1-18　采暖系统图

3. 电气施工图

电气平面图表明建筑物内部配电线路的方向、相互联系、线路编号、敷设方式以及规格型号等内容，是建筑施工图不可缺少的施工图样。图 1-19 所示为绘制完成的电气平面图。

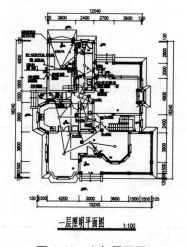

一层照明平面图　1:100

图 1-19　电气平面图

电气系统图以电路原理为基础，依据电路连接关系绘制，应与电气平面图配合阅读。图 1-20 所示为绘制完成的电气系统图。

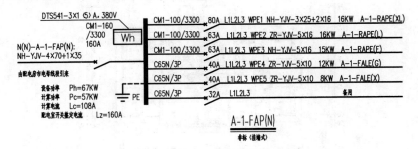

图 1-20　电气系统图

1.3　建筑制图统一标准

国家对房屋建筑设计制图制定了相关的标准，主要有《房屋建筑制图统一标准》GB/T 50001—2010、《总图制图标准》GB/T 50103—2010、《建筑制图标准》GB/T 50104—2010、《建筑结构制图标准》GB/T 50105—2010、《建筑给水排水制图标准》GB/T 50106—2010 以及《暖通空调制图标准》GB/T 50114—2010。这些标准提供了绘制各类建筑施工图所应遵循的规范，包括图线、比例、字体、标准等方面的内容。本节摘取一些常用的国家现行制图标准进行介绍。

1.3.1　图纸编排

建筑工程图纸应按专业顺序编排，一般为图纸目录、总图及说明、建筑图、结构图、给水排水图、采暖通风图、电气图、动力图等。以某专业为主体的工程，应突出该专业的图纸。

此外，各专业的图纸，应按图纸内容的主次关系，有系统有顺序地排列。

1.3.2　图纸的幅面

图纸的大小又称图纸幅面。

图纸幅面即图框尺寸，应符合表 1-1 中的规定。

表 1-1　幅面和图框尺寸　　　　　　　　　　　　　单位：mm

尺寸代号 幅面代号	A0	A1	A2	A3	A4
b×l	841×1189	594×841	420×594	297×420	210×297
c	10			5	
a	25				

注：b——幅面短边尺寸；l——幅面长边尺寸；c——图框线与幅面线间宽度；a——图框线与装订边间宽度。

横式使用的图纸，应按照图 1-21、图 1-22 所示的形式进行布置。

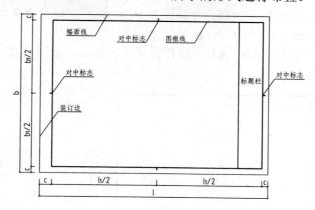

图 1-21　A0～A3 横式幅面(一)

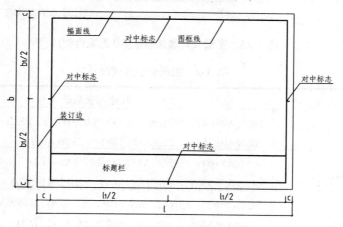

图 1-22　A0～A3 横式幅面(二)

立式使用的图纸，应按照图 1-23、图 1-24 所示的形式进行布置。

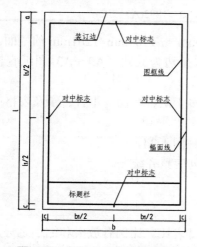

图 1-23　A0～A4 立式幅面(一)

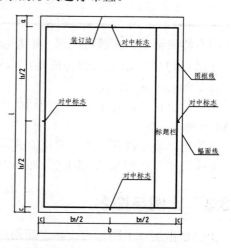

图 1-24　A0～A4 立式幅面(二)

需要微缩复制的图纸，其中一个边上应附有一段准确米制尺度，四个边上均附有对中标志，米制尺度的总长应为 100mm，分格应为 10mm。对中标志应画在图纸各边长的中点处，线宽应为 0.35mm，深入框内 5mm。

图纸的短边不应加长，A0～A3 幅面长边尺寸可加长，如图 1-25 所示，但是应符合表 1-2 的规定。

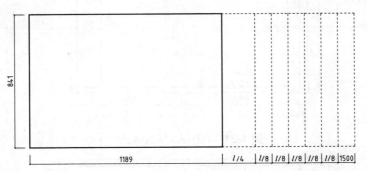

图 1-25 图纸长边加长示意(A0 图纸为例)

表 1-2 图纸长边加长尺寸 　　　　　　　　　单位：mm

幅面代号	长边尺寸	长边加长后的尺寸
A0	1189	1486(A0+l/4)　1635(A0+3l/8) 1783(A0+l/2)　1932(A0+5l/8) 2080(A0+3l/4)　2230(A0+7l/8)　2378(A0+l)
A1	841	1051(A1+l/4)　1261(A1+l/2)　1471(A1+3l/4)　1682(A1+l) 1892(A1+5l/4)　2102(A1+3l/4)　2012(A1+3/2l)
A2	594	743(A2+l/4)　891(A2+l/2)　1041(A2+3l/4)　1189(A2+l) 1338(A2+5l/4)　1486(A2+3l/2)　1635(A2+7l/4)　1783(A2+2l) 1932(A2+9l/4)　2080(A2+5l/2)
A3	420	630(A3+l/2)　841(A3+l)　1051(A3+3l/2)　1261(A3+2l) 1471(A3+5l/2)　1682(A3+3l)　1892(A3+7l/2)

如有特殊情况，图纸可采用 b×1 为 841mm×891mm 与 1189mm×1261mm 的幅面。

图纸以短边作为垂直边为横式，以短边作为水平边为立式。A0～A3 图纸宜横式使用；必要时也可立式使用。

在工程设计中，每个专业所使用的图纸，不应多于两种幅面，不含目录及表格所采用的 A4 幅面。

图纸可以采用横式，也可采用立式，见图 1-21～图 1-24。

为能快速、清晰地阅读图纸，图样在图面上排列应整齐统一。

1.3.3　比例与图名

比例是指图纸上图形与实物之间相应的线性尺寸之比。比例有放大和缩小之分，建筑图纸主要采用缩小的比例。比例使用阿拉伯数字表示，比如 1：50 表示图纸上一个线性长度单位，代表实际长度为 50 个单位。

比例应书写在图名的右方，字体应比图名小一号或者两号，图名的下划线与图名文字间隔不宜大于 1mm，其长度则应以所写文字所占长度为准，如图 1-26 所示。

一层建筑平面图 1:100

图 1-26　图名与比例

1.3.4　图线

在建筑制图中，使用不同的线型、线宽表达不同的内容及含义，才能使图面生动，层次清楚。表 1-3 所示即表明了不同图线的用途。

表 1-3　图线

名　称		线　型	线　宽	一般用途
实线	粗		b	主要可见轮廓线
	中		$0.5b$	可见轮廓线
	细		$0.25b$	可见轮廓线、图例线
虚线	粗		b	见有关专业制图标准
	中		$0.5b$	不可见轮廓线
	细		$0.25b$	不可见轮廓线、图例线
单点长画线	粗		b	见有关专业制图标准
	中		$0.5b$	见有关专业制图标准
	细		$0.25b$	中心线、对称线等
双点长画线	粗		b	见有关专业制图标准
	中		$0.5b$	见有关专业制图标准
	细		$0.25b$	假想轮廓线、成型前原始轮廓线
折断线			$0.25b$	断开界线
波浪线			$0.25b$	断开界线

每个图样都应该按照其复杂程度以及比例大小，首先选定基本线宽 b 值，再按照表 1-4 所示的参数来确定线宽。

表 1-4　线宽组

线　宽　比	线　宽　组					
b	2.0	1.4	1.0	0.7	0.5	0.35
$0.5b$	1.0	0.7	0.5	0.35	0.25	0.18
$0.25b$	0.5	0.35	0.25	0.18	—	—

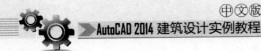

使用图线应注意以下几点。

(1) 在同一张图纸内,同样比例的各个图样要选用相同的线宽组。

(2) 相互平行的图线,它们之间的间隙不宜小于其中的粗线宽度,并且不宜小于0.7mm。

(3) 在绘制较简单的图样或者较小的图样时,可以只采用粗线和细线两种线宽。

(4) 图线不得与文字、数字符号等重叠、混淆。不能避免时,可将重叠部位图线进行断开。

(5) 图纸的图框线、标题栏线宽的选取,应根据图幅的大小来确定,如表 1-5 所示。

表 1-5　图框线、标题栏线的宽度

幅面代号	图 框 线	标题栏外框线	标题栏分格线
A0、A1	1.4b	0.5b	0.25b
A2、A3、A4	1.0b	0.7b	0.35b

1.3.5　尺寸标注

在图样上除了画出建筑物及其各部分的形状之外,还必须准确、详细及清晰地标注尺寸,以确定大小,作为施工的依据。

国标规定,工程图样上的标注尺寸,除了标高和总平面图以米(m)为单位外,其余的尺寸一般以毫米(mm)为单位,图上的尺寸数字都不再注写单位。假如使用其他的单位,必须有相应的注明。图样上的尺寸,应以所标注的尺寸数字为准,不得从图上直接量取。

图 1-27 所示为对图形进行尺寸标注的结果。

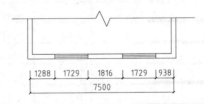

图 1-27　尺寸标注

1.3.6　定位轴线

房屋建筑工程施工图的绘制应该遵守《房屋建筑制图统一标准》GB/T 50001—2010及《建筑制图标准》GB/T 50104—2010 等有关国标的规定。以下介绍国标中的主要内容。

定位轴线是确定建筑物或构筑物主要承重构件平面图位置的重要依据。在施工图中,凡是承重的墙、柱子、大梁、屋架等主要承重构件,都要画出定位轴来确定其位置。对于非承重的隔墙、次要构件等,其位置可用附加定位轴线(分轴线)来确定,也可用注明其与附近定位轴线相关尺寸的方法来确定。国标对绘制定位轴线的具体规定如下。

(1) 定位轴线应该用细点画线来绘制。

(2) 定位轴线应编号,编号应注写在轴线端部的圆内。圆应用细实线绘制,直径为

8～10mm。定位轴线圆的圆形，应在定位轴线的延长线或延长线的折线上。

（3）平面图上定位轴线的编号，宜标注在图样的下方或左侧。横向编号应用阿拉伯数字，从左至右顺序编写；竖向编号应用大写拉丁字母，从下至上顺序编写，如图 1-28 所示。

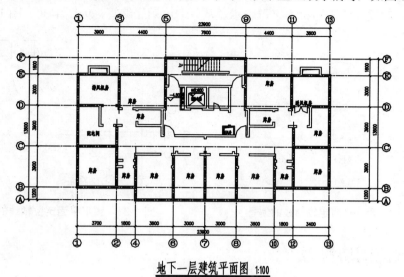

地下一层建筑平面图 1:100

图 1-28　编写顺序

（4）拉丁字母作为轴线号时，应全部采用大写字母，不应用同一字母的大小写来区分轴号。拉丁字母的 I、O、Z 不得用作轴线编号。若字母数量不够使用，可增用双字母或单字母加数字注脚，如 A_A、B_A…Y_A 或 A_1、B_1…Y_1。

（5）附加定位轴线的编号，应以分数形式表示，并应符合下列规定。

①　两根轴线间的附加轴线，应以分母表示前一轴线的编号，分子表示附加轴线的编号。编号宜用阿拉伯数字顺序编写，例如：

$\frac{1}{2}$ 表示 2 号轴线之后附加的第一根轴线；

$\frac{3}{C}$ 表示 C 号轴线之后附加的第三根轴线。

②　1 号轴线和 A 号轴线之前的附加轴线的分母应以 01 或 0A 表示，例如：

$\frac{1}{01}$ 表示 1 号轴线之前附加的第一根轴线；

$\frac{3}{0A}$ 表示 A 号轴线之前附加的第三根轴线。

（6）一个详图适用于几根轴线时，应同时标注各有关轴线的编号，如图 1-29 所示。

图 1-29　详图的轴线编号

(7) 通用详图中的定位轴线，应只画圆，不注写轴线编号。

(8) 圆形与弧形平面图中的定位轴线，其径向轴线应以角度进行定位，其编号宜用阿拉伯数字表示，从左下角或-90°(若径向轴线很密，角度间隔很小)开始，按逆时针顺序编号；其环向轴线宜用大写拉丁字母表示，从外向内顺序编写，如图 1-30、图 1-31 所示。

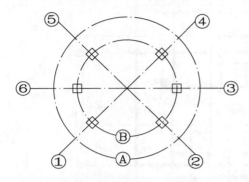

图 1-30　圆形平面定位轴线的编号

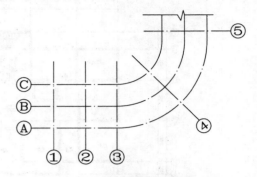

图 1-31　弧形平面定位轴线的编号

1.3.7　剖面剖切符号

在对剖面图进行识读的时候，为了方便，需要用剖切符号把所画剖面图的剖切位置和剖视方向在投影图即平面图上表示出来。同时，还要为每一个剖面图标注编号，以免产生混乱。

在绘制剖面剖切符号的时候需要注意以下几点。

(1) 剖切位置线即剖切平面的积聚投影，用来表示剖切平面的剖切位置。但是规定要用两段长为 6～8mm 的粗实线来表示，且不宜与图面上的图线互相接触，如图 1-32 中的 1—1 所示。

(2) 剖切后的剖视方向用垂直于剖切位置线的短粗实线(长度为 4～6mm)表示，比如画在剖切位置线的左面即表示向左边的投影，如图 1-32 所示。

(3) 剖切符号的编号要用阿拉伯数字来表示，按顺序由左至右、由下至上连续编排，并标注在剖视方向线的端部。如果剖切位置线必须转折，比如阶梯剖面，而在转折处又易与其他图线混淆，则应在转角的外侧加注与该符号相同的编号，如图 1-32 中的 2—2 所示。

图 1-32　剖切符号

1.3.8　断面剖切符号

断面的剖切符号仅用剖切位置线来表示，应以粗实线绘制，长度宜为 6～10mm。

断面剖切符号的编号宜采用阿拉伯数字，按照顺序连续编排，并注写在剖切位置线的一侧；编号所在的一侧应为该断面的剖视方向，如图 1-33 所示。

剖面图或者断面图，假如与被剖切图样不在同一张图内，则应在剖切位置线的另一侧注明其所在图纸的编号，也可在图上集中说明。

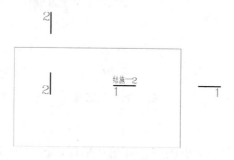

图 1-33　断面剖切符号

1.3.9　立面指向符号

为了表示室内立面在平面图中的位置及名称，需要绘制四面墙面的内视符号，又称立面指向符号。

立面即以该符号为站点，分别以 A、B、C、D 四个方向观看所指的墙面，并以这些字母命名所指墙面立面图的编号。内视符号通常绘制在平面布置图的房间地面上，也可绘制在平面图外，即图名的附近，表示该平面布置图所反映的各房间室内立面图的名称，都按此符号进行编号。内视投影编号宜用拉丁字母或者阿拉伯数字按顺时针方向标注在 8～12mm 的细实线圆圈中。

图 1-34 所示为内视符号的绘制结果。

图 1-34　内视符号

1.3.10　引出线

为了使文字说明、材料标注、索引符号标注等不影响图样的清晰，应采用引出线的形式来绘制。

1. 引出线

引出线应以细实线绘制，宜采用水平方向的直线，或与水平方向成 30°、45°、60°、90° 的直线，或经上述角度再折为水平线。文字说明宜注写在水平线的上方，如图 1-35(a) 所示；也可注写在水平线的端部，如图 1-35(b)所示。索引详图的引出线，应与水平直径相接，如图 1-35(c)所示。

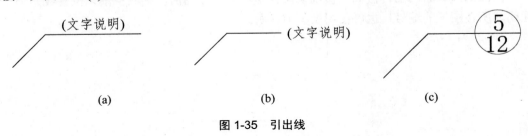

图 1-35　引出线

2. 共同引出线

同时引出的几个相同部分的引出线，宜相互平行，也可画成集中于一点的放射线，如图 1-36 所示。

图 1-36　共同引出线

3. 多层引出线

多层构造或多个部位共用引出线，应通过被引出的各层或各部位，并用圆点示意对应位置。文字说明宜注写在水平线上方，或注写在水平线的端部，说明的顺序应由上至下，并与被说明的层次对应一致；若层次为横向排序，则由上至下的说明顺序应与由左至右的层次对应一致，如图 1-37 所示。

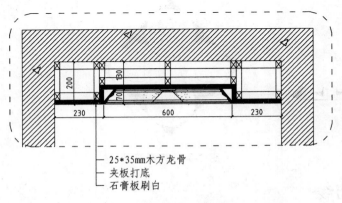

图 1-37　多层引出线

1.3.11　索引符号与详图符号

索引符号根据用途的不同可以分为立面索引符号、剖切索引符号、详图索引符号等。以下是国标中对索引符号的使用规定。

（1）由于房屋建筑室内装饰装修制图在使用索引符号时，有的圆内注字较多，故本条规定索引符号中圆的直径为 8～10mm。

（2）由于在立面图索引符号中需表示出具体的方向，故索引符号需要附三角形箭头表示。

（3）当立面、剖面图的图纸量较少时，对应的索引符号可以仅标注图样编号，不注明索引图所在页次。

（4）立面索引符号采用三角形箭头转动，数字、字母保持垂直方向不变的形式，是遵循了《建筑制图标准》GB/T 50104 中内视索引符号的规定。

（5）剖切符号采用三角形箭头与数字、字母同方向转动的形式，是遵循了《房屋建筑制图统一标准》GB/T 50001 中剖视的剖切符号的规定。

（6）表示室内立面在平面上的位置及立面图所在的图纸编号，应在平面图上使用立面索引符号，如图 1-38 所示。

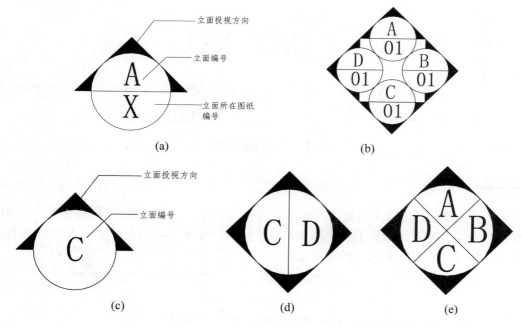

图 1-38　立面索引符号

（7）表示剖切面在界面上的位置或图样所在图纸编号，应在被索引的界面或图样上使用剖切索引符号，如图 1-39 所示。

（8）表示局部放大图样在原图上的位置及本图样所在的页码，应在被索引图样上使用详图索引符号，如图 1-40 所示。

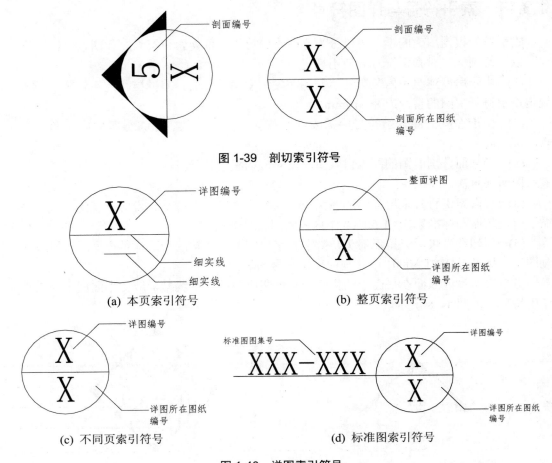

图 1-39　剖切索引符号

(a) 本页索引符号　　　　　　　　(b) 整页索引符号

(c) 不同页索引符号　　　　　　　(d) 标准图索引符号

图 1-40　详图索引符号

1.3.12　标高

建筑各个部分或者各个位置的高度主要用标高来表示，国标规定了标高标注的方法：标高符号要用等腰三角形来表示，用细实线来绘制，如图 1-41(a)所示；假如标注的位置不够，也可按照图 1-41(b)所示的方式来绘制。

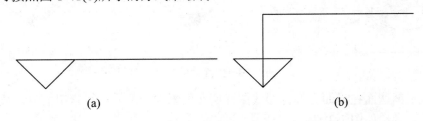

(a)　　　　　　　　　　　　　　(b)

图 1-41　标高符号

建筑总平面图室外地坪的标高符号，要用涂黑的等腰三角形来表示，如图 1-42 所示。

标高符号的尖端要指向被标注高度的位置，尖端一般向上，也可向上。标高数字宜注写在标高符号的延长线一侧，如图 1-43 所示。

图 1-42　总图标高符号

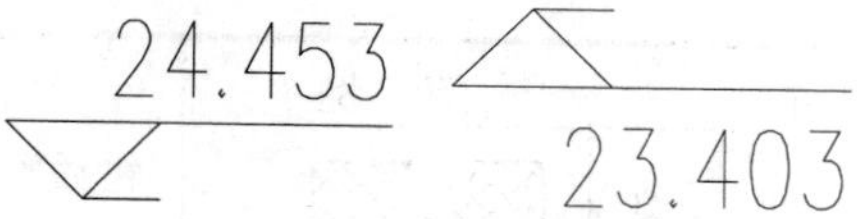

图 1-43　标高的指向

标高的标注数字以米(m)为单位，注写到小数点以后的第三位。但在总平面图中，可以只注写到小数点以后的第二位。

零点标高标注应标注成±0.000，正数标高不标注"+"，但负数标高则应标注"−"，如 2.000、−0.200。

在图形的同一位置需标注几个不同标高时，标注的数字可按图 1-44 所示的形式进行注写。

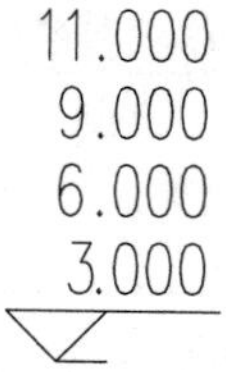

图 1-44　标注形式

1.3.13　建筑材料常用图例

在绘制建筑图纸的过程中，需要鉴别所使用的建筑材料。行业内通常使用一些常用的图示标志来表示材料的类别，认识这些图示标志，有助于读懂建筑施工图。

表 1-6 所示为常用的建筑材料图例。

表 1-6　常用的建筑材料图例

名　称	图　例	备　注
自然土壤		包括各种自然土壤
夯实土壤		
砂、灰土		靠近轮廓线绘较密的点
砂砾石、碎砖三合土		
石材		
毛石		
普通砖	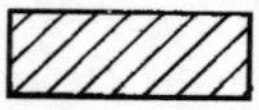	包括实心砖、多孔砖、砌块等砌体。断面较窄不易绘出图例线时，可涂红
耐火砖	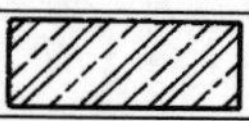	包括耐酸砖等砌体
空心砖		指非承重砖砌体
饰面砖		包括铺地砖、马赛克、陶瓷锦砖、人造大理石等
焦渣、矿渣		包括与水泥、石灰等混合而成的材料
混凝土	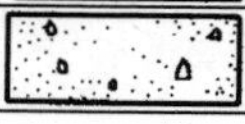	(1)本图例指能承重的混凝土及钢筋混凝土；
钢筋混凝土	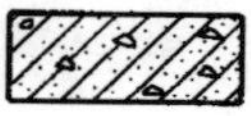	(2)包括各种强度等级、骨料、添加剂的混凝土； (3)在剖面图上画出钢筋时，不画图例线； (4)断面图形小，不易画出图例线时，可涂黑

续表

名　称	图　例	备　注
多孔材料		包括水泥珍珠岩、沥青珍珠岩、泡沫混凝土、非承重加气混凝土、软木、蛭石制品等
纤维材料	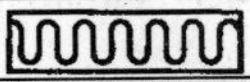	包括矿棉、岩棉、玻璃棉、麻丝、木丝板、纤维板等
泡沫塑料材料		包括聚苯乙烯、聚乙烯、聚氨酯等多孔聚合物类材料
木材	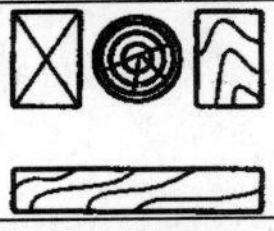	(1)上图为横断面，上左图为垫木、木砖或木龙骨； (2)下图为纵断面
胶合板		应注明为×层胶合板
石膏板		包括圆孔、方孔石膏板，防水石膏板等
金属		(1)包括各种金属； (2)图形小时，可涂黑
网状材料		(1)包括金属、塑料网状材料； (2)应注明具体材料名称
液体	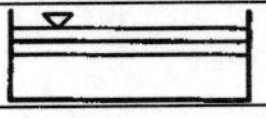	应注明具体液体名称
玻璃		包括平板玻璃、磨砂玻璃、夹丝玻璃、钢化玻璃、中空玻璃、加层玻璃、镀膜玻璃等
橡胶		
塑料		包括各种软、硬塑料及有机玻璃等
防水材料		构造层次多或比例大时，采用上面图例
粉刷		本图例采用较稀的点

第2章

AutoCAD 2014 快速入门

本章导读

本章讲解 AutoCAD 2014 的基础知识和基本操作，使读者能够快速熟悉 AutoCAD 2014 的工作环境，掌握图形文件管理、绘图环境设置等基本操作。

学习目标

➢ 熟悉 AutoCAD 工作界面各元素的名称和作用。

➢ 掌握 AutoCAD 工作空间的切换方法。

➢ 掌握 AutoCAD 新建、打开、保存等文件管理方法。

➢ 掌握 AutoCAD 常用绘图环境设置的方法。

2.1　认识 AutoCAD

AutoCAD 在建筑、装饰、消防、纺织、服装等行业中得到了广泛的运用，在使用 AutoCAD 软件绘制建筑施工图之前，首先应该对该软件有一个初步的认识，为以后学习软件绘图奠定基础。

2.1.1　启动与退出 AutoCAD

要使用 AutoCAD 进行绘图，首先必须启动该软件。在完成绘制之后，应保存文件并退出该软件，以节省系统资源。

开启 AutoCAD 软件有以下两种方式。

- 桌面图标：安装 AutoCAD 软件后，在桌面上会创建该软件的快捷方式图标，双击该图标即可开启 AutoCAD 软件。
- 【开始】菜单：单击桌面左下角的【开始】按钮，在【开始】菜单中找到已安装的 AutoCAD，选择打开即可。

双击 AutoCAD 图标后，桌面上会显示图 2-1 所示的画面，表示系统正在开启 AutoCAD 软件。

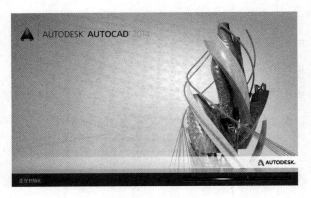

图 2-1　启动界面

2.1.2　使用工作空间

根据不同的绘图要求，AutoCAD 提供了 4 种工作空间：AutoCAD 经典、草图与注释、三维基础和三维建模。首次启动 AutoCAD 2014 时，系统默认的工作空间为草图与注释空间。

1. 草图与注释空间

草图与注释工作空间用功能区替代了工具栏和菜单栏，这也是目前比较流行的一种界面形式，已经在 Office 2010、Creo、SolidWorks 2012 等软件中得到了广泛的应用。当需要调用某个命令时，需要先切换至功能区下的相应面板，然后再单击面板中的按钮。草图与注释工作空间的功能区，包含的是最常用的二维图形的绘制、编辑和标注命令，因此非常适合绘制和编辑二维图形时使用。其界面主要由应用程序按钮、功能区选项板、快速访问工具栏、绘图区、命令行窗口和状态栏等元素组成，如图 2-2 所示。

2. AutoCAD 2014 的经典空间

对习惯 AutoCAD 传统界面的用户来说，可以采用 AutoCAD 经典工作空间，以沿用以前的绘图习惯和操作方式。该工作界面的主要特点是显示有菜单栏和工具栏，用户可以通过选择菜单栏中的命令，或者单击工具栏中的工具按钮，以调用所需的命令，如图 2-3 所示。

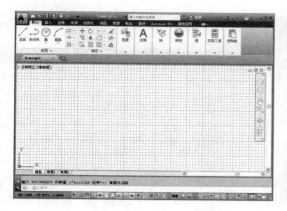

图 2-2　草图与注释工作空间　　　　　　图 2-3　AutoCAD 经典工作空间

3. 三维基础空间

三维基础工作空间侧重于基本三维模型的创建，如图 2-4 所示。其功能区提供了各种常用三维建模、布尔运算以及三维编辑工具按钮。

4. 三维建模空间

三维建模工作空间主要用于复杂三维模型的创建、修改和渲染，其功能区提供了【实体】、【曲面】、【网格】和【渲染】等选项卡，如图 2-5 所示。由于其包含更全面的修改和编辑命令，因而功能区工具按钮排列更为密集。

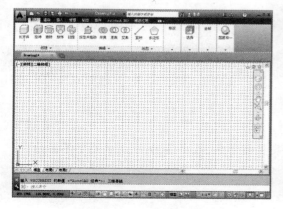　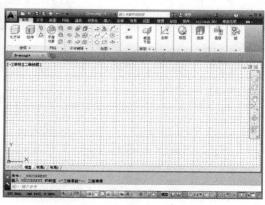

图 2-4　三维基础工作空间　　　　　　　图 2-5　三维建模工作空间

2.1.3 切换工作空间

用户可以根据工作需要随时切换工作空间，切换工作空间的方法有以下三种。

- 菜单栏：选择【工具】|【工作空间】命令，在子菜单中选择相应的工作空间，如图 2-6 所示。
- 状态栏：直接单击状态栏中的【切换工作空间】按钮，在弹出的菜单中选择相应的空间类型，如图 2-7 所示。

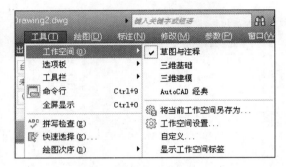 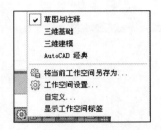

图 2-6　菜单栏切换工作空间　　　　　　图 2-7　状态栏切换工作空间

- 快速访问工具栏：单击快速访问工具栏中的工作空间下拉列表按钮，在弹出的下拉列表中选择所需的工作空间，如图 2-8 所示。

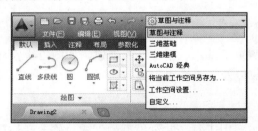

图 2-8　快速访问工具栏切换

2.1.4　AutoCAD 2014 工作界面

AutoCAD 的操作界面是 AutoCAD 显示、编辑图形的区域。一个完整的 AutoCAD 操作界面如图 2-9 所示，包括标题栏、菜单栏、工具栏、快速访问工具栏、交互信息工具栏、功能区、绘图区、十字光标、坐标系、命令行窗口、状态栏、布局标签、滚动条、状态托盘等。

 提示

图 2-9 所示为草图与注释工作空间，某些部分在 AutoCAD 默认状态下不显示，需要用户自行调用。

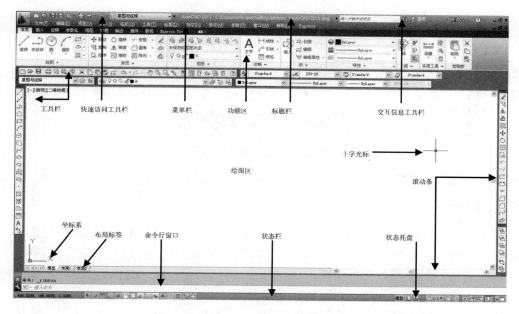

图 2-9　AutoCAD 2014 操作界面

1. 标题栏

标题栏位于 AutoCAD 窗口的顶部中央，它显示了用户当前打开的图形文件的信息。如果打开的是电脑中保存的图形文件，则显示其完整路径；如果是新建但未保存的文件，则只显示其名称。系统根据文件的创建顺序，默认名称为 Drawing1、Drawing2 等。

2. 【应用程序】按钮

【应用程序】按钮位于窗口左上角，单击此按钮，展开选项面板如图 2-10 所示。面板中包含了文档的新建、打开和保存等命令。单击【选项】按钮，系统弹出【选项】对话框，如图 2-11 所示。AutoCAD 的大部分系统选项均在此对话框中设置。

图 2-10　【应用程序】按钮的展开面板

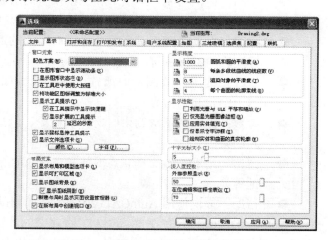

图 2-11　【选项】对话框

3. 快速访问工具栏

快速访问工具栏位于应用程序按钮右侧，它包含了文档操作常用的 7 个快捷按钮，依次为【新建】、【打开】、【保存】、【另存为】、【打印】、【重做】和【放弃】，如图 2-12 所示。

图 2-12 快速访问工具栏

用户可以自定义快速访问工具栏，添加或删除所需的工具按钮。

4. 菜单栏

菜单栏位于标题栏的下方，与其他 Windows 程序一样，AutoCAD 的菜单栏也是下拉形式的，某些菜单命令还包含了子菜单。AutoCAD 2014 的默认菜单栏有以下菜单项。

- 文件：用于管理图形文件，例如新建、打开、保存、另存为、输出、打印和发布等。
- 编辑：用于对文件图形进行常规编辑，例如剪切、复制、粘贴、清除、链接、查找等。
- 视图：用于管理 AutoCAD 的操作界面，例如缩放、平移、动态观察、相机、视口、三维视图、消隐和渲染等。
- 插入：用于在当前 AutoCAD 绘图状态下，插入所需的图块或其他格式的文件，例如 PDF 参考底图、字段等。
- 格式：用于设置与绘图环境有关的参数，例如图层、颜色、线型、线宽、文字样式、标注样式、表格样式、点样式、厚度和图形界限等。
- 工具：用于设置一些绘图的辅助工具，例如选项板、工具栏、命令行、查询和向导等。
- 绘图：提供绘制二维图形和三维模型的所有命令，例如直线、圆、矩形、正多边形、圆环、边界和面域等。
- 标注：提供对图形进行尺寸标注时所需的命令，例如线性标注、半径标注、直径标注、角度标注等。
- 修改：提供修改图形时所需的命令，例如删除、复制、镜像、偏移、阵列、修剪、倒角和圆角等。
- 参数：提供对图形约束时所需的命令，例如几何约束、动态约束、标注约束和删除约束等。
- 窗口：用于在多文档状态时设置各个文档的屏幕，例如层叠、水平平铺和垂直平铺等。
- 帮助：提供使用 AutoCAD 2014 所需的帮助信息。

AutoCAD 2014 只有在 AutoCAD 经典空间才默认显示菜单栏，在其他工作空间默认不显示菜单栏。但用户可以在其他工作空间调用菜单栏：单击工作空间名称后的展开箭头，展开下拉菜单如图 2-13 所示，选择【显示菜单栏】命令，即可将菜单栏显示出来。

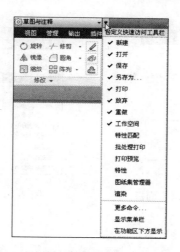

图 2-13　自定义快速访问工具栏菜单

5. 功能区

功能区是一种智能的人机交互界面，用于显示与绘图任务相关的按钮和控件，在草图与注释工作空间和三维建模工作空间中的主要命令都集中在功能区，使用起来比菜单栏更方便。功能区由多个选项卡组成，每个选项卡中又包含多个面板，不同的面板上对应不同类别的命令按钮，如图 2-14 所示。

图 2-14　【默认】选项卡

　注意

某些面板标题旁边含有展开箭头，单击该箭头可以展开该面板，显示出更多的按钮，本书中将这种展开面板称为滑出面板。图 2-15 所示为【绘图】面板的滑出面板。

6. 工具栏

工具栏是一组按钮图标工具的集合，每个图标都形象地显示出了该工具的作用，AutoCAD 2014 提供了 50 余种已命名的工具栏。在草图与注释空间和三维建模工作空间中，由于主要使用功能区的命令按钮，一般不使用工具栏，工具栏默认处于隐藏状态，不过也可以使用以下方法调用工具栏。

- 菜单栏：选择【工具】|【工具栏】| AutoCAD 命令，在展开的子菜单中选择要显示的工具栏，如图 2-16 所示。
- 在已经显示的工具栏上单击鼠标右键，弹出工具栏选项列表，选择要显示的工具栏。

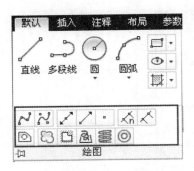

图 2-15 【绘图】面板的滑出面板

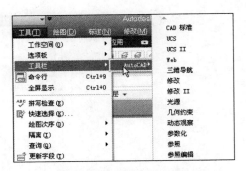

图 2-16 通过菜单命令显示工具栏

7. 标签栏

在草图与注释工作空间中，标签栏位于功能区的下方，由文件标签和加号按钮组成。AutoCAD 2014 的标签栏和一般网页浏览器中的标签栏作用相同，每一个新建或打开的图形文件都会在标签栏上显示为一个文件标签，单击某个标签，即可切换至相应的图形文件，单击文件标签右侧的"×"按钮，可以快速将该文件标签关闭，从而方便对多图形文件进行管理，如图 2-17 所示。

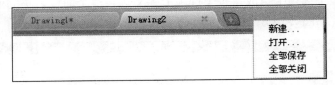

图 2-17 标签栏

单击文件选项卡右侧的"+"按钮，可以快速新建图形文件。在标签栏空白处单击鼠标右键，系统会弹出一个快捷菜单，该菜单中各命令的含义如下。

- 新建：新建空白文件。
- 打开：打开已有文件。
- 全部保存：保存标签栏中显示的所有文件。
- 全部关闭：关闭标签栏中显示的所有文件，但是不会关闭 AutoCAD 2014 软件。

8. 绘图区

绘图区是图形的操作和显示区域，如图 2-18 所示。绘图区实际上是无限大的，用户可以通过缩放、平移等命令来观察绘图区的图形。有时为了增大绘图空间，可以根据需要，关闭其他控件，例如工具栏、选项板等。

绘图区左上角有三个显示标签，显示当前模型的状态。单击各标签可以打开对应的快捷菜单，它们分别控制视口布局、视图方向和视觉样式，如图 2-19 所示。

绘图区右上角为 ViewCube 工具，如图 2-20 所示。该工具以立方体的各个面和顶点直观地控制视图的方向，一般用于三维建模。

绘图区右侧为导航栏，该导航栏呈透明显示，将指针移动到导航栏上可以显示出导航按钮，如图 2-21 所示。

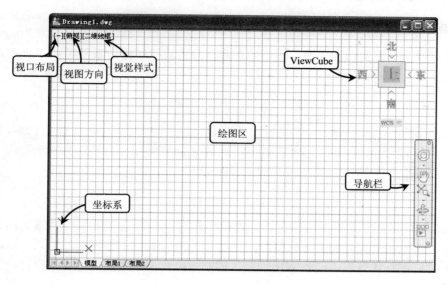

图 2-18　绘图区

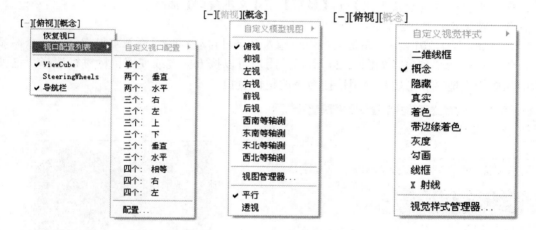

图 2-19　功能标签菜单

图 2-20　ViewCube 工具

图 2-21　导航栏

9. 命令行与文本窗口

命令行位于绘图窗口的底部，用于输入命令参数或控制选项以及显示 AutoCAD 提示信息，如图 2-22 所示。

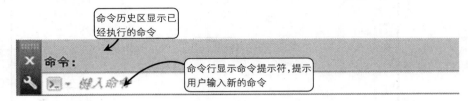

图 2-22　命令行窗口

AutoCAD 文本窗口的作用和命令行窗口的作用一样，它记录了打开该文档后的所有命令操作，相当于放大后的命令行窗口，如图 2-23 所示。

文本窗口在默认界面中没有直接显示，需要通过命令调取，调用文本窗口的方法有如下两种。

- ● 菜单栏：选择【视图】|【显示】|【文本窗口】命令。
- ● 快捷键：按 F2 键。

在 AutoCAD 2014 中，系统会在用户输入命令时自动判断与输入字母相关的命令，显示可供选择的命令列表，如图 2-24 所示。用户可以按方向键或使用鼠标进行选择，这种智能功能极大地减少了用户使用快捷命令的记忆负担。

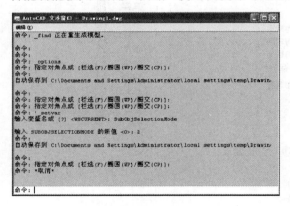

图 2-23　文本窗口

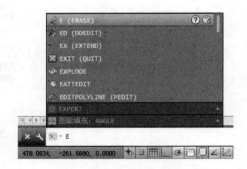

图 2-24　命令行自动完成功能

 注意

输入命令之后，必须按 Enter(回车)键表示确认，本书的命令行操作统一用 "✓" 符号表示按 Enter 键。

10. 状态栏

状态栏位于窗口的底部，如图 2-25 所示。它显示了 AutoCAD 的辅助绘图工具和当前的绘图状态，主要由五部分组成。

- ● 坐标值：显示绘图区中光标的位置。移动光标，坐标值也会随之变化。

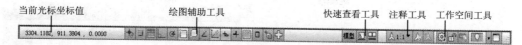

图 2-25　状态栏

- ○ **绘图辅助工具**：主要用于控制绘图的性能，包括推断约束、捕捉模式、栅格显示、正交模式、极轴追踪、对象捕捉、三维对象捕捉、对象捕捉追踪、允许/禁止动态 UCS、动态输入、显示/隐藏线宽、显示/隐藏透明度、快捷特性和选择循环等工具。

- ○ **快速查看工具**：用于预览打开的图形，或者预览图形的模型和布局空间。图形将以缩略图形式显示在窗口的底部，单击某一缩略图可切换到该图形或空间。

- ○ **注释工具**：用于显示缩放注释的若干工具，对于模型空间和布局空间，将显示不同的注释工具。当图形状态栏打开后，该注释工具不再显示在状态栏，而是显示在绘图区的底部。

- ○ **工作空间工具**：用于切换 AutoCAD 2014 的工作空间，以及对工作空间进行自定义设置等操作。

2.1.5　实例——设置 AutoCAD 工作界面

除草图与注释、AutoCAD 经典、三维基础和三维建模 4 个基本工作空间外，根据绘图的需要，用户还可以自定义自己的个性空间，并保存在工作空间列表中，以备工作时随时调用。

01 双击桌面上的快捷图标 📐，启动 AutoCAD 2014 软件。

02 单击展开快速访问工具栏中的工作空间下拉列表框，在下拉列表中选择【AutoCAD 经典】选项，如图 2-26 所示。

03 切换 AutoCAD 2014 至 AutoCAD 经典工作空间，如图 2-27 所示。

图 2-26　工作空间下拉列表框

图 2-27　AutoCAD 经典工作空间

04 关闭多余选项板与工具栏之后，选择【工具】|【选项板】|【功能区】命令，如图 2-28 所示。

05 在 AutoCAD 经典工作空间中显示出功能区，如图 2-29 所示。

图 2-28　选择菜单命令

图 2-29　显示功能区

06 在快速访问工具栏中的工作空间下拉列表框中选择【将当前工作空间另存为】选项，如图 2-30 所示。

07 系统弹出【保存工作空间】对话框，输入新工作空间的名称，如图 2-31 所示。

08 单击【保存】按钮，自定义的工作空间即创建完成，如图 2-32 所示。在以后工作中，可以随时通过选择该工作空间，快速将工作界面切换为自定义的状态。

图 2-30　工作空间下拉列表

图 2-31　【保存工作空间】对话框

图 2-32　创建完成新工作空间

 技巧

不需要的工作空间，可以将其从工作空间列表中删除。选择工作空间下拉列表框中的【自定义】选项，打开【自定义用户界面】对话框。在需要删除的工作空间名称上单击鼠标右键，在弹出的快捷菜单中选择【删除】命令，即可删除不需要的工作空间，如图 2-33 所示。

图 2-33　删除自定义空间

2.2 AutoCAD 图形文件管理

AutoCAD 的图形文件管理包括图形的新建、保存、打开等操作，本节介绍关于图形文件的管理方法。

2.2.1 新建图形文件

启动 AutoCAD 2014 后，系统将自动新建一个名为 Drawing1.dwg 的图形文件，该图形文件默认以 acadiso.dwt 为样板创建。用户可以根据需要自行新建文件。

新建图形文件的方法有以下几种。

- 菜单栏：选择【文件】|【新建】命令。
- 命令行：输入 NEW 命令并按 Enter 键。
- 快捷键：按 Ctrl+N 快捷键。
- 工具栏：单击快速访问工具栏中的【新建】按钮。

【课堂举例 2-1】 新建图形文件

01 单击快速访问工具栏中的【新建】按钮，系统弹出图 2-34 所示的【选择样板】对话框。

02 在对话框中选择图形样板文件，单击【打开】按钮，即可新建图形文件，并进入绘图界面。

图 2-34 【选择样板】对话框

 提示

单击【打开】按钮右侧的下拉按钮，在弹出的下拉菜单中，可以选择图形文件的绘图单位【英制】或者【公制】。

2.2.2 保存图形文件

保存的作用是将新绘制或修改过的文件保存到计算机磁盘中，以便再次使用，避免因为断电、关机或死机而丢失。在 AutoCAD 2014 中，可以使用多种方式将所绘图形存入磁盘。

1. 保存文件

保存 AutoCAD 图形文件的方法有以下几种。

- 菜单栏：选择【文件】|【保存】命令。
- 应用程序菜单：单击【应用程序】按钮，在展开面板中选择【保存】命令。
- 工具栏：单击快速访问工具栏中的【保存】按钮。
- 命令行：输入 QSAVE 命令并按 Enter 键。
- 快捷键：按 Ctrl+S 快捷键。

【课堂举例 2-2】 保存图形文件

01 单击快速访问工具栏中的【保存】按钮，系统弹出图 2-35 所示的【图形另存为】对话框。

02 在【保存于】下拉列表框中设置保存文件的路径，在【文件名】下拉列表框中输入保存文件的名称。

03 单击【保存】按钮，即可完成保存图形的操作。

图 2-35　【图形另存为】对话框

2. 另存文件

这种保存方式可以将文件另设路径或对文件名进行保存，比如在修改了原来的文件之后，但是又不想覆盖原文件，那么就可以把修改后的文件另存一份，这样原文件也将继续保留。

另存图形的方法有以下几种。

- 应用程序：单击【应用程序】按钮，在展开面板中选择【另存为】命令。
- 菜单栏：选择【文件】|【另存为】命令。
- 命令行：输入 SAVEAS 命令。并按 Enter 键。
- 工具栏：单击快速访问工具栏中的【另存为】按钮。
- 快捷键：按 Ctrl+Shift+S 快捷键。

2.2.3　打开图形文件

当需要查看或者重新编辑已经保存的文件时，需要将其重新打开。

打开图形文件的方法有以下几种。

- 应用程序：单击【应用程序】按钮，在展开面板中选择【打开】命令。
- 工具栏：单击快速访问工具栏中的【打开】按钮。
- 菜单栏：选择【文件】|【打开】命令，打开指定文件。
- 快捷键：按 Ctrl+O 快捷键。

【课堂举例 2-3】　打开图形文件

01　单击快速访问工具栏中的"打开"按钮，系统弹出图 2-36 所示的【选择文件】对话框。

02　在【查找范围】下拉列表框中找到图形文件所在的文件夹，在文件列表框中选择需要打开的图形文件。

03　单击【打开】按钮，即可打开该图形文件。

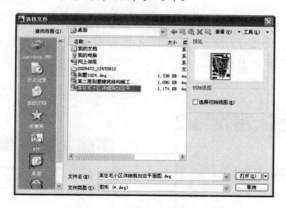

图 2-36　【选择文件】对话框

 提示

在【我的电脑】窗口中找到要打开的 AutoCAD 文件，直接双击文件图标，可以跳过【选择文件】对话框，直接打开 AutoCAD 文件。

2.2.4　加密图形文件

绘制完图形之后，可以对重要的文件进行加密保存。加密后的图形文件在打开时，只有输入正确的密码后才能对图形进行查看和修改。

【课堂举例 2-4】　加密图形文件

01　按下 Ctrl+O 快捷键，打开需要加密的图形文件。

02　选择【工具】|【选项】命令，弹出图 2-37 所示的【选项】对话框。

03　在【文件安全措施】选项组中单击【安全选项】按钮，系统弹出【安全选项】对话框。在其中定义图形的加密密码，如图 2-38 所示。

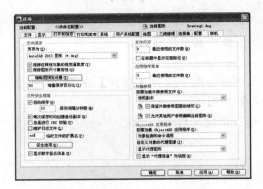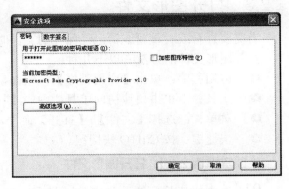

图 2-37　【选项】对话框　　　　图 2-38　【安全选项】对话框

04 单击【确定】按钮，系统弹出【确认密码】对话框。在其中再次输入加密密码，结果如图 2-39 所示。单击【确定】按钮，关闭对话框，即可完成图形的加密操作。

 提示

　　如果保存文件时设置了密码，则打开文件时需要输入打开密码。AutoCAD 会通过【密码】对话框提示用户输入正确密码，如图 2-40 所示。输入密码不正确，将无法打开文件。

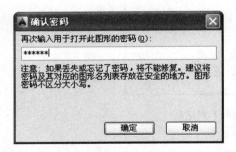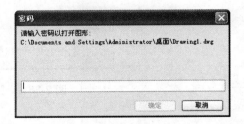

图 2-39　【确认密码】对话框　　　　图 2-40　【密码】对话框

2.2.5　关闭图形文件

　　建筑图形绘制完成并存储后，可以将其关闭，以减少占用的系统内存空间，提高软件运行速度。关闭图形文件的方法有以下几种。

- ● 菜单栏：选择【文件】|【关闭】命令。
- ● 命令行：输入 CLOSE 命令，并按 Enter 键。
- ● 快捷键：按 Ctrl+F4 快捷键。
- ● 标题栏：单击软件界面右上角的【关闭】按钮 ⊠。

执行上述任意一种操作后，如果当前图形未进行保存，系统则弹出图 2-41 所示的

AutoCAD 信息提示对话框，提示用户存储图形。假如图形文件已存储，则直接关闭图形文件。

图 2-41　AutoCAD 信息提示对话框

2.3　AutoCAD 2014 绘图环境

为了保证绘制的图形文件的规范性、准确性和绘图的高效性，在绘图之前应对绘图环境进行设置。

2.3.1　设置图形界限

图形界限就是 AutoCAD 的绘图区域，也称为图限。对初学者而言，在绘制图形时"出界"的现象时有发生，为了避免绘制的图形超出用户工作区域或图纸的边界，需要使用绘图界限来标明边界。

一般工程图纸规格有 A0、A1、A2、A3、A4 几种。如果按 1∶1 绘图，为使图形按比例绘制在相应图纸上，关键是设置好图形界限。表 2-1 提供的数据是按 1∶50 和 1∶100 出图，图形编辑区按 1∶1 绘图的图形界限，设计时可根据实际出图比例选用相应的图形界限。

表 2-1　图纸规格和图形编辑区按 1∶1 绘图的图形界限对照表

图纸规格	A0(mm×mm)	A1(mm×mm)	A2(mm×mm)	A3(mm×mm)	A4(mm×mm)
实际尺寸	841×1189	594×841	420×594	297×420	210×297
比例 1∶50	42 050×59 450	29 700×42 050	21 000×29 700	14 850×21 000	10 500×14 850
比例 1∶100	84 100×118 900	59 400×84 100	42 000×59 400	29 700×42 000	21 000×29 700

建筑装潢施工图纸多使用 A3 图纸打印输出，在使用 1∶100 绘图比例情况下，一般将绘图界限设置为 42 000×29 700。

执行【图形界限】命令有以下两种方法。

❷　菜单栏：选择【格式】|【图形界限】命令。

❷　命令行：输入 LIMITS 命令并按 Enter 键。

执行上述任意一种操作后，命令行提示如下。

```
命令：LIMITS↙
重新设置模型空间界限：
指定左下角点或 [开(ON)/关(OFF)] <0.0000,0.0000>:↙
    //指定坐标原点为图形界限左下角点
指定右上角点 <0,0>: 42000,29700↙
```

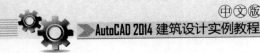

//指定图形界限右上角点，按 Enter 键完成设置

> 📖 **提示**
>
> AutoCAD 2014 默认在绘图界限外也显示栅格，如图 2-42 所示。如果只需要在界限内显示栅格，可以选择【工具】|【草图设置】命令，打开【草图设置】对话框。在【捕捉和栅格】选项卡中取消选中【显示超出界限的栅格】复选框，如图 2-43 所示。

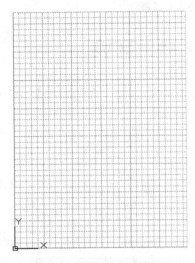

图 2-42　显示图形界限范围

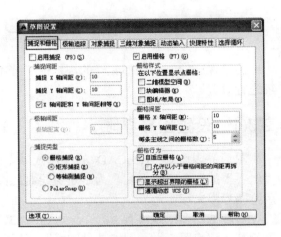

图 2-43　设置栅格显示

2.3.2　设置绘图单位

绘制建筑平面图，一般使用 mm(毫米)作为图形单位。但是绘制建筑总平面图，则需要使用 m(米)作为图形单位。

AutoCAD 2014 在【图形单位】对话框中设置图形单位。打开【图形单位】对话框有如下两种方法。

- ● 菜单栏：选择【格式】|【单位】命令。
- ● 命令行：输入 UNITS 或 UN 命令并按 Enter 键。

【课堂举例 2-5】　设置绘图单位

01　选择【格式】|【单位】命令，系统弹出【图形单位】对话框。在【长度】选项组下的【精度】选项中选择小数的精度为 0，如图 2-44 所示。

02　假如是为建筑总平面图设置绘图单位，则需要在【插入时的缩放单位】选项组中选择"米"为单位，如图 2-45 所示。

03　单击【确定】按钮，即可完成绘图单位的设置。

图 2-44　【图形单位】对话框

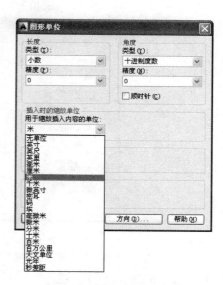

图 2-45　选择"米"为单位

【图形单位】对话框中各选项的功能如下。

- 长度：用于设置长度单位的类型和精度。
- 角度：用于控制角度单位的类型和精度。
- 顺时针：用于设置旋转方向。选中此复选框，表示按顺时针旋转的角度为正方向；取消选中则表示按逆时针旋转的角度为正方向。
- 插入时的缩放单位：用于选择插入图块时的单位，也是当前绘图环境的尺寸单位。
- 方向：用于设置角度方向。单击该按钮，将打开【方向控制】对话框，如图 2-46 所示，以控制角

图 2-46　【方向控制】对话框

度的起点和测量方向。默认的起点角度为 0°，方向正东。在其中可以设置基准角度，即设置 0° 角。如将基准角度设为【北】，则绘图时的 0° 实际上在 90° 方向上。如果选中【其他】单选按钮，则可以单击【拾取角度】按钮，切换到图形窗口中，通过拾取两个点来确定基准角度 0° 的方向。

2.3.3　设置十字光标大小

AutoCAD 绘图区中的十字光标可以选取图形，同时还可提供辅助线的作用，能远距离测量两个图形是否在同一条线上。

选择【工具】|【选项】命令，在弹出的【选项】对话框中切换到【显示】选项卡。在其中的【十字光标大小】选项组中拖动滑块或直接输入 1～100 的整数，即可设置十字光标的大小，如图 2-47 所示。

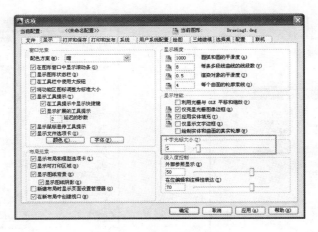

图 2-47 【显示】选项卡

2.3.4 设置绘图区颜色

绘图区的颜色可以根据用户的使用习惯来设置，比较常用的是黑色界面，因为其显示图形较为清晰，且不刺眼，因而受到广大绘图人员的喜爱。

【课堂举例 2-6】 设置绘图区颜色

01 选择【工具】|【选项】命令，在弹出的【选项】对话框中切换到【显示】选项卡。在其中的【窗口元素】选项组中单击【颜色】按钮，系统弹出图 2-48 所示的【图形窗口颜色】对话框。

02 在对话框中单击【颜色】下拉列表按钮，在弹出的下拉列表中选择待设置的绘图区的颜色，结果如图 2-49 所示。单击【应用并关闭】按钮，关闭对话框返回到【选项】对话框。单击【确定】按钮，即可完成绘图区颜色的设置。

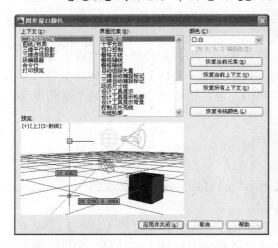

图 2-48 【图形窗口颜色】对话框   图 2-49 设置绘图区颜色

03 在【图形窗口颜色】对话框中单击【恢复传统颜色】按钮，可以将绘图区的颜色恢复至传统使用的黑色。

2.3.5　设置鼠标右键功能

在执行绘图或编辑命令的过程中，通过单击鼠标右键，可以在弹出的快捷菜单中调用一些常用的命令，比如重复调用上一个命令，显示最近输入的各命令等。

右键快捷菜单除了显示默认的各项命令之外，还可以自定义其显示的各项命令。

【课堂举例 2-7】　设置鼠标右键功能

01　在右键快捷菜单中选择【选项】命令，弹出【选项】对话框。切换到【用户系统配置】选项卡，如图 2-50 所示。

02　单击【自定义右键单击】按钮，系统弹出图 2-51 所示的【自定义右键单击】对话框。其中显示了默认模式、编辑模式、命令模式三个模式状态下鼠标右键菜单的各项功能。通过选择指定的选项，即可设置右键快捷菜单的功能。

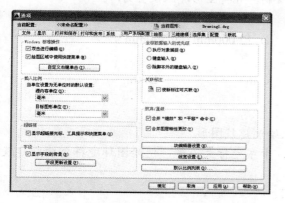

图 2-50　【用户系统配置】选项卡

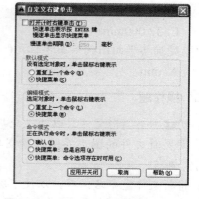

图 2-51　【自定义右键单击】对话框

03　设置完成后，在绘图区单击鼠标右键，弹出图 2-52 所示的快捷菜单。通过选择菜单中的选项，可以调用相应的命令。

图 2-52　快捷菜单

2.4 思考与练习

一、选择题

1. 新建图形文件的按钮是(   )。
   A. ▢   B. 💾   C. 📂   D. ✖

2. 保存图形文件的快捷键是(   )。
   A. Ctrl+A   B. Ctrl+S   C. Ctrl+C   D. Ctrl+V

3. 打开图形文件的菜单命令是(   )。
   A.【视图】|【打开】命令   B.【工具】|【打开】命令
   C.【文件】|【打开】命令   D.【插入】|【打开】命令

4. 建筑设计图纸一般使用 A3 图纸来绘制,并将图形界限设置为(   )。
   A. 42 000mm×29 700mm   B. 52 000mm×30 000mm
   C. 32 000mm×19 700mm   D. 12 000mm×29 700mm

5. 建筑总平面图的绘图单位是(   )。
   A. mm   B. cm   C. m   D. km

二、操作题

1. 新建一个图形文件,以便在此基础上绘制建筑图形。

2. 设置新文件的图形界限、绘图单位、十字光标大小等,使绘图环境符合绘制建筑图形的需要。

3. 将新文件重命名保存,以便下次调用。

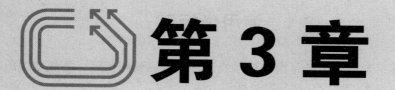

第 3 章

AutoCAD 基本操作

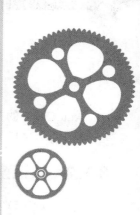

➔ 本章导读

在熟悉了 AutoCAD 2014 的操作界面之后，本章将深入学习 AutoCAD 的基本操作，包括命令的调用和视图的基本操作。熟练并灵活地掌握这些基本操作，可以大幅度提高绘图的效率。

➔ 学习目标

➢ 熟悉和掌握 AutoCAD 坐标的输入方式。

➢ 熟悉和掌握 AutoCAD 命令的调用方法。

➢ 熟练掌握 AutoCAD 视图切换及控制的基本操作。

3.1 使用坐标系

AutoCAD 的图形定位，主要是由坐标系统进行确定。要想正确、高效地绘图，必须先了解 AutoCAD 坐标系的概念，并掌握坐标输入的方法。

3.1.1 认识坐标系

在 AutoCAD 2014 中，坐标系分为世界坐标系(WCS)和用户坐标系(UCS)两种。

1. 世界坐标系(WCS)

世界坐标系(World Coordinate System，WCS)是 AutoCAD 的基本坐标系统，它由三个相互垂直的坐标轴 X、Y 和 Z 组成。在绘制和编辑图形的过程中，WCS 的坐标原点和坐标轴的方向是不变的。

如图 3-1 所示，世界坐标系在默认情况下，X 轴正方向水平向右，Y 轴正方向垂直向上，Z 轴正方向垂直屏幕平面，指向用户。坐标原点在绘图区左下角，其上有一个方框标记，表明是世界坐标系统。

2. 用户坐标系(UCS)

为了更好地辅助绘图，用户可能经常需要修改坐标系的原点位置和坐标方向，这时就需要使用可变的用户坐标系(User Coordinate System，USC)。在用户坐标系中，用户可以任意指定或移动原点和旋转坐标轴。默认情况下，用户坐标系和世界坐标系重合，如图 3-2 所示。

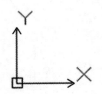

图 3-1 世界坐标系图标

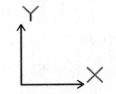

图 3-2 用户坐标系图标

提示

软件中未能明确指明各坐标轴的指向，此处图 3-1、图 3-2 特此标明，以加深用户记忆的习惯。

3.1.2 坐标的表示方法

在指定坐标点时，既可以使用直角坐标，也可以使用极坐标。在 AutoCAD 中，一个点的坐标有绝对直角坐标、相对直角坐标、绝对极坐标和相对极坐标 4 种表示方法。

1. 绝对直角坐标

绝对直角坐标是指相对于坐标原点的直角坐标，要使用该方法指定点，应输入逗号隔开的 X、Y 和 Z 值，即用(X,Y,Z)表示。当绘制二维平面图形时，其 Z 值为 0，可省略不必输入，仅输入 X、Y 值即可，如图 3-3 所示。

2. 相对直角坐标

相对直角坐标是基于上一个输入点而言，以某点相对于另一特定点的相对位置来定义该点的位置。相对特定坐标点(X, Y, Z)增加(nX, nY, nZ)的坐标点的输入格式为(@nX, nY, nZ)。相对坐标输入格式为(@X,Y)，@字符表示使用相对坐标输入，如图 3-4 所示。

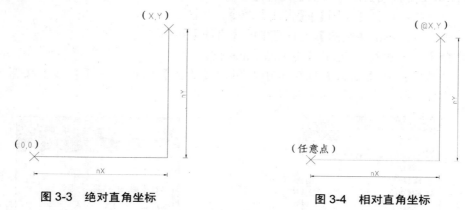

图 3-3　绝对直角坐标　　　　　　图 3-4　相对直角坐标

3. 绝对极坐标

绝对极坐标是指相对于坐标原点的极坐标。例如，坐标(100<30)是指从 X 轴正方向逆时针旋转 30°，距离原点 100 个图形单位的点，如图 3-5 所示。

4. 相对极坐标

相对极坐标以某一特定点为参考极点，输入相对于参考极点的距离和角度来定义一个点的位置。相对极坐标输入格式为(@A<角度)，其中 A 表示与指定的特定点的距离。例如，坐标(@50<45)是指相对于前一点距离为 50 个图形单位，角度为 45°的一个点，如图 3-6 所示。

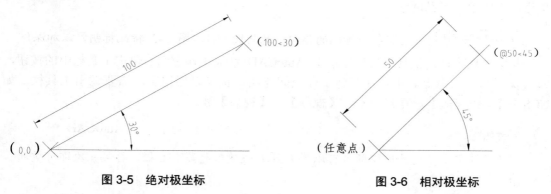

图 3-5　绝对极坐标　　　　　　图 3-6　相对极坐标

3.2 AutoCAD 命令的使用

在 AutoCAD 中绘制或编辑图形，都是通过执行相应的命令来完成操作的。命令的使用包括执行、退出、重复执行等。本节介绍 AutoCAD 中命令的使用方法。

3.2.1 执行命令

执行命令可以通过菜单栏、功能区、工具栏以及命令行实现。例如在 AutoCAD 2014 中，执行 LINE【直线】命令有以下几种方法。

- 菜单栏：选择【绘图】|【直线】命令，如图 3-7 所示。
- 工具栏：单击【绘图】工具栏中的【直线】按钮。
- 命令行：输入 LINE/L 命令并按 Enter 键。
- 功能区：在【默认】选项卡中，单击【绘图】面板中的【直线】按钮，如图 3-8 所示。

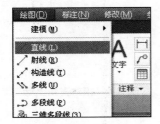

图 3-7　菜单栏调用【直线】命令

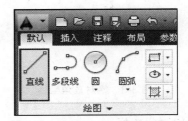

图 3-8　功能区调用【直线】命令

1. 菜单栏调用

使用菜单栏调用命令是 Windows 应用程序调用命令的常用方式。AutoCAD 2014 将常用的命令分门别类地放置在 10 多个菜单中，用户先根据操作类型单击展开相应的菜单项，然后从中选择相应的命令即可。

通过菜单栏调用命令是最直接、最全面的方式，对新手来说比其他的命令调用方式更加方便简单。除了 AutoCAD 经典工作空间以外，其余三个工作空间在默认情况下没有菜单栏，需要用户自己调出。

2. 工具栏调用

与菜单栏一样，工具栏默认显示于 AutoCAD 经典工作空间。单击工具栏中的按钮，即可执行相应的命令。用户在其他工作空间绘图，也可以根据实际需要调出工具栏，如 UCS、【三维导航】、【建模】、【视图】、【视口】等。

 技巧

为了获取更多的绘图空间，可以按 Ctrl+0 快捷键隐藏工具栏，再按一次即可重新显示。

3. 命令行调用

使用命令行输入命令是 AutoCAD 的一大特色功能，同时也是最快捷的绘图方式。这就要求用户熟记各种绘图命令，一般对 AutoCAD 比较熟悉的用户都用此方式绘制图形，因为这样可以大大提高绘图的速度和效率。

AutoCAD 绝大多数命令都有其相应的简写方式。如【直线】命令 LINE 的简写方式是 L，【矩形】命令 RECTANGLE 的简写方式是 REC。对于常用的命令，用简写方式输入将大大减少键盘输入的工作量，提高工作效率。另外，AutoCAD 对命令或参数输入不区分大小写，因此操作者不必考虑输入的大小写。

4. 功能区调用

除 AutoCAD 经典工作空间外，另外三个工作空间都是以功能区作为调用命令的主要方式。相比其他调用命令的方法，在功能区调用命令更加直观，非常适合不能熟记绘图命令的 AutoCAD 初学者。

3.2.2 退出正在执行的命令

在执行命令的过程中，由于出现错误或者其他一些意外情况，有可能需要终止正在执行的命令。

退出正在执行命令的方法有以下两种。

- 快捷键：按 Esc 键。
- 右键菜单：调出右键快捷菜单，选择【取消】命令，如图 3-9 所示。

在执行上述任意一项操作后，即可终止正在执行的命令。

图 3-9 选择【取消】命令

3.2.3 重复执行命令

在绘图过程中，有时需要重复执行同一个命令，如果每次都重复输入，会使绘图效率大大降低。

使用下列方法，可以快速重复执行命令。

- 命令行：输入 MULTIPLE 或 MUL 命令并按 Enter 键。

- 快捷键：按 Enter 键或空格键。
- 快捷菜单：在命令行中单击鼠标右键，在弹出的快捷菜单中选择【最近使用的命令】命令，在弹出的子菜单中选择需要重复的命令，如图 3-10 所示，即可重复调用上一次使用的命令。

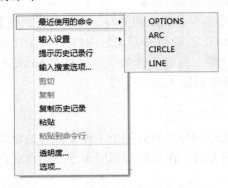

图 3-10　选择【最近使用的命令】命令

3.2.4　实例——绘制圆形标准柱

柱是建筑物中垂直的主结构件，用于承载它上方物件的重量。本实例讲解使用 C【圆】命令绘制圆形标准柱的方法，在绘制过程中，读者可练习各类命令的执行方法。

01　按 Ctrl+O 快捷键，打开配套光盘提供的"第 3 章\3.2.4 绘制圆形标准柱.dwg"素材文件，如图 3-11 所示。

02　在命令行中输入 C【圆】命令，捕捉轴线交点为圆心，绘制半径为 250 的圆形柱，结果如图 3-12 所示。

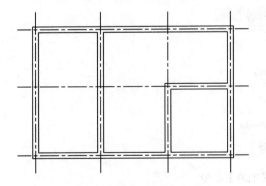

图 3-11　打开素材文件

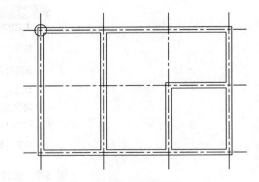

图 3-12　绘制圆形柱

03　按 Enter 键，重复调用 C【圆】命令，继续绘制另一位置的半径为 250 的圆形柱；绘制完成之后，按 Esc 键退出命令，绘制结果如图 3-13 所示。

04　单击右键，在弹出的快捷菜单中选择【最近使用的命令】|CIRCLE 命令，在轴线交点处单击左键以指定圆心，设置半径值为 250，按 Enter 键即可完成右侧圆形标准柱的绘制，结果如图 3-14 所示。

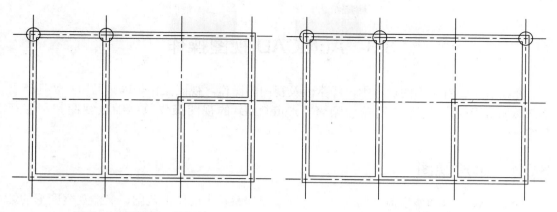

图 3-13　绘制另一圆形柱　　　　　　　图 3-14　绘制右侧圆形柱

05 单击【绘图】工具栏中的【圆】按钮◎，指定左下角轴线交点为圆心，设置半径为 250，按空格键可完成圆形柱的绘制，如图 3-15 所示。

06 选择【绘图】|【圆】|【圆心、半径】命令，分别指定圆心位置及半径值，完成其他圆形标准柱的绘制，如图 3-16 所示。

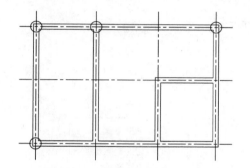

图 3-15　工具栏方式绘制圆形柱

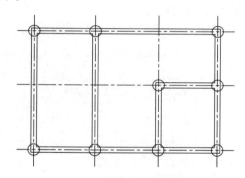

图 3-16　绘制其他图形标准柱

07 调用 H【图案填充】命令，在弹出的【图案填充和渐变色】对话框中选择名称为 SOLID 的图案，单击选取圆形标准柱为填充对象，在圆形柱内填充图案，如图 3-17 所示，完成标准柱的创建。

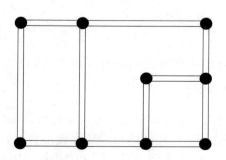

图 3-17　填充图案

3.3 AutoCAD 视图操作

在绘制及查看图形的过程中，经常涉及视图的操作。视图操作可以帮助用户快速查看全部或局部图形，因而使用较为频繁。AutoCAD 的视图操作包括缩放视图和平移视图等。

3.3.1 缩放视图

缩放视图可以调整当前视图大小，这样既能观察较大的图形范围，又能观察图形的细节。需要注意的是，缩放视图不会改变图形的实际大小。

执行【缩放】命令有以下几种方法。

- 菜单栏：选择【视图】|【缩放】命令，在弹出的子菜单中选择相应命令，如图 3-18 所示。
- 面板：单击图 3-19 所示的【导航】面板中的【范围】和导航栏中的【范围缩放】按钮。
- 命令行：输入 ZOOM 或 Z 命令并按 Enter 键。

图 3-18 视图缩放命令

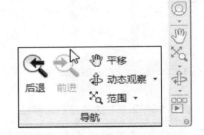

图 3-19 【导航】面板和导航栏

执行【缩放】命令后，命令行提示如下。

命令：zoom   //执行【缩放】命令
指定窗口的角点，输入比例因子 (nX 或 nXP)，或者
[全部(A)/中心(C)/动态(D)/范围(E)/上一个(P)/比例(S)/窗口(W)/对象(O)] <实时>：
    //选择视图缩放方式

AutoCAD 2014 提供了窗口缩放、比例缩放、范围缩放、对象缩放等多种缩放方式，这里介绍几种常用的视图缩放方式。

1. 实时缩放

实时缩放通过鼠标拖动的方式进行视图缩放。选择【实时】缩放命令，或单击【实时缩放】按钮后，光标即变成放大镜形状，按住鼠标左键向外推动鼠标，即可放大视口中的图形；向内推动鼠标，即可缩小视口中的图形。

缩放操作完成后，按 Enter 键或 Esc 键，或者单击鼠标右键，在弹出的快捷菜单中选择【退出】命令，可以退出缩放操作，如图 3-20 所示。

 技巧

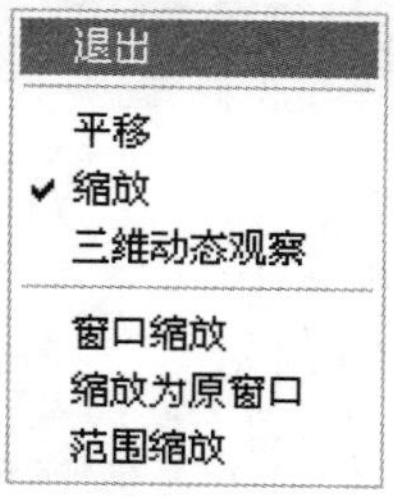

滚动鼠标滚轮，可以快速地实时缩放视图。

【课堂举例 3-1】　实时缩放

01　按 Ctrl+O 快捷键，打开配套光盘提供的"第 3 章\3.3.1 实时缩放.dwg"素材文件，如图 3-21 所示。

图 3-20　选择【退出】命令

02　选择【视图】|【缩放】|【实时】命令，按住鼠标左键不放，向外推动鼠标，放大视图。

03　按住中键不放，将图形移动至绘图窗口的中心位置，如图 3-22 所示。

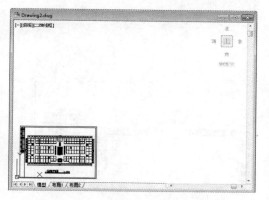

图 3-21　打开素材

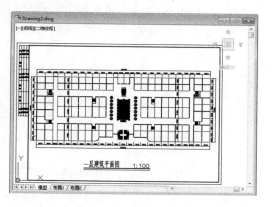

图 3-22　实时缩放结果

2. 上一个

【上一个】命令用于返回前一个视图。当使用其他选项对视图进行缩放以后，若需要使用前一个视图时，可直接选择此命令。

3. 窗口缩放

窗口缩放可以将指定的矩形窗口范围内的图形放大至充满当前视口。进行窗口缩放时，首先用光标指定窗口对角点，这两个对角点即确定了一个矩形缩放的范围，系统将该范围图形放大至整个视口。

【课堂举例 3-2】　窗口缩放

01　按 Ctrl+O 快捷键，打开配套光盘提供的"第 3 章\3.3.1 窗口缩放.dwg"素材文件，如图 3-23 所示。

02　选择【视图】|【缩放】|【窗口】命令，指定窗口的第一个角点，如图 3-24 所示。

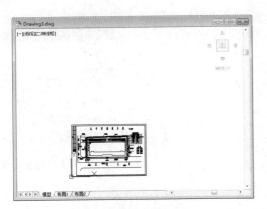

图 3-23　打开素材

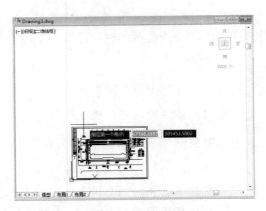

图 3-24　指定第一个角点

03 指定窗口的另一个角点，如图 3-25 所示。

04 矩形范围的图形放大至整个视口，如图 3-26 所示。

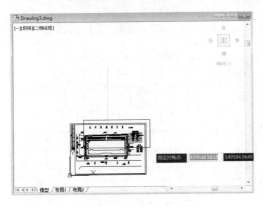

图 3-25　指定另一个角点

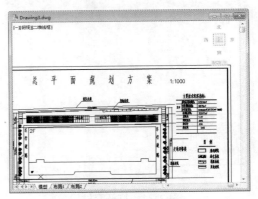

图 3-26　窗口缩放结果

4. 动态缩放

　　动态缩放使用矩形视框平移和缩放视口中的图形。选择该缩放方式后，绘图区将显示几个不同颜色的方框，拖动鼠标移动当前视区框到所需位置，单击鼠标调整大小后按 Enter 键，即可将当前视区框内的图形最大化显示。

【课堂举例 3-3】　动态缩放

01 按 Ctrl+O 快捷键，打开配套光盘提供的"第 3 章\3.3.1 动态缩放.dwg"素材文件，如图 3-27 所示。

02 选择【视图】|【缩放】|【动态】命令，视图上显示一个"×"标记的矩形框，该矩形框表示视图缩放的范围和位置。

03 拖动鼠标调整矩形框的位置，然后单击鼠标，使矩形框右侧显示"→"标记，此时移动光标，可调整矩形框的大小，如图 3-28 所示。

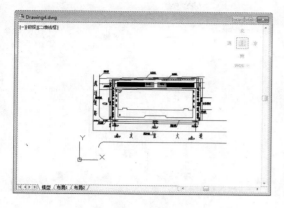

图 3-27　打开素材

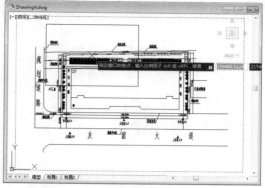

图 3-28　确定缩放范围

04　按 Enter 键, 即可将矩形框范围内的图形最大化显示, 结果如图 3-29 所示。

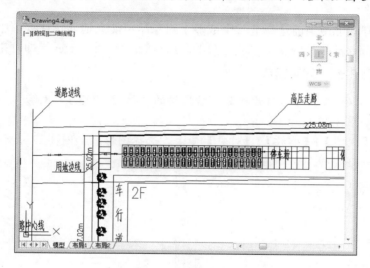

图 3-29　动态缩放

5. 比例缩放

比例缩放使用比例因子进行视图缩放, 以更改视图的显示比例。

在输入缩放比例时, 有以下三种输入方法。

- ◉　直接输入数值, 表示相对于图形界限进行缩放。
- ◉　在数值后加 X, 表示相对于当前视图进行缩放。
- ◉　在数值后加 XP, 表示相对于图纸空间单位进行缩放。

【课堂举例 3-4】　比例缩放

01　按 Ctrl+O 快捷键, 打开配套光盘提供的 "第 3 章\3.3.1 比例缩放.dwg" 素材文件, 如图 3-30 所示。

02　选择【视图】|【缩放】|【动态】命令, 输入比例因子 3X 并按 Enter 键, 即可将当前视图放大 3 倍显示, 结果如图 3-31 所示。

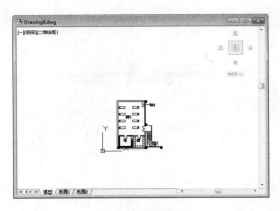

图 3-30　打开素材

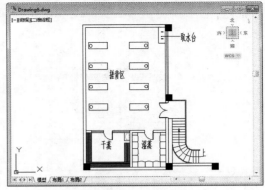

图 3-31　比例缩放

6. 对象缩放

对象缩放方式可使当前选择的一个或多个对象尽可能大地显示在视口中。在进行对象缩放时，先根据命令行的提示，选择待缩放的图形对象，然后按 Enter 键即可完成缩放操作。

【课堂举例 3-5】　对象缩放

01　按 Ctrl+O 快捷键，打开配套光盘提供的"第 3 章\3.3.1 对象缩放.dwg"素材文件，如图 3-32 所示。

02　选择【视图】|【缩放】|【对象】命令，选择图形，如图 3-33 所示。

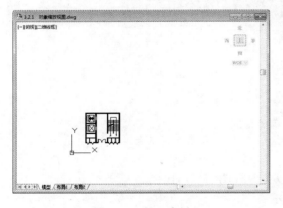

图 3-32　打开素材

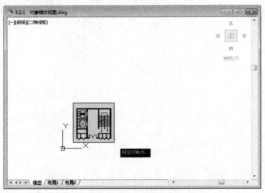

图 3-33　选择图形

03　按 Enter 键，即可将选中的图形对象放大至整个视口显示，如图 3-34 所示。

7. 全部缩放

全部缩放是指在当前视窗中显示全部图形。当绘制的图形均包含在用户定义的图形界限内时，以图形界限范围作为显示范围；当绘制的图形超出了图形界限时，则以图形范围作为显示范围。图 3-35 所示为全部缩放前后对比效果。

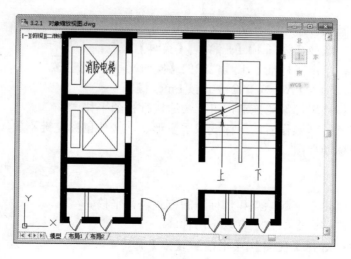

图 3-34　对象缩放

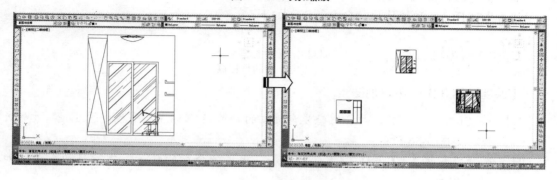

图 3-35　全部缩放

8. 其他缩放方式

- 放大：视图中的图形放大一倍显示。
- 缩小：视图中的图形缩小一半显示。
- 范围：使所有图形对象尽可能最大化显示，充满整个视窗。

 技巧

　　双击鼠标中键可以快速显示出绘图区的所有图形，相当于执行了范围缩放命令。

3.3.2　平移视图

　　视图平移不改变视图的大小，只改变其位置，以便观察图形的其他组成部分。图形显示不全面，且部分区域不可见时，就可以使用视图平移。视图平移有实时平移和点平移两种方式。

1. 实时平移

实时平移通过拖动鼠标的方式平移视图。

执行【实时】平移命令的方法有以下几种。

- 菜单栏：选择【视图】|【平移】|【实时】命令。
- 工具栏：单击【标准】工具栏中的【实时平移】按钮 。
- 命令行：输入 PAN 或 P 命令并按 Enter 键。
- 鼠标：按住鼠标滚轮拖动，可以快速进行视图平移。

执行上述任意一项操作后，鼠标变成手掌形状，按住鼠标左键不放，可以在上、下、左、右四个方向移动视图。

2. 点平移

点平移通过指定平移起始点和目标点的方式进行平移。

执行【点】平移命令的方法有以下两种。

- 菜单栏：选择【视图】|【平移】|【点】命令。
- 命令行：输入-PAN 命令并按 Enter 键。

执行上述任意一项操作后，命令行提示如下。

```
命令：'_-pan
指定基点或位移：              //指定平移的基点
指定第二点：                  //指定平移的目标点
```

【课堂举例 3-6】 平移视图

01 按 Ctrl+O 快捷键，打开配套光盘提供的"第 3 章\3.3.2 平移视图.dwg"素材文件，如图 3-36 所示。

02 选择【视图】|【平移】|【点】命令，根据命令行的提示，指定移动基点，如图 3-37 所示。

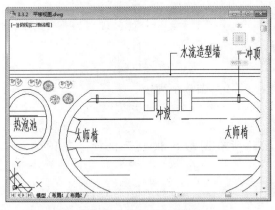
图 3-36 打开素材

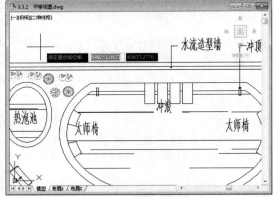
图 3-37 指定移动基点

03 向右移动鼠标指定目标点，如图 3-38 所示。

04 单击左键，完成点平移的操作，结果如图 3-39 所示。

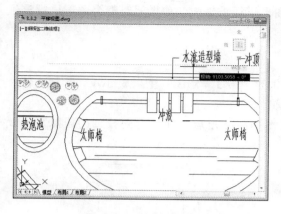

图 3-38　指定目标点

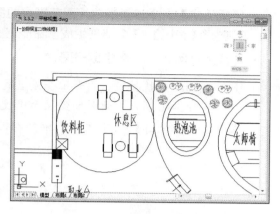

图 3-39　点平移结果

3.3.3　重画与重生成

在 AutoCAD 中，某些操作完成后其效果往往不会立即显示出来，或者在屏幕上留下了绘图的痕迹与标记。因此，需要通过刷新视图重新生成当前图形，以观察到最新的编辑效果。

视图刷新的命令主要有两个：【重生成】命令和【重画】命令。这两个命令都是自动完成的，不需要输入任何参数，也没有可选选项。

1. 重画

AutoCAD 常用数据库以浮点数据的形式储存图形对象的信息，浮点格式精度高，但计算时间长。AutoCAD 重生成对象时，需要把浮点数值转换为适当的屏幕坐标。因此对于复杂图形，重新生成需要花很长时间。为此软件提供了【重画】这种速度较快的刷新命令。重画只刷新屏幕显示，因而生成图形的速度更快。

执行【重画】命令的方法有以下两种。

- 菜单栏：选择【视图】|【重画】命令。
- 命令行：输入 REDRAWALL 或 RADRAW 或 RA 命令，并按 Enter 键。

> **注意**
>
> 在命令行中输入 REDRAW 命令，将从当前视口中删除编辑命令留下来的点标记；输入 REDRAWALL 命令，将从所有视口中删除编辑命令留下来的点标记。

2. 重生成

【重生成】命令不仅重新计算当前视区中所有对象的屏幕坐标，并重新生成整个图形，还重新建立图形数据库索引，从而优化显示和对象选择的性能。

执行【重生成】命令的方法有以下两种。

- 菜单栏：选择【视图】|【重生成】命令。
- 命令行：输入 REGEN 或 RE 命令并按 Enter 键。

【重生成】命令仅对当前视图范围内的图形进行重生成，如果要对整个图形进行重生成，可选择【视图】|【全部重生成】命令。

【课堂举例3-7】 重生成视图

01 按 Ctrl+O 快捷键，打开配套光盘提供的 "第 3 章\3.3.3 重生成.dwg" 素材文件，如图 3-40 所示。此时圆弧显示比较粗糙。

02 选择【视图】|【重生成】命令，视图刷新显示后，即可看到精细的圆弧显示效果，如图 3-41 所示。

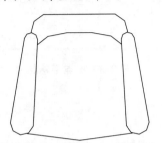

图 3-40　打开素材　　　　　　　　　图 3-41　重生成结果

3.3.4　实例——查看总平面图

本实例通过查看某住宅小区总平面图，练习视图的缩放和平移等视图基本操作。

01 按 Ctrl+O 快捷键，打开配套光盘提供的 "第 3 章\3.3.4 查看总平面图.dwg" 素材文件，如图 3-42 所示。

02 选择【视图】|【缩放】|【实时】命令，按住鼠标左键向外拖动，放大总平面图，如图 3-43 所示。

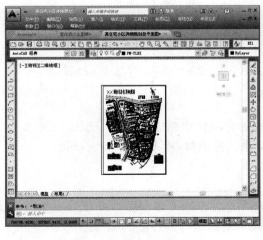

图 3-42　打开素材文件　　　　　　　图 3-43　实时缩放

03 选择【视图】|【缩放】|【窗口】命令，在总平面图上指定缩放窗口，将窗口内的图形以最大化显示，结果如图 3-44 所示。

04 选择【视图】|【平移】|【实时】命令，移动视图，以查看总平面图的下部分，结果如图 3-45 所示。

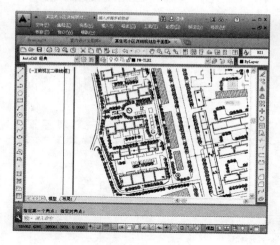

图 3-44　窗口缩放

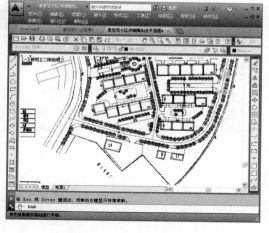

图 3-45　实时平移

3.4　思考与练习

一、选择题

1. 执行命令的方式有(　　)。

 A. 菜单栏　　　　　　B. 工具栏　　　　　　C. 命令行　　　　　　D. 状态栏

2. 重复刚才执行命令的方式为(　　)。

 A. 按 Esc 键

 B. 按 Enter 键

 C. 在右键快捷菜单中选择【取消】命令

 D. 在右键快捷菜单中选择【重复】命令

3. 放大或缩小显示当前视口中对象的外观尺寸的缩放方式是(　　)。

 A. 实时缩放　　　　　B. 窗口缩放　　　　　C. 动态缩放　　　　　D. 比例缩放

4. 平移视图的快捷键是(　　)。

 A. B　　　　　　　　B. Y　　　　　　　　C. H　　　　　　　　D. P

5. 平移视图有(　　)种方式。

 A. 五　　　　　　　　B. 六　　　　　　　　C. 七　　　　　　　　D. 八

二、操作题

1. 选择"第 3 章\习题 3.3.2 窗口缩放.dwg"素材文件，执行【窗口】缩放命令，框选电视机立面图，将其放大以便查看，如图 3-46 所示。

2. 执行【实时】平移命令，配合滑动鼠标中键，来查看图 3-47 所示的建筑总平面图细部。

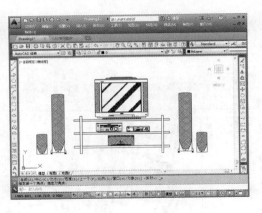

图 3-46　窗口缩放

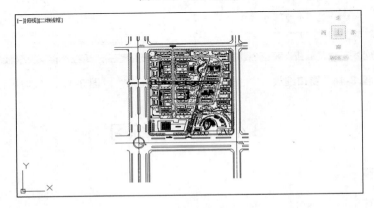

图 3-47　实时平移

3．执行【重生成】命令，对图 3-48 所示的图形执行刷新操作，刷新结果如图 3-49 所示。

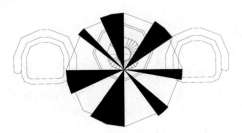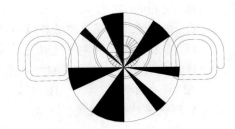

图 3-48　刷新前　　　　　　　　　　　　　　　图 3-49　刷新后

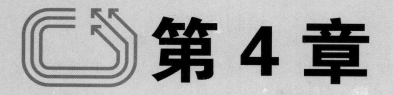

第 4 章

绘制基本建筑图形

本章导读

　　任何复杂的建筑图形都是由点、直线、圆和多边形等基本图形组成的，只有熟练掌握这些基本绘图命令的用法，才能绘制出复杂的建筑图形。AutoCAD 中的基本图形包括点、直线、圆以及多边形等，本章即介绍这些图形的绘制方法。

学习目标

➢ 了解 AutoCAD 软件的基本功能和应用范围。

➢ 掌握点样式设置和单点、多点、等分点的绘制方法。

➢ 掌握直线、构造线等直线对象的绘制方法。

➢ 掌握圆、圆弧、圆环、椭圆等圆类对象的绘制方法。

➢ 掌握矩形、多边形等几何图形的绘制方法。

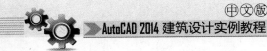

4.1 绘制点对象

AutoCAD 中的点对象的作用主要是定位、等分，有单点、多点、定数等分点、定距等分点几种，下面介绍各类点对象的绘制方法。

4.1.1 设置点样式

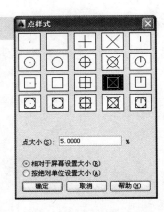

图 4-1 【点样式】对话框

在绘制点对象之前，应先定义点样式，即所绘制点的显示方式。

设置点样式的方法有以下几种。

- 菜单栏：选择【格式】|【点样式】命令。
- 命令行：输入 DDPTYPE 命令并按 Enter 键。
- 功能区：在【默认】选项卡中，单击【绘图】面板中的【点样式】按钮 。

执行上述任意一项操作后，系统弹出图 4-1 所示的【点样式】对话框。在对话框中选定点样式，单击【确定】按钮关闭对话框，即可完成点样式的设置。

4.1.2 绘制点

AutoCAD 提供了【单点】和【多点】两个绘制点的命令，以分别绘制单个点和多个点。

1. 绘制单点

使用【单点】命令，可以通过输入点坐标，或者在绘图区单击，创建独立的单个点，如图 4-2 所示。

执行【单点】命令的方法有以下两种。

- 菜单栏：选择【绘图】|【点】|【单点】命令。
- 命令行：输入 POINT 或 PO 命令并按 Enter 键。

执行上述任意一项操作后，命令行提示如下。

```
命令：_point                    //执行命令
当前点模式：PDMODE=35  PDSIZE=0.0000
指定点：                        //在绘图区中指定点的位置，即可完成单点的创建
```

2. 绘制多点

使用【多点】命令，可以连续绘制多个点，直至按 Enter 键或 Esc 键退出命令为止。

执行【多点】命令的方法有以下几种。

- 菜单栏：选择【绘图】|【点】|【多点】命令。
- 工具栏：单击【绘图】工具栏中的【多点】按钮 。
- 功能区：在【默认】选项卡中，单击【绘图】面板中的【多点】按钮 。

执行上述操作后，根据命令行的提示，在绘图区中分别指定多点的位置，如图 4-3 所示。按 Esc 键退出命令即可完成操作。

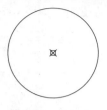

图 4-2 绘制单点

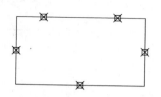

图 4-3 绘制多点

4.1.3 绘制等分点

等分点分为定数等分点和定距等分点，本节介绍等分点的绘制方法。

1. 绘制定数等分点

定数等分以指定的数量等分对象，并在等分位置创建点对象。

执行【定数等分】命令的方法有以下几种。

- 菜单栏：选择【绘图】|【点】|【定数等分】命令。
- 命令行：输入 DIVIDE 或 DIV 命令并按 Enter 键。
- 功能区：在【默认】选项卡中，单击【绘图】面板中的【定数等分】按钮 。

下面通过具体实例讲解创建定数等分点的方法。

【课堂举例 4-1】 绘制定数等分点

01 按 Ctrl+O 快捷键，打开配套光盘提供的"第 4 章\4.1.3 绘制定数等分点.dwg"素材文件，如图 4-4 所示。

02 选择【绘图】|【点】|【定数等分】命令，对床头柜左侧边轮廓进行等分，命令行提示如下。

```
命令：DIVIDE↙              //执行命令
选择要定数等分的对象：       //选定左边的垂直轮廓线
输入线段数目或 [块(B)]:3↙    //设置等分数目，按 Enter 键，等分结果如图 4-5 所示
```

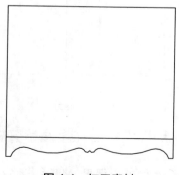

图 4-4 打开素材

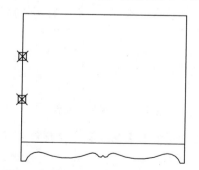

图 4-5 定数等分

03 调用 L【直线】命令，根据等分点绘制水平直线，结果如图 4-6 所示。

04 调用 O【偏移】命令，设置偏移距离为 20，向内偏移轮廓线；调用 TR【修剪】命令，修剪线段；调用 PL【多段线】命令，绘制多段线；调用 C【圆】命令，绘制半径为 13 的圆形表示抽屉拉手。完成床头柜的绘制，如图 4-7 所示。

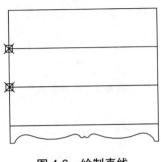

图 4-6　绘制直线

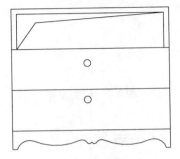

图 4-7　绘制床头柜

2. 绘制定距等分点

定距等分以指定的距离等分对象，并在等分位置创建等分点。

执行【定距等分】命令的方法有以下几种。

- 菜单栏：选择【绘图】|【点】|【定距等分】命令。
- 命令行：输入 MEASURE 或 ME 命令并按 Enter 键。
- 功能区：在【默认】选项卡中，单击【绘图】面板中的【定距等分】按钮。

【课堂举例 4-2】　绘制定距等分点

01 按 Ctrl+O 快捷键，打开配套光盘提供的"第 4 章\4.1.3 绘制定距等分点.dwg"素材文件，如图 4-8 所示。

02 选择【绘图】|【点】|【定距等分】命令，命令行提示如下。

```
命令：_measure
选择要定距等分的对象：              //选定左边的轮廓线为等分对象
指定线段长度或［块(B)］：570↙       //定义等分长度，等分结果如图 4-9 所示
```

图 4-8　打开素材文件

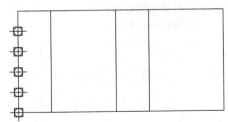

图 4-9　定距等分

03 调用 L【直线】命令，绘制直线，结果如图 4-10 所示，即可完成电气图例表格的绘制。

04 调用 CO【复制】命令，移动复制电气图例至表格中。调用 MT【多行文字】命令，输入文字，结果如图 4-11 所示。

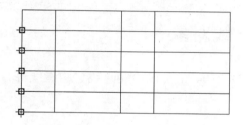

图例	灯具名称	图例	灯具名称
○	吸顶灯	✒	单极开关
◑	壁灯	✒	双极开关
▦	排气扇	▭	接线盒
⊠	空调室内机		

图 4-10　绘制直线　　　　　　　　　　　图 4-11　完善表格

4.1.4　实例——绘制楼梯立面图

本节介绍楼梯立面图的绘制，主要通过调用【定距等分】命令来绘制楼梯踏步。

01 按 Ctrl+O 快捷键，打开配套光盘提供的 "第 4 章\4.1.4 绘制楼梯立面图.dwg" 素材文件，如图 4-12 所示。

02 调用 ME【定距等分】命令，设置等分距离为 165，等分右侧直线，如图 4-13 所示。

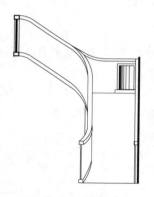

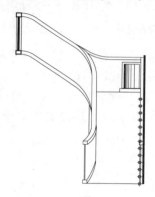

图 4-12　绘制直线　　　　　　　　　　　图 4-13　等分直线

03 调用 L【直线】命令，过等分点绘制水平直线，如图 4-14 所示。

04 调用 L【直线】命令，绘制垂直直线；调用 TR【修剪】命令，修剪线段，完成楼梯立面图的绘制，结果如图 4-15 所示。

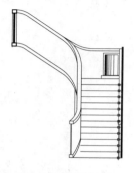

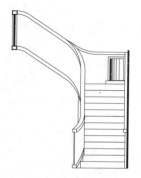

图 4-14　绘制直线　　　　　　　　　　　图 4-15　完善图形

4.2 绘制直线对象

直线对象是所有图形的基础。在 AutoCAD 2104 中可以绘制直线、构造线等直线对象。

4.2.1 绘制直线

直线可以通过在绘图区中分别指定起点和终点来创建。

执行【直线】命令的方法有以下几种。

- ▶ 菜单栏：选择【绘图】|【直线】命令。
- ▶ 命令行：输入 LINE 或 L 命令并按 Enter 键。
- ▶ 工具栏：单击【绘图】工具栏中的【直线】按钮。
- ▶ 功能区：在【默认】选项卡中，单击【绘图】面板中的【直线】按钮。

下面通过具体实例，讲解直线对象的绘制方法。

【课堂举例 4-3】 绘制直线

01 按 Ctrl+O 快捷键，打开配套光盘提供的"第 4 章\4.2.1 绘制直线.dwg"素材文件，如图 4-16 所示。

02 按 F8 键，开启正交绘图模式，以方便垂直和水平直线的绘制。

03 选择【绘图】|【直线】命令，绘制直线，完善电视柜图形，命令行提示如下。

```
命令：LINE↙                //执行命令
指定第一个点：              //捕捉外轮廓圆弧与直线的交点为起点
指定下一点或 [放弃(U)]：    //绘制垂直直线，如图 4-17 所示
```

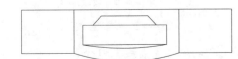

图 4-16　打开素材　　　　　　　　　图 4-17　绘制垂直直线

04 按 F8 键，关闭正交功能。按 Enter 键重复调用【直线】命令，绘制柜子对角线，结果如图 4-18 所示。

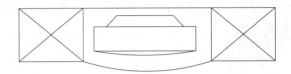

图 4-18　绘制对角线

4.2.2 绘制构造线

构造线是两端可以无限延伸的直线，没有起点和终点，主要用于绘制辅助线或修剪边

界，指定两个点即可确定构造线的位置和方向。

执行【构造线】命令的方法有以下几种。

- ◗ 菜单栏：选择【绘图】|【构造线】命令。
- ◗ 命令行：输入 XLINE 或 XL 命令并按 Enter 键。
- ◗ 工具栏：单击【绘图】工具栏中的【构造线】按钮 ✐。
- ◗ 功能区：在【默认】选项卡中，单击【绘图】面板中的【构造线】按钮 ✐。

执行上述任意一项操作后，命令行提示如下。

```
命令：XLINE↙           //启动命令
指定点或 [水平(H)/垂直(V)/角度(A)/二等分(B)/偏移(O)]：
指定通过点：            //分别在绘图区中指定两点，即可绘制无限长的构造线
```

命令行中各选项的含义如下。

- ◗ 水平：即创建水平的构造线。
- ◗ 垂直：即创建垂直的构造线。
- ◗ 角度：可以选择一条参照线，再指定构造线与该线之间的角度。
- ◗ 二等分：可以创建二等分指定角的构造线，此时必须指定等分角度的定点、起点和端点。
- ◗ 偏移：可创建平行于指定线的构造线，此时必须指定偏移距离、基线和构造线位于基线的哪一侧。

4.2.3　实例——绘制建筑物图例

直线在建筑绘图中的应用非常广泛，本实例使用【直线】命令绘制建筑总平面图中的建筑图例。

01 按 F8 键，开启正交绘图模式。

02 调用 L【直线】命令，根据命令行的提示，指定 A 点为起点，垂直向下移动鼠标，输入距离值 6540，得到 B 点。按 Esc 键退出命令，绘制垂直直线的结果如图 4-19 所示。

03 按 Enter 键重新调用 L【直线】命令，以 B 点为起点，向右移动鼠标，输入距离值 1283，单击右键可完成水平直线的绘制，结果如图 4-20 所示。

图 4-19　绘制垂直直线　　　　　　　　　　图 4-20　绘制水平直线

04 在绘图区单击右键，在快捷菜单中选择"重复 LINE(R)"命令，继续绘制直线图

形，完成建筑物外轮廓的绘制，图例的绘制结果如图 4-21 所示。

05 选择绘制的图形，在【特性】工具栏中更改图例的线宽为 0.3mm，在状态栏上单击【显示/隐藏线宽】工具按钮 **+**，即可看到线宽的效果，如图 4-22 所示。

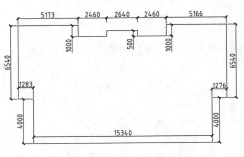

图 4-21　绘制建筑物轮廓

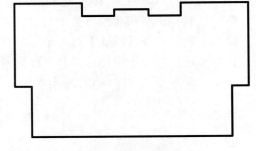

图 4-22　更改图例的线宽

4.3　绘制圆类对象

在 AutoCAD 中，圆类对象包括圆、圆弧、圆环、椭圆与椭圆弧。圆类对象主要作为图形的轮廓线出现，本节介绍圆类对象的绘制方法。

4.3.1　绘制圆

执行【圆】命令的方法有以下几种。

- 菜单栏：选择【绘图】|【圆】命令，在子菜单中选择一种绘圆方式，如图 4-23 所示。
- 工具栏：单击【绘图】工具栏中的【圆】按钮 ⊘。
- 功能区：在【默认】选项卡中，单击【绘图】面板中的【圆】按钮 ⊘。
- 命令行：输入 CIRCLE 或 C 命令并按 Enter 键。

AutoCAD 提供了以下 6 种不同的绘圆方式，如图 4-24 所示。

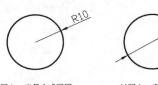

以圆心、半径方式画圆　以圆心、直径方式画圆　两点画圆

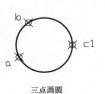

三点画圆　相切、相切、半径画圆　相切、相切、相切画圆

图 4-23　【圆】子菜单

图 4-24　圆的 6 种绘制方式

- 圆心、半径：用圆心和半径方式绘制圆。
- 圆心、直径：用圆心和直径方式绘制圆。
- 两点：通过两个点绘制圆，系统会提示指定圆直径的第一端点和第二端点。
- 三点：通过三个点绘制圆，系统会提示指点第一点、第二点和第三点。
- 相切、相切、半径：选择两个相切的对象并输入半径值来绘制圆，系统会提示指定圆的第一切线和第二切线上的点及圆的半径。
- 相切、相切、相切：选择三个相切的对象绘制圆，系统会提示指定圆的第一切线和第二切线上以及第三切线上的点。

4.3.2　绘制圆弧

圆弧是圆的一部分，是与其半径相等的圆周的一部分曲线。

执行【圆弧】命令的方法有以下几种。

- 菜单栏：选择【绘图】|【圆弧】命令，在子菜单中选择一种绘制圆弧的命令，如图 4-25 所示。
- 命令行：输入 ARC 或 A 命令并按 Enter 键。
- 工具栏：单击【绘图】工具栏中的【圆弧】按钮 。
- 功能区：在【默认】选项卡中，单击【绘图】面板中的【圆弧】按钮 。

AutoCAD 2014 提供了 11 种绘制圆弧的方法，用户可以根据已知的几何参数选择合适的圆弧绘制方式。

- 三点：通过指定圆弧上的三点绘制圆弧，需要指定圆弧的起点、通过的第二点和端点，如图 4-26 所示。
- 起点、圆心、端点：通过指定圆弧的起点、圆心和端点绘制圆弧。
- 起点、圆心、角度：通过指定圆弧的起点、圆心和包含角绘制圆弧。执行此命令时会出现"指定包含角"的提示，系统默认正值的角度沿逆时针方向，负值的角度沿顺时针方向。
- 起点、圆心、长度：通过指定圆弧的起点、圆心和弦长绘制圆弧。另外在命令行"指定弦长"提示信息下，如果输入负值，则该值的绝对值将作为对应整圆的空缺部分圆弧的弦长。
- 起点、端点、角度：通过指定圆弧的起点、端点和包含角绘制圆弧，如图 4-27 所示。
- 起点、端点、方向：通过指定圆弧的起点、端点和圆弧的起点切向绘制圆弧，如图 4-28 所示。
- 起点、端点、半径：通过指定圆弧的起点、端点和圆弧半径绘制圆弧，如图 4-29 所示。
- 圆心、起点、端点：通过指定圆弧的圆心、起点和端点绘制圆弧。
- 圆心、起点、角度：通过指定圆弧的圆心、起点和圆心角绘制圆弧。
- 圆心、起点、长度：通过指定圆弧的圆心、起点、弦长绘制圆弧。
- 连续：以上一段线条(直线、圆弧等)的端点作为圆弧的起点来绘制圆弧，如图 4-30 所示。

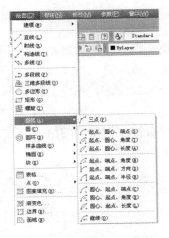

图 4-25 【圆弧】子菜单

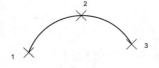

图 4-26 三点画弧

图 4-27 起点、端点、角度画弧

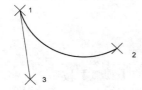

图 4-28 起点、端点、方向画弧

图 4-29 起点、端点、半径画弧

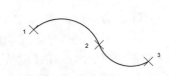

图 4-30 连续画弧

 注意

系统默认以逆时针方向为正方向，绘制圆弧也是沿逆时针方向绘制。如果输入的是正值角度，那么圆弧绕圆心沿逆时针方向绘制，负值则相反。

4.3.3 实例——绘制照明平面图

在电气照明平面图中，需要绘制连线表示各灯具、开关之间的连接关系，本实例通过使用【圆弧】命令绘制连线，练习绘制圆弧的操作。

01 按 Ctrl+O 快捷键，打开配套光盘提供的"第 4 章\4.3.3 绘制照明平面图.dwg"文件，如图 4-31 所示。

02 调用 O【偏移】命令，设置偏移距离为 631，选择墙线向内偏移，结果如图 4-32 所示。

03 调用 A【圆弧】命令，单击左上角第一个射灯的圆心作为圆弧的起点，在辅助线上单击一点作为圆弧的第二个点，单击左上角第二个射灯的圆心作为圆弧的端点，依次类推，绘制灯具连接弧线，如图 4-33 所示。

04 按 Enter 键重复调用【圆弧】命令，继续绘制位于水平方向上射灯的圆弧连线。调用 E【删除】命令，删除辅助线，结果如图 4-34 所示。

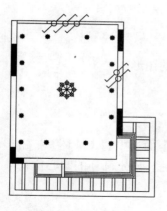

图 4-31　打开素材

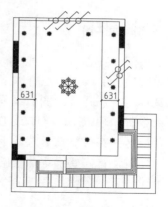

图 4-32　绘制辅助线

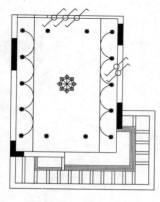

图 4-33　绘制弧线

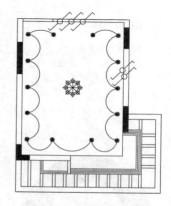

图 4-34　绘制圆弧连线

05　单击【绘图】工具栏中的【圆弧】按钮，分别指定圆弧线上的三个点，绘制射灯与开关之间的连线，结果如图 4-35 所示。

06　在绘图区单击右键，在快捷菜单中选择【重复 ARC(R)】命令，绘制吊灯与开关之间的连线，完成照明平面图的绘制，结果如图 4-36 所示。

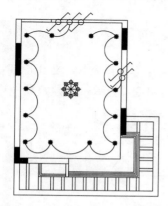

图 4-35　绘制射灯与开关之间的连线

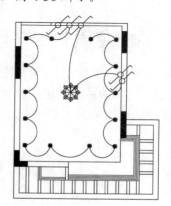

图 4-36　绘制吊灯与开关之间的连线

4.3.4 绘制圆环

圆环是由同一圆心、不同直径的两个同心圆组成的图形。

执行【圆环】命令的方法有以下几种。

- 菜单栏：选择【绘图】|【圆环】命令。
- 命令行：输入 DONUT 或 DO 命令并按 Enter 键。
- 功能区：在【默认】选项卡中，单击【绘图】面板中的【圆环】按钮◎。

绘制圆环时，首先要确定两个同心圆的直径，然后再确定圆环的圆心位置。

执行上述任意一项操作后，命令行提示如下。

```
命令：DONUT↙
指定圆环的内径 <5>：70↙                    //指定圆环内径
指定圆环的外径 <103>：120↙                 //指定圆环外径
指定圆环的中心点或 <退出>：                 //指定中心点创建圆环
```

系统默认绘制的圆环为填充圆，如图 4-37 所示。使用 FILL 命令可以控制填充的开启和关闭，命令行提示如下。

```
命令：FILL↙                                //启动命令
输入模式 [开(ON)/关(OFF)] <开>：OFF↙        //设置
```

选择"关(OFF)"选项，则绘制的圆环不予填充，如图 4-38 所示。

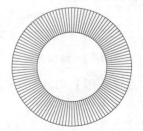

图 4-37 实心圆   图 4-38 未填充的圆

4.3.5 绘制椭圆与椭圆弧

椭圆是特殊样式的圆，与圆相比，椭圆的半径长度不一，形状由定义其长度和宽度的两条轴决定，较长的称为长轴，较短的称为短轴，如图 4-39 所示。在建筑绘图中，很多图形都是椭圆形的，比如地面拼花、室内吊顶造型等。

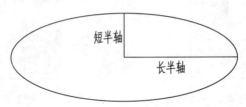

图 4-39 椭圆的长轴和短轴

1. 绘制椭圆

执行【椭圆】命令的方法有以下几种。

- 菜单栏：选择【绘图】|【椭圆】命令。
- 命令行：输入 ELLIPSE 或 EL 命令并按 Enter 键。
- 工具栏：单击【绘图】工具栏中的【椭圆】按钮 ⬭ 。
- 功能区：在【默认】选项卡中，单击【绘图】面板中的【圆心】按钮 ⬭ 或【轴，端点】按钮 ⬭ 。

绘制椭圆，命令行提示如下。

```
命令：ELLIPSE↙
指定椭圆的轴端点或 [圆弧(A)/中心点(C)]：          //指定椭圆的一个轴端点
指定轴的另一个端点：                              //指定轴的另一端点
指定另一条半轴长度或 [旋转(R)]：                  //指定轴端点和半轴长度
```

2. 绘制椭圆弧

椭圆弧是椭圆的一部分，因此绘制椭圆弧需要确定其所在椭圆，然后确定椭圆弧的起点和终点的角度。

执行【椭圆弧】命令的方法有以下几种。

- 菜单栏：选择【绘图】|【椭圆弧】命令。
- 工具栏：单击【绘图】工具栏中的【椭圆弧】按钮 ⬭ 。
- 功能区：在【默认】选项卡中，单击【绘图】面板中的【椭圆弧】按钮 ⬭ 。
- 命令行：输入 ELLIPSE 命令并按 Enter 键，输入 A，选择【圆弧】选项。

绘制椭圆弧，命令行提示如下。

```
命令：ELLIPSE↙                                   //执行【椭圆】命令
指定椭圆的轴端点或 [圆弧(A)/中心点(C)]：A↙      //选择【圆弧(A)】
指定椭圆弧的轴端点或 [中心点(C)]：
指定轴的另一个端点：
指定另一条半轴长度或 [旋转(R)]：
指定起点角度或 [参数(P)]：
指定端点角度或 [参数(P)/包含角度(I)]：
            //可直接输入角度参数，也可通过单击鼠标指定椭圆弧角度
```

图 4-40 所示为绘制的椭圆弧。

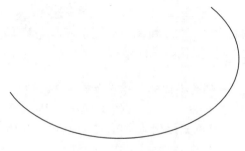

图 4-40 椭圆弧

4.3.6 实例——绘制花坛

本实例介绍别墅庭院花坛的绘制方法。先调用【椭圆】命令，绘制花坛的外轮廓，然后调用【椭圆弧】命令，绘制花坛的线条样式。

01 按 Ctrl+O 快捷键，打开配套光盘提供的"第 4 章\4.3.6 绘制花坛.dwg"文件，如图 4-41 所示。

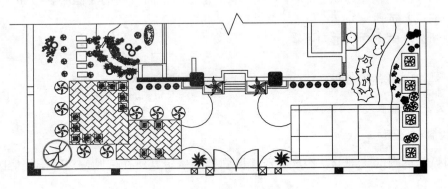

图 4-41 打开素材

02 调用 EL【椭圆】命令，绘制长轴为 2141、短轴为 687 的椭圆，如图 4-42 所示。

03 选择【绘图】|【椭圆】|【圆弧】命令，以椭圆的两个轴端点作为椭圆弧的轴端点，指定椭圆弧的半轴长度为 521，在命令行提示"指定起点角度""指定端点角度"时，分别移动鼠标单击椭圆的上下两个轴端点，完成椭圆弧的绘制，如图 4-43 所示。

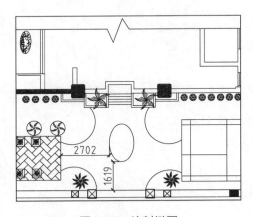

图 4-42 绘制椭圆

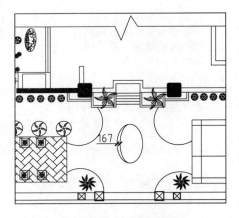

图 4-43 绘制椭圆弧

04 重复操作，绘制另一侧的椭圆弧，结果如图 4-44 所示。

05 调用 H【图案填充】命令，在【图案填充及渐变色】对话框中选择名称为 STARS 的图案，设置填充比例为 20，在花坛内创建图案填充，完成花坛图形的绘制，结果如图 4-45 所示。

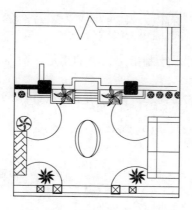

图 4-44　绘制另一侧椭圆弧

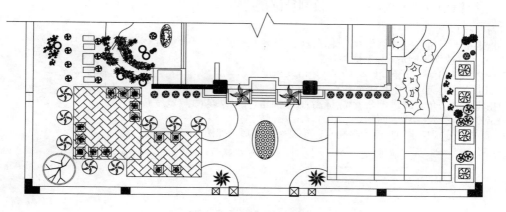

图 4-45　绘制图案填充

4.4　绘制多边形对象

AutoCAD 中的多边形对象包括矩形和多边形，常作为物体的轮廓线出现。本节介绍绘制多边形对象的操作方法。

4.4.1　绘制矩形

矩形就是通常所说的长方形，可以通过指定对角点或长度、宽度以及旋转角度来创建矩形。

执行【矩形】命令的方法有以下几种。

- ▶　菜单栏：选择【绘图】|【矩形】命令。
- ▶　命令行：输入 RECTANG 或 REC 命令并按 Enter 键。
- ▶　工具栏：单击【绘图】工具栏中的【矩形】按钮 ▭。
- ▶　功能区：在【默认】选项卡中，单击【绘图】面板中的【矩形】按钮 ▭。

绘制矩形，命令行提示如下。

命令：RECTANG↙

指定第一个角点或 [倒角(C)/标高(E)/圆角(F)/厚度(T)/宽度(W)]:
指定另一个角点或 [面积(A)/尺寸(D)/旋转(R)]:

选择【尺寸(D)】选项，可以绘制指定大小的矩形，命令行提示如下。

命令:RECTANG↙
指定第一个角点或 [倒角(C)/标高(E)/圆角(F)/厚度(T)/宽度(W)]:
　　　　//在绘图区指定矩形第一个角点
指定另一个角点或 [面积(A)/尺寸(D)/旋转(R)]:D↙
　　　　//选择【尺寸(D)】选项
指定矩形的长度 <100>:300↙　　　　　　　　　　　　//指定矩形的长度
指定矩形的宽度 <300>:100↙　　　　　　　　　　　　//指定矩形的宽度
指定另一个角点或 [面积(A)/尺寸(D)/旋转(R)]:
　　　　//指定另一个角点，完成矩形的绘制，如图 4-46 所示

选择【倒角(C)】选项，可以绘制带倒角的矩形，命令行提示如下。

命令:RECTANG↙
指定第一个角点或 [倒角(C)/标高(E)/圆角(F)/厚度(T)/宽度(W)]: C↙
　　　　//选择【倒角(C)】选项
指定矩形的第一个倒角距离 <0.0000>:50↙　　　　　　　//指定第一个倒角距离
指定矩形的第二个倒角距离 <50.0000>:50↙　　　　　　　//指定第二个倒角距离
指定第一个角点或 [倒角(C)/标高(E)/圆角(F)/厚度(T)/宽度(W)]:
指定另一个角点或 [面积(A)/尺寸(D)/旋转(R)]:
　　　　//分别指定矩形两个对角点，绘制倒角矩形，如图 4-47 所示

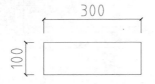

图 4-46　绘制指定大小矩形　　　　　　　　**图 4-47　绘制倒角矩形**

选择【圆角(F)】选项，可以绘制带圆角的矩形，命令行提示如下。

命令: RECTANG↙
指定第一个角点或 [倒角(C)/标高(E)/圆角(F)/厚度(T)/宽度(W)]:F↙
　　　　//选择【圆角(F)】选项
指定矩形的圆角半径 <50>:80↙　　　　　　　　　　　　//设置圆角半径
指定第一个角点或 [倒角(C)/标高(E)/圆角(F)/厚度(T)/宽度(W)]:
指定另一个角点或 [面积(A)/尺寸(D)/旋转(R)]:
　　　　//分别指定矩形两个对角点，绘制圆角矩形，如图 4-48 所示

选择【厚度(T)】选项，可以绘制有一定厚度的三维矩形，命令行提示如下。

命令:RECTANG↙
当前矩形模式：圆角=80
指定第一个角点或 [倒角(C)/标高(E)/圆角(F)/厚度(T)/宽度(W)]:T↙//选择【厚度(T)】选项
指定矩形的厚度 <0>:50↙　　　　　　　　　　　//设置矩形的厚度
指定第一个角点或 [倒角(C)/标高(E)/圆角(F)/厚度(T)/宽度(W)]:
指定另一个角点或 [面积(A)/尺寸(D)/旋转(R)]:
　　　　//分别指定矩形的两个对角点，完成带厚度矩形的绘制．

将当前视图转换为西南等轴测视图，即可查看到三维矩形的绘制效果，如图 4-49
所示。

图 4-48 绘制圆角矩形

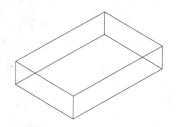

图 4-49 绘制带厚度的矩形

选择【宽度(W)】选项，绘制矩形边线有一定宽度的矩形，命令行提示如下。

命令:RECTANG↙
当前矩形模式： 圆角=80 厚度=50
指定第一个角点或 [倒角(C)/标高(E)/圆角(F)/厚度(T)/宽度(W)]:W↙
指定矩形的线宽 <0>:30↙
指定第一个角点或 [倒角(C)/标高(E)/圆角(F)/厚度(T)/宽度(W)]:
指定另一个角点或 [面积(A)/尺寸(D)/旋转(R)]:
　　　//分别指定矩形的两个对角点，完成带宽度矩形的绘制，如图 4-50 所示

将当前视图转换成西南等轴测视图，查看矩形的绘制效果，如图 4-51 所示。

图 4-50 绘制带宽度的矩形

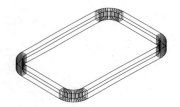

图 4-51 等轴测视图显示效果

4.4.2 实例——绘制餐桌平面图

本节介绍现代风格的餐桌平面图的绘制。首先使用【矩形】命令绘制餐桌的外轮廓，然后绘制带厚度的矩形，以表示餐桌表面磨砂玻璃部位。

01 调用 REC【矩形】命令，绘制矩形，如图 4-52 所示。

02 按 Enter 键重复调用【矩形】命令，绘制宽度为 10 的矩形，如图 4-53 所示。

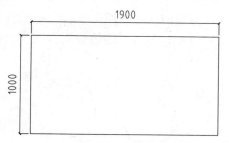

图 4-52 绘制矩形

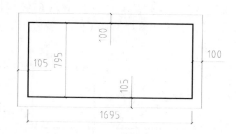

图 4-53 绘制带宽度的矩形

03 填充玻璃桌面图案。调用 H【图案填充】命令，在弹出的【图案填充和渐变色】

对话框中设置图案填充参数，如图 4-54 所示。

04 单击【添加：拾取点】按钮，在绘图区中拾取填充区域，按 Enter 键返回对话框。单击【确定】按钮关闭对话框，完成图案填充的操作，结果如图 4-55 所示。

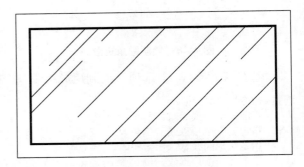

图 4-54 【图案填充和渐变色】对话框　　　　图 4-55 填充图案结果

05 从配套光盘提供的"第 4 章\家具图例.dwg"文件中提取椅子等图形，完成餐桌平面图形的绘制，结果如图 4-56 所示。

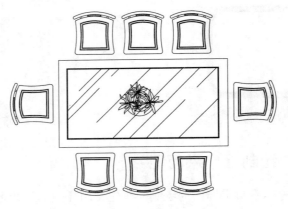

图 4-56 调入图块

4.4.3 绘制正多边形

由三条或三条以上长度相等且首尾相接的直线段组成的图形叫作正多边形，使用 POL【多边形】命令可以绘制各种正多边形，如图 4-57 所示。多边形的边数范围在 3～1024 之间。

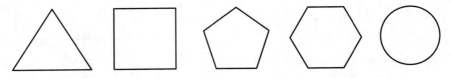

图 4-57 各种正多边形

执行【多边形】命令的方法有以下几种。

- 标题栏：选择【绘图】|【多边形】命令。
- 命令行：输入 POLYGON 或 POL 命令并按 Enter 键。
- 工具栏：单击【绘图】工具栏中的【多边形】按钮。
- 功能区：在【默认】选项卡中，单击【绘图】面板中的【多边形】按钮。

执行上述任意一项操作后，命令行提示如下。

```
命令：polygon↙                              //启动命令
输入侧面数 <4>：                            //输入多边形边数
指定正多边形的中心点或 [边(E)]：            //在绘图区中指定中心点
输入选项 [内接于圆(I)/外切于圆(C)] <I>：    //定义多边形的样式
指定圆的半径：400                          //指定半径值，完成多边形的绘制
```

命令行各选项含义如下。

- 中心点：通过指定正多边形中心点的方式来绘制正多边形。选择该选项后，会提示"输入选项[内接于圆(I)/外切于圆(C)]<I>："的信息。内接于圆表示以指定正多边形内接圆半径的方式来绘制正多边形；外切于圆表示以指定正多边形外切圆半径的方式来绘制正多边形，如图 4-58 所示。

内接于圆　　　　　　　　　外切于圆

图 4-58 多边形绘制样式

- 边：通过指定多边形边的方式来绘制正多边形，该方式将通过边的数量和长度来确定正多边形。

4.4.4 实例——绘制中式花格窗

本实例介绍中式花格窗的绘制方法。首先选择【多边形】命令，绘制花格窗的外轮廓，然后选择【偏移】命令，向内偏移多边形，以表现花格窗富有层次的外轮廓。

01 选择【绘图】|【多边形】命令，绘制边数为 8、半径为 550 的八边形，结果如图 4-59 所示。

02 调用 O【偏移】命令，设置偏移距离分别为 27、10、10，向内偏移八边形，结果如图 4-60 所示。

03 调用 L【直线】命令，绘制直线，结果如图 4-61 所示。

04 从配套光盘提供的"第 4 章\家具图例.dwg"文件中提取实木花格图形，完成中式花格窗图形的绘制，结果如图 4-62 所示。

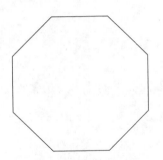

图 4-59　绘制八边形

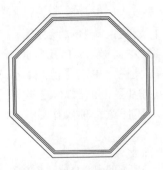

图 4-60　向内偏移八边形

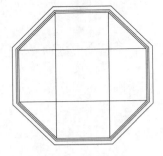

图 4-61　绘制直线

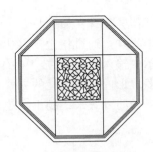

图 4-62　绘制中式花格窗

4.5　思考与练习

一、选择题

1. 【定距等分】命令的快捷键是(　　)。

　　A. DIV　　　　　　　　B. ME　　　　　　　　C. H　　　　　　　　D. F

2. 绘制直线的方法有(　　)。

　　A. 在命令行中输入 LINE 命令并按 Enter 键

　　B. 选择【绘图】|【直线】命令

　　C. 单击【绘图】工具栏中的【直线】按钮

　　D. 选择【修改】|【直线】命令

3. 绘制圆图形有(　　)方式。

　　A. 六种　　　　　　　　B. 四种　　　　　　　　C. 三种　　　　　　D. 两种

4. 【矩形】命令的快捷键是(　　)。

　　A. R　　　　　　　　　B. CHA　　　　　　　　C. REC　　　　　　D. FILLET

5. 使用"内接于圆"方式绘制正多边形，多边形与圆的关系是(　　)。

　　A. 顶点与圆相交　　　　　　　　　　　　B. 各边与圆相切

　　C. 各边与圆相交　　　　　　　　　　　　D. 顶点与圆相切

二、操作题

1. 打开"第 4 章\习题\4.5.2 绘制定数等分点"文件，调用 DIV【定数等分】命令，选择左边的内轮廓线为等分对象，设置等分线段的数目为 5，等分结果如图 4-63 所示。

2. 打开"第 4 章\习题\4.5.2 绘制直线"文件，调用 L【直线】命令，以等分点为起点绘制直线，然后调用 E【删除】命令，删除等分点，结果如图 4-64 所示。

图 4-63　绘制等分点　　　　　　图 4-64　绘制直线

3. 打开"第 4 章\习题\4.5.2 绘制椭圆"文件，调用 EL【椭圆】命令，绘制椭圆；调用 L【直线】命令，绘制直线；调用 TR【修剪】命令，修剪线段，结果如图 4-65 所示。

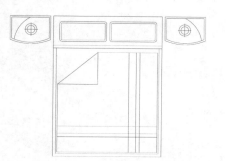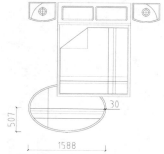

图 4-65　绘制椭圆

4. 打开"第 4 章\习题\4.5.2 绘制矩形"文件，调用 REC【矩形】命令，绘制地面拼花外轮廓；调用 C【圆】命令，绘制半径为 160 的圆形，完成地面拼花的绘制，结果如图 4-66 所示。

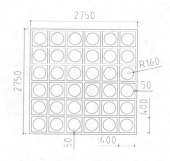

图 4-66　绘制地面拼花

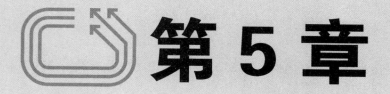 

第 5 章

绘制复杂建筑图形

➡本章导读

为了提高绘图的效率，AutoCAD 提供了一些复合图形绘图工具，以便快速绘制出墙体、窗、阳台、地砖图案等复杂的建筑图形对象。本章即介绍这些复杂二维图形的绘制和编辑方法。

➡学习目标

➢ 了解 AutoCAD 软件的基本功能和应用范围。

➢ 掌握多段线的绘制和编辑方法。

➢ 掌握样条曲线的绘制和编辑方法。

➢ 掌握多线样式的设置及多线的绘制和编辑方法。

➢ 掌握图案填充的绘制和编辑的方法。

5.1 多 段 线

多段线在创建完成后是一个首尾相接的图形，可以对其整体执行编辑修改。本节介绍绘制多段线及编辑多段线的操作方法。

5.1.1 绘制多段线

多段线是由等宽或者不等宽的直线或圆弧等多条线段构成的复合图形对象。

执行【多段线】命令的方法有以下几种。

- 菜单栏：选择【绘图】|【多段线】命令。
- 命令行：输入 PLINE 或 PL 命令并按 Enter 键。
- 工具栏：单击【绘图】工具栏中的【多段线】按钮 。
- 功能区：在【默认】选项卡中，单击【绘图】面板中的【多段线】按钮 。

绘制多段线时，命令行提示如下。

```
命令：_PLINE✓
当前线宽为 0.0000
指定下一个点或 [圆弧(A)/半宽(H)/长度(L)/放弃(U)/宽度(W)]：   <正交 开>
```

命令行中各选项的含义如下。

- 圆弧：切换至画圆弧模式。
- 半宽：设置多段线起始与结束的上下部分的宽度值，即宽度的两倍。
- 长度：绘出与上一段角度相同的线段。
- 放弃：退回至上一点。
- 宽度：设置多段线起始与结束的宽度值。

【课堂举例 5-1】 绘制多段线洗手台

01 单击【绘图】工具栏中的【多段线】按钮 ，绘制洗手台轮廓，命令行提示如下。

```
命令：_pline
指定起点：                        //指定起点
当前线宽为 0
指定下一个点或 [圆弧(A)/半宽(H)/长度(L)/放弃(U)/宽度(W)]:440✓
    //垂直向下移动光标，输入直线距离
指定下一点或 [圆弧(A)/闭合(C)/半宽(H)/长度(L)/放弃(U)/宽度(W)]: 300✓
    //水平向右移动光标，输入直线距离
指定下一点或 [圆弧(A)/闭合(C)/半宽(H)/长度(L)/放弃(U)/宽度(W)]:A✓
    //选择【圆弧(A)】选项
指定圆弧的端点或[角度(A)/圆心(CE)/闭合(CL)/方向(D)/半宽(H)/直线(L)/半径(R)/第二
个点(S)/放弃(U)/宽度(W)]:R✓                //输入 R，选择【半径(R)】选项
指定圆弧的半径:651✓
指定圆弧的端点或 [角度(A)]:@600,0✓          //输入相对坐标，确定圆弧另一端点位置
指定圆弧的端点或[角度(A)/圆心(CE)/闭合(CL)/方向(D)/半宽(H)/直线(L)/半径(R)/第二
个点(S)/放弃(U)/宽度(W)]:L✓                //输入 L，选择【直线(L)】选项
指定下一点或 [圆弧(A)/闭合(C)/半宽(H)/长度(L)/放弃(U)/宽度(W)]:300✓
```

//水平向右移动鼠标，指定距离参数
指定下一点或 [圆弧(A)/闭合(C)/半宽(H)/长度(L)/放弃(U)/宽度(W)]:440↙
//垂直向上移动鼠标，指定距离参数；
指定下一点或 [圆弧(A)/闭合(C)/半宽(H)/长度(L)/放弃(U)/宽度(W)]:C↙
//选择【闭合(C)】选项，闭合多段线，完成洗手台外轮廓绘制，如图 5-1 所示

02 按 Ctrl+O 快捷键，打开配套光盘提供的 "第 5 章\5.1.1 洗脸盆.dwg" 素材文件，将洗脸盆图形复制到洗手台的合适位置，完成洗手台的绘制，如图 5-2 所示。

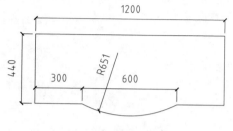

图 5-1　绘制多段线

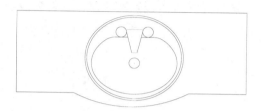

图 5-2　调入洗脸盆图形

5.1.2　编辑多段线

绘制完成的多段线，可以对其进行编辑修改，以调整其线宽和形状。

执行【编辑多段线】命令的方法有以下几种。

- 菜单栏：选择【修改】|【对象】|【多段线】命令。
- 工具栏：单击【修改Ⅱ】工具栏中的【编辑多段线】按钮 。
- 命令行：输入 PEDIT 或 PE 命令并按 Enter 键。

启动命令后，选择需要编辑的多段线，命令行提示选择相关编辑备选项。

命令：PE↙   //启动命令
PEDIT 选择多段线或 [多条(M)]:   //选择一条或多条多段线
输入选项[闭合(C)/合并(J)/宽度(W)/编辑顶点(E)/拟合(F)/样条曲线(S)/非曲线化(D)/线
型生成(L)/反转(R)/放弃(U)]:   //提示选择备选项

选择【闭合】选项，可以闭合多段线，如图 5-3 所示。

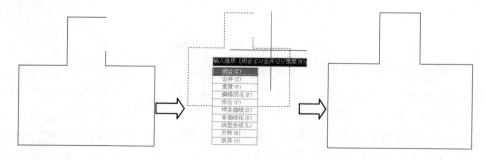

图 5-3　闭合多段线

选择【宽度(W)】选项，可以修改多段线的宽度，如图 5-4 所示。

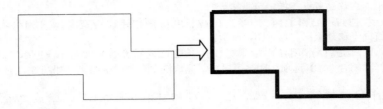

图 5-4　更改多段线宽度

选择【样条曲线】选项，可以将多段线转换为样条曲线，如图 5-5 所示。

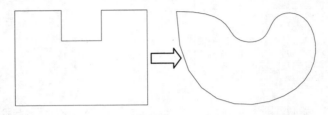

图 5-5　转换为样条曲线

5.1.3　实例——绘制浴缸

本节介绍浴缸外轮廓的绘制。首先调用【多段线】命令绘制轮廓图形，然后调用【圆角】命令修剪外轮廓，使其棱角变得圆滑；再调用【圆形】命令、【修剪】命令绘制水流开关图形。

01 调用 PL【多段线】命令，绘制多段线外轮廓，如图 5-6 所示。

02 调用 F【圆角】命令，设置圆角半径为 30，对多段线执行圆角处理，结果如图 5-7 所示。

图 5-6　绘制多段线外轮廓

图 5-7　圆角处理

03 从配套光盘提供的"第 5 章\家具图例.dwg"文件中调入浴缸局部图形，结果如图 5-8 所示。

04 调用 X【分解】命令，分解浴缸多段线外轮廓。调用 O【偏移】命令，向内偏移轮廓线，结果如图 5-9 所示。

05 调用 F【圆角】命令，对多段线进行圆角处理，结果如图 5-10 所示。

06 调用 C【圆】命令，绘制圆形，结果如图 5-11 所示。

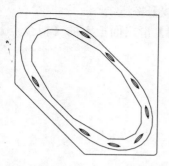

图 5-8 调入浴缸局部图形

图 5-9 偏移多段线

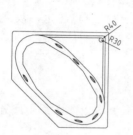

图 5-10 圆角处理

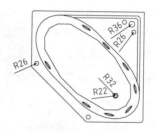

图 5-11 绘制圆形

07 绘制水流开关把手。调用 C【圆】命令，绘制半径为 14 的圆形。调用 L【直线】命令，绘制连接直线。调用 TR【修剪】命令，修剪图形，完成最终浴缸的绘制，结果如图 5-12 所示。

图 5-12 绘制水流开关把手

5.2 样 条 曲 线

样条曲线可用于创建平滑的曲线，多用来作为物体的轮廓线。样条曲线绘制完成后，若对其形态不满意，可以双击进入编辑模式，对其进行编辑修改。

5.2.1 绘制样条曲线

执行【样条曲线】命令的方法有以下几种。

● 菜单栏：选择【绘图】|【样条曲线】命令。
● 命令行：输入 SPLINE 或 SPL 命令并按 Enter 键。

- ▶ 工具栏：单击【绘图】工具栏中的【样条曲线】按钮 。
- ▶ 功能区：在【默认】选项卡中，单击【绘图】滑出面板上的【拟合点】按钮 或【控制点】按钮 。

绘制样条曲线时，命令行提示如下。

```
命令：SPLINE✔
当前设置：方式=拟合    节点=弦
指定第一个点或 [方式(M)/节点(K)/对象(O)]:
输入下一个点或 [起点切向(T)/公差(L)]:
输入下一个点或 [端点相切(T)/公差(L)/放弃(U)]:
```

命令行主要选项含义如下。

- ▶ 公差：拟合公差，定义曲线的偏差值。值越大，离控制点越远，反之则越近。
- ▶ 端点相切：定义样条曲线的起点和结束点的切线方向。
- ▶ 放弃：放弃样条曲线的绘制。

【课堂举例 5-2】 绘制样条曲线

01 按 Ctrl+O 快捷键，打开配套光盘提供的"第 5 章\5.2.1 样条曲线.dwg"素材文件，如图 5-13 所示。

02 选择【绘图】|【样条曲线】命令，绘制钢琴的侧边轮廓，命令行提示如下。

```
命令：SPLINE✔
当前设置：方式=拟合    节点=弦
指定第一个点或 [方式(M)/节点(K)/对象(O)]:
输入下一个点或 [起点切向(T)/公差(L)]:
输入下一个点或 [端点相切(T)/公差(L)/放弃(U)]:
输入下一个点或 [端点相切(T)/公差(L)/放弃(U)/闭合(C)]:
        //指定样条曲线的各点，完成钢琴轮廓线的绘制，结果如图 5-14 所示
```

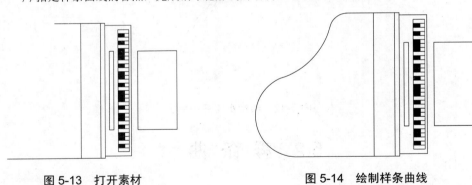

图 5-13　打开素材　　　　　　　　　　　图 5-14　绘制样条曲线

5.2.2　编辑样条曲线

绘制完成的样条曲线可以进行合并、编辑顶点等操作，以调整样条曲线的形状和方向。

执行【编辑样条曲线】命令的方法有以下几种。

- ▶ 标题栏：选择【修改】|【对象】|【样条曲线】命令。

- 工具栏：单击【修改Ⅱ】工具栏中的【编辑样条曲线】按钮 。
- 命令行：输入 SPLINEDIT 或 SPE 命令并按 Enter 键。

技巧

双击绘制完成的样条曲线，也可进入编辑状态。

【课堂举例 5-3】　编辑样条曲线

01　按 Ctrl+O 快捷键，打开配套光盘提供的"第 5 章\5.2.2 编辑样条曲线.dwg"素材文件。

02　双击样条曲线，在快捷菜单中选择【转换为多段线】命令，如图 5-15 所示，可将样条曲线转换为多段线。

03　此时选中多段线，可以查看其上面的夹点与样条曲线夹点的区别，如图 5-16 所示。

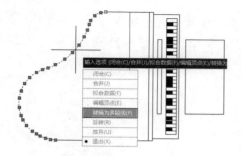

图 5-15　转换为多段线

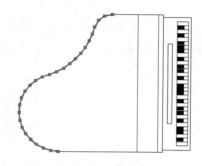

图 5-16　查看夹点

04　在快捷菜单中选择【编辑顶点】命令，弹出编辑顶点快捷菜单，选择【添加】命令，可以在样条曲线上指定点来添加顶点，如图 5-17 所示。通过控制这些点，可以改变样条曲线的形态。

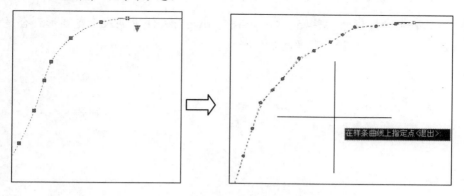

图 5-17　添加顶点

5.2.3　实例——绘制花瓶

本实例使用样条曲线绘制花瓶。由于花瓶的外轮廓为圆滑的线条，因此使用【样条曲线】命令进行绘制，然后再使用【直线】命令、【圆】命令来绘制花瓶上的图案。

01　调用 SPL【样条曲线】命令，绘制花瓶外轮廓线，如图 5-18 所示。

02　调用 L【直线】命令，绘制直线，如图 5-19 所示。

图 5-18　绘制样条曲线　　　　　　　　　　　图 5-19　绘制直线

03　调用 MI【镜像】命令，镜像复制轮廓线，结果如图 5-20 所示。

04　调用 L【直线】命令，绘制直线，封闭轮廓，结果如图 5-21 所示。

图 5-20　镜像复制轮廓线　　　　　　　　　　图 5-21　绘制直线

05　从配套光盘提供的"第 5 章\家具图例.dwg"文件中调入干花图形到合适位置，
　　如图 5-22 所示。插花花瓶绘制完成。

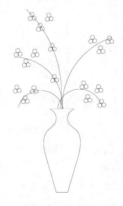

图 5-22　调入干花图形

5.3　多　　线

多线是一种由多条平行线组成的组合图形对象，它可以由 1～16 条平行直线组成。在建筑制图中，经常使用多线来创建墙体、平面窗等图形。

5.3.1　定义多线样式

系统默认的多线样式为 STANDARD 样式，它由两条直线组成，但在绘制多线前，通常会根据不同的需要对样式进行专门设置。

执行【多线样式】命令的方法有以下两种。

- ◗ 菜单栏：选择【格式】|【多线样式】命令。
- ◗ 命令行：输入 MLSTYLE 命令并按 Enter 键。

下面通过具体实例讲解多线样式的创建和设置方法。

【课堂举例 5-4】　创建多线样式

01　选择【格式】|【多线样式】命令，系统弹出图 5-23 所示的【多线样式】对话框。

02　在其中单击【新建】按钮，弹出【创建新的多线样式】对话框。在其中设置新样式的名称，如图 5-24 所示。

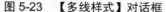

图 5-23　【多线样式】对话框　　　　图 5-24　【创建新的多线样式】对话框

03　单击【继续】按钮，系统弹出【新建多线样式:双线墙体】对话框，在其中设置多线参数，如图 5-25 所示。

04　单击【确定】按钮关闭对话框，返回【多线样式】对话框。选择前面所定义的多线样式，单击【置为当前】按钮，如图 5-26 所示。

05　单击【确定】按钮关闭对话框，完成多线样式的设定。

图 5-25 【新建多线样式:双线墙体】对话框

图 5-26 【多线样式】对话框

5.3.2 绘制多线

多线样式设置完后，就可以使用样式绘制所需的多线了。

执行【多线】命令的方法有以下两种。

- 菜单栏：选择【绘图】|【多线】命令。
- 命令行：输入 MLINE 或 ML 命令并按 Enter 键。

绘制多线时，命令行提示如下。

```
命令：MLINE↙
当前设置：对正 = 上，比例 = 20.00，样式 = STANDARD
指定起点或 [对正(J)/比例(S)/样式(ST)]:
指定下一点：
```

命令行中各选项的含义如下。

- 对正：设置多线的对正类型，如图 5-27 所示。
- 比例：设置平行线宽的比例值，如图 5-28 所示。
- 样式：设置由 MLSTYLE 定义完成的多线样式。

图 5-27 对正样式　　　　　　　图 5-28 比例样式

多线的绘制方法与直线相似，不同的是多线由多条线型相同的平行线组成。绘制的每一条多线都是一个完整的整体，不能对其进行偏移、延伸、修剪等编辑操作，只能将其进行分解后才能编辑。

【课堂举例5-5】　绘制多线

01　打开素材。按 Ctrl+O 快捷键，打开配套光盘提供的"第 5 章\5.3.2 绘制多线.dwg"文件，如图 5-29 所示。

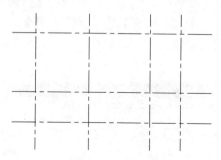

图 5-29　打开素材

02　选择【绘图】|【多线】命令，根据轴线绘制建筑墙线，命令行提示如下。

```
命令:MLINE↙                                    //启动命令
当前设置：对正 = 上，比例 = 20.00，样式 = 双线墙体
指定起点或 [对正(J)/比例(S)/样式(ST)]:S↙        //输入 S，选择【比例(S)】选项
输入多线比例 <20.00>:1↙
当前设置：对正 = 上，比例 = 1.00，样式 = 双线墙体
指定起点或 [对正(J)/比例(S)/样式(ST)]:J↙        //输入 J，选择【对正(J)】选项
输入对正类型 [上(T)/无(Z)/下(B)] <上>:Z↙        //输入 Z，选择【无(Z)】选项
当前设置：对正 = 无，比例 = 1.00，样式 = 双线墙体
指定起点或 [对正(J)/比例(S)/样式(ST)]:
指定下一点：
指定下一点或 [放弃(U)]:
指定下一点或 [闭合(C)/放弃(U)]: //分别指定轴线的交点，绘制外墙体图形，如图5-30所示
```

03　按 Enter 键，重复调用【多线】命令，绘制内部墙体，结果如图 5-31 所示。

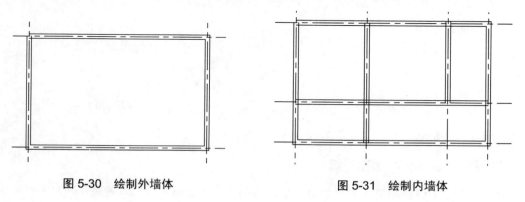

图 5-30　绘制外墙体　　　　　　　　图 5-31　绘制内墙体

5.3.3　编辑多线

　　绘制完成的多线，在交接处会出现线条交叉、重叠等情况，需要对其进行编辑修改，以完善图形。

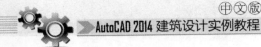
执行【编辑多线】命令的方法有以下两种。

- 菜单栏：选择【修改】|【对象】|【多线】命令。
- 命令行：输入 MLEDIT 或 MLED 命令并按 Enter 键。

执行上述任意一项操作，系统弹出图 5-32 所示的【多线编辑工具】对话框，在对话框中分别单击【T 形闭合】、【角点结合】、【十字打开】、【T 形打开】等按钮，在绘图区中分别单击待编辑的交叉多线(先单击垂直多线，再单击水平多线)，即可完成多线的编辑。

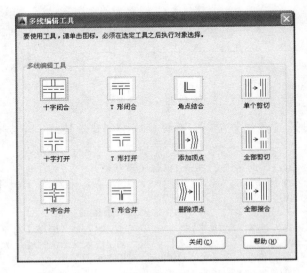

图 5-32　【多线编辑工具】对话框

注意

【T 形闭合】、【T 形打开】和【T 形合并】的选择对象顺序应先选择 T 字的下半部分，再选择 T 字的上半部分，如图 5-33 所示。

选择顺序　　　　　正确选择结果　　　　　错误选择结果

图 5-33　选择顺序

【课堂举例 5-6】　编辑多线

01　按 Ctrl+O 快捷键，打开配套光盘提供的"第 5 章\5.3.3 编辑多线.dwg"素材文件。

02　双击绘制完成的多线图形，系统弹出图 5-34 所示的【多线编辑工具】对话框。

03　在对话框中单击【角点结合】按钮，返回绘图区，分别单击待编辑的垂直墙体和水平墙体，完成多线的编辑操作，如图 5-35 所示。

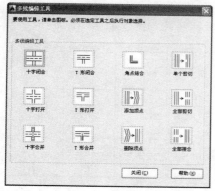

图 5-34　【多线编辑工具】对话框

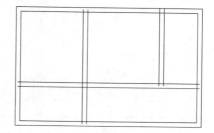

图 5-35　角点结合编辑

04 在对话框中单击【T 形打开】按钮，编辑墙体，如图 5-36 所示。

05 单击【十字打开】按钮，编辑墙体，如图 5-37 所示。

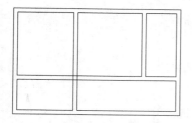

图 5-36　T 形打开

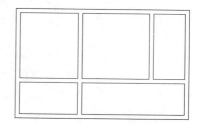

图 5-37　十字打开

5.3.4　实例——绘制建筑立面装饰线条

本节介绍使用多线快速绘制建筑立面装饰线条的方法。

01 按 Ctrl+O 快捷键，打开配套光盘提供的"第 5 章\5.3.4 绘制建筑立面装饰线条.dwg"文件，如图 5-38 所示。

02 调用 ML【多线】命令，设置多线比例为 500，对正类型为"无"，分别指定辅助线的起点为多线的起点，再指定辅助线的终点为多线的下一点，完成多线的绘制，结果如图 5-39 所示。

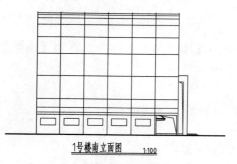

图 5-38　打开素材

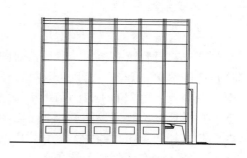

图 5-39　绘制多线

03 调用 E【删除】命令，删除辅助线，如图 5-40 所示。

04 调用 TR【修剪】命令，修剪多线内的线段，结果如图 5-41 所示。

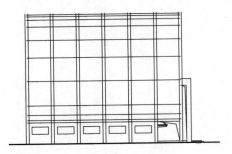

图 5-40　删除辅助线

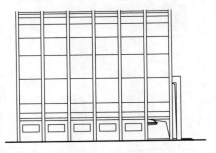

图 5-41　修剪多线内的线段

05 调用 L【直线】命令，绘制直线以闭合多线，完成立面装饰线条的绘制，结果如图 5-42 所示。

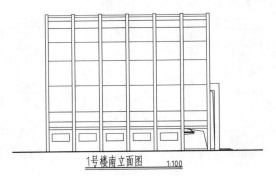

1号楼南立面图　　　1:100

图 5-42　封闭图形

5.4　图案填充

AutoCAD 提供了自定义图案填充工具，用户可以自由选择各种样式的图案，通过定义填充比例和角度，以获得不一样的填充效果。在建筑设计图纸中，图案填充可以表示顶面、墙面、地面等装饰材料效果，使用较为广泛。

5.4.1　创建图案填充

要为一个区域或对象进行图案填充，首先要调用【图案填充】命令，打开【图案填充创建】选项卡，设置填充参数，然后再对图形进行图案填充。

执行【图案填充】命令有以下几种方法。

- 命令行：输入 BHATCH/BH/H 命令并按 Enter 键。
- 菜单栏：选择【绘图】|【图案填充】命令。
- 工具栏：单击【绘图】工具栏中的【图案填充】按钮 。
- 功能区：在【默认】选项卡中，单击【绘图】面板中的【图案填充】按钮 。

在草图与注释工作空间中，执行上述任一命令后，将打开【图案填充创建】选项卡，如图 5-43 所示。

图 5-43　【图案填充创建】选项卡

提示

在 AutoCAD 经典工作空间中，调用【图案填充】命令时，将打开【图案填充和渐变色】对话框。

【图案填充创建】选项卡中，各选项及其含义如下。

- 　【边界】面板：主要包括【拾取点】按钮和【选择边界对象】按钮，用来选择填充对象的工具。
- 　【图案】面板：该面板中显示所有预定义和自定义图案的预览图像。
- 　【图案填充类型】下拉列表框：在该列表框中，可以指定是创建实体填充、渐变填充、预定义填充图案，还是创建用户定义的填充图案。
- 　【图案填充颜色】下拉列表框：在该下拉列表框中，可以替代实体填充和填充图案的当前颜色，或指定两种渐变色中的第一种。
- 　【图案填充透明度】文本框：在该文本框中，可以设定新图案填充或填充的透明度，替代当前对象的透明度。
- 　【图案填充角度】文本框：用于指定图案填充的角度。

下面通过具体实例讲解图案填充的方法。

【课堂举例 5-7】　创建图案填充

01　按 Ctrl+O 快捷键，打开配套光盘提供的"第 5 章\5.4.1 图案填充.dwg"素材文件，如图 5-44 所示。

02　选择【绘图】|【图案填充】命令，系统弹出图 5-45 所示的【图案填充和渐变色】对话框。

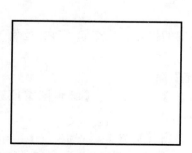

图 5-44　打开素材文件

图 5-45　【图案填充和渐变色】对话框

03 单击【类型和图案】选项组下【图案】选项后的矩形按钮，系统弹出【填充图案选项板】对话框，在其中选择待填充的图案，如图 5-46 所示。

04 单击【确定】按钮，返回【图案填充和渐变色】对话框，在其中设置填充角度和比例，如图 5-47 所示。

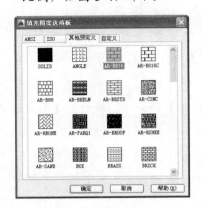

图 5-46 【填充图案选项板】对话框

图 5-47 设置填充参数

05 在对话框中单击【添加：拾取点】按钮，返回绘图区，在填充区域内拾取其内部点，如图 5-48 所示。

06 按 Enter 键，返回【图案填充和渐变色】对话框。单击【确定】按钮关闭对话框，完成图案填充，结果如图 5-49 所示。

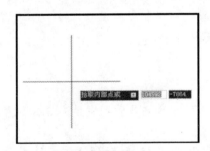

图 5-48 拾取其内部点

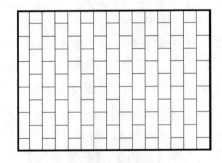

图 5-49 图案填充结果

5.4.2 编辑图案填充

完成图案填充后，可以对其进行编辑，以更改图案的样式、填充的角度、比例等。编辑图案填充的方法有以下几种。

- 标题栏：选择【修改】|【对象】|【图案填充】命令。
- 功能区：在【默认】选项卡中，单击【修改】面板中的【编辑图案填充】按钮 。
- 快捷键：选择图案填充，按 Ctrl+1 快捷键，打开【特性】选项板。

选择已绘制完成的图案填充，按 Ctrl+1 快捷键，系统弹出图 5-50 所示的【特性】选项板，其中显示了图案填充的各项属性。

在【图案】选项卡中，单击【图案名】选项右侧的 按钮，系统弹出图 5-51 所示的
【填充图案类型】对话框。

图 5-50　【特性】选项板

图 5-51　【填充图案类型】对话框

在对话框中单击【图案】按钮，系统弹出图 5-52 所示的【填充图案选项板】对话
框。在此可以重新选择填充图案的样式。

在【图案】选项卡的【比例】选项中更改填充比例，结果如图 5-53 所示。

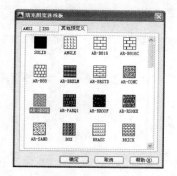

图 5-52　【填充图案选项板】对话框

图 5-53　更改填充比例

图 5-54、图 5-55 所示分别为图案编辑前后的对比结果。

图 5-54　编辑图案前

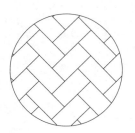

图 5-55　编辑图案后

双击图案填充可以快速打开【图案填充】面板。

【课堂举例5-8】 编辑图案填充

01 按 Ctrl+O 快捷键，打开配套光盘提供的"第 5 章\5.4.2 编辑图案填充.dwg"素材文件。

02 双击绘制完成的填充图案，系统弹出图 5-56 所示的【特性】选项板，其中显示了图案填充的各项参数。

03 单击【类型】选项右侧的 按钮，系统弹出【填充图案类型】对话框，如图 5-57 所示。

图 5-56 【特性】选项板

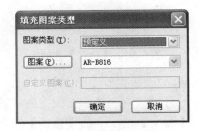

图 5-57 【填充图案类型】对话框

04 单击【图案】按钮，系统弹出【填充图案选项板】对话框。在此重新选择填充图案，如图 5-58 所示。

05 单击【确定】按钮关闭对话框，返回【填充图案类型】对话框，单击【确定】按钮关闭该对话框。

06 此时再次返回选项板，在此改变图案填充的【比例】参数，如图 5-59 所示。

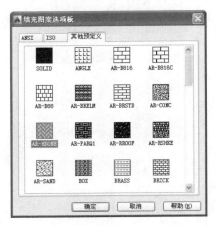

图 5-58 【填充图案选项板】对话框

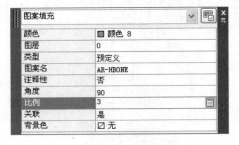

图 5-59 修改参数

07 此时编辑图案填充的结果如图 5-60 所示。

图 5-60 编辑图案填充结果

5.4.3 实例——绘制别墅庭院平面图

本实例介绍别墅庭院平面图的绘制。通过在不同的区域填充相应的图案，以表示该区域的地面铺装材质和敷设方式。

01 按 Ctrl+O 快捷键，打开配套光盘提供的"第 5 章\5.4.3 绘制别墅庭院平面图.dwg"文件，如图 5-61 所示。

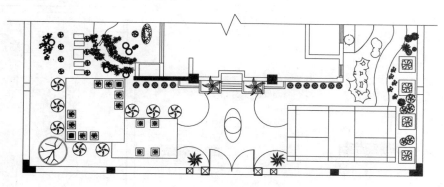

图 5-61 打开素材

02 调用 H【图案填充】命令，在【图案填充和渐变色】对话框中设置填充参数，绘制休闲小广场地面铺装，如图 5-62 所示。

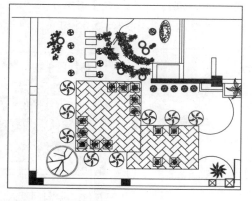

图 5-62 绘制休闲小广场地面铺装

03 按 Enter 键，重新调出【图案填充和渐变色】对话框，在其中更改填充参数，绘制草地的填充图案，如图 5-63 所示。

 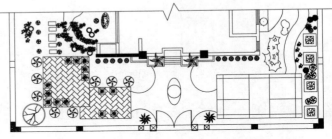

图 5-63　绘制草地的填充图案

04 在【图案填充和渐变色】对话框中设置图案名称分别为 HONEY、TRIANG，填充比例均为 25，绘制花坛的填充图案，如图 5-64 所示。

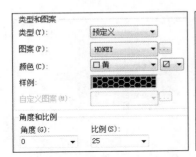  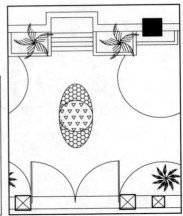

图 5-64　绘制花坛的填充图案

05 按 Enter 键，在弹出的【图案填充及渐变色】对话框中设置地砖参数，绘制别墅入口处地面铺装，如图 5-65 所示。别墅庭院地面图案创建完成。

 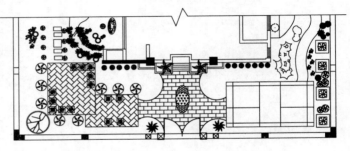

图 5-65　绘制别墅入口处地面铺装

5.5 思考与练习

一、选择题

1. 【多段线】命令的快捷键是(   )。

    A. SPL   B. PL   C. L   D. A

2. 【样条曲线】命令的工具按钮是(   )。

    A.   B.   C.   D.

3. 调出【多线编辑工具】对话框的方法有(   )。

    A. 双击多线

    B. 选择多线，单击右键，在快捷菜单中选择【多线编辑】命令

    C. 选择多线，按 Enter 键

    D. 选择【修改】|【对象】|【多线】命令

4. 执行【图案填充】命令的方式有(   )。

    A. 单击【绘图】工具栏上的【图案填充】按钮

    B. 输入 H 并按 Enter 键

    C. 输入 F 并按 Enter 键

    D. 选择【绘图】|【图案填充】命令

5. 按(   )快捷键，打开【特性】选项板，可以在其中更改填充图案的参数。

    A. Ctrl+3   B. Ctrl+2   C. Ctrl+1   D. Ctrl+B

二、操作题

1. 调用 PL【多段线】命令，绘制洗手盆外轮廓，结果如图 5-66 所示。

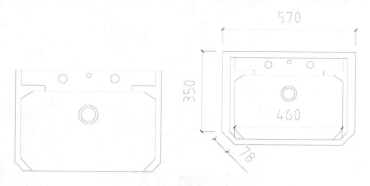

图 5-66 绘制多段线

2. 调用 ML【多线】命令，设置比例为 60，绘制平开门的门框，结果如图 5-67 所示。

3. 调用 H【图案填充】命令，选择 AR-RROOF 图案，设置填充角度为 45°，填充比例为 25，为平开门绘制图案填充，结果如图 5-68 所示。

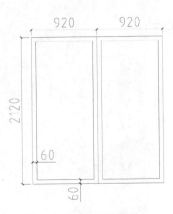

图 5-67　绘制多线

图 5-68　填充图案

第6章

编辑建筑图形

➔ 本章导读

　　使用 AutoCAD 绘图是一个由简到繁、由粗到精的过程，需要在绘制基本图形之后再在后期进行修整得到精确的图形。AutoCAD 2014 提供了丰富的图形编辑命令，如复制、移动、镜像、偏移、阵列、拉伸、修剪等。使用这些命令能够方便地改变图形的大小、位置、方向、数量及形状，从而绘制出更为复杂的图形。

➔ 学习目标

➢ 熟悉和掌握点选、窗选、窗交、栏选等多种选择图形的方法。

➢ 熟悉和掌握删除、修剪、延伸、打断、合并、倒角等修改图形的方法。

➢ 熟悉和掌握复制、镜像、偏移、阵列等多种复制图形的方法。

➢ 熟悉和掌握移动、旋转、缩放、拉伸等多种改变图形大小及位置的方法。

6.1 选 择 图 形

在对图形对象执行编辑操作之前，首先要执行选择图形的操作。选择图形的方式有点选、窗口选择、窗交选择、圈选以及栏选等。针对不同的图形，应使用相应的选择方法。

6.1.1 点选

点选方式是最常用的选择图形的方式之一，通过在待选图形上单击鼠标左键，即可选中单个图形。点选方式适合于单个图形对象的选择，但是如果要选择多个对象，则使用点选方式会比较费时。

【课堂举例 6-1】 点选图形

01 按 Ctrl+O 快捷键，打开配套光盘提供的 "第 6 章\6.1.1 点选对象.dwg" 素材文件。

02 将光标置于待选择的椅子图形上，如图 6-1 所示。

03 单击左键，即可将椅子选中，如图 6-2 所示。

04 继续单击其他椅子图形，可以同时选择多个椅子。

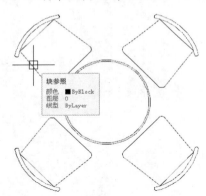

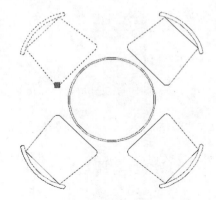

图 6-1　将光标置于待选图形上　　　　图 6-2　选择图形

 技巧

按住 Shift 键再次单击已经选中的对象，可以将这些对象从当前选择集中删除。

按 Esc 键，可以取消对当前全部选定对象的选择。

6.1.2 窗口选择

窗口选择是一种通过定义矩形窗口选择对象的方法。利用该方法选择对象时，从左往右拉出矩形窗口，框住需要选择的对象，此时绘图区将出现一个实线的矩形方框，选框内颜色为蓝色，位于选框内的图形对象被选中，部分位于选框内的图形将被忽略。

【课堂举例 6-2】　窗口选择图形

01　按 Ctrl+O 快捷键，打开配套光盘提供的"第 6 章\6.1.2 窗口选择.dwg"素材文件。

02　在待选图形上由左至右拉出矩形选框，如图 6-3 所示。

03　松开鼠标，则全部位于选框内的图形被选中，结果如图 6-4 所示。

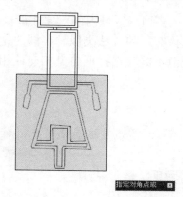

图 6-3　拉出矩形选框

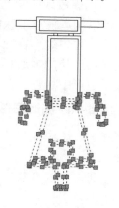

图 6-4　窗口选择结果

6.1.3　窗交选择

窗交选择对象的选择方向正好与窗口选择相反，它是按住鼠标左键向左上方或左下方拖动，框住需要选择的对象，框选时绘图区将出现一个虚线的矩形方框，选框内颜色为绿色。释放鼠标后，与方框相交和被方框完全包围的对象都将被选中。

【课堂举例 6-3】　窗交选择图形

01　按 Ctrl+O 快捷键，打开配套光盘提供的"第 6 章\6.1.3 窗交选择.dwg"素材文件。

02　在待选图形上向左上方或左下方拖动，框住需要选择的对象或与之相交，如图 6-5 所示。

03　松开鼠标，即完成对象的选择，结果如图 6-6 所示。

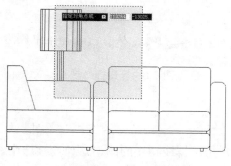

图 6-5　拉出选框

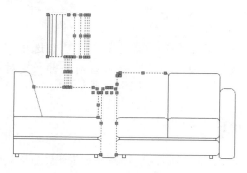

图 6-6　窗交选择结果

6.1.4 圈选

圈选是一种多边形窗口选择方式，与窗口选择对象的方法类似，不同的是圈选方法可以构造任意形状的多边形，可绕开不需选择的图形，去框选需选择的图形，比使用矩形选框更灵活。圈选又分为圈围和圈交，在命令行出现"选择对象:"提示时，输入 WP 或 CP，可以快速启用圈围或圈交选择方式。

圈围方法可以构造任意形状的多边形，完全包含在多边形区域内的对象才能被选中。

圈交对象是一种多边形窗交选择方法，与窗交选择对象的方法类似。不同的是，圈交方法可以构造任意形状的多边形，以及绘制任意闭合但不能与选择框自身相交或相切的多边形，以选择多边形中与它相交的所有对象。

【课堂举例 6-4】 圈选图形

01 按 Ctrl+O 快捷键，打开配套光盘提供的"第 6 章\6.1.3 围选对象.dwg"素材文件。

02 在命令行中输入 SELECT 命令，命令行提示如下。

```
命令: SELECT↙
选择对象:? ↙
*无效选择*
需要点或 窗口(W)/上一个(L)/窗交(C)/框(BOX)/全部(ALL)/栏选(F)/圈围(WP)/圈交(CP)/
编组(G)/添加(A)/删除(R)/多个(M)/前一个(P)/放弃(U)/自动(AU)/单个(SI)/子对象
(SU)/对象(O)
选择对象: WP↙                    //输入 WP，选择【圈围(WP)】选项
第一圈围点:
指定直线的端点或 [放弃(U)]:
指定直线的端点或 [放弃(U)]:        //单击指定选框范围，如图 6-7 所示
指定直线的端点或 [放弃(U)]: ↙ 找到 68 个   //按 Enter 键，完成圈围选择，结果如图 6-8 所示
```

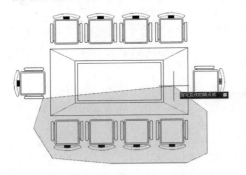

图 6-7　单击指定选框范围

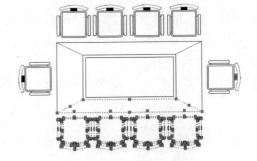

图 6-8　圈围选择结果

6.1.5 栏选

栏选图形即在选择图形时拖曳出任意折线，凡是与折线相交的图形对象均被选中。在命令行出现"选择对象:"提示时，输入 F，可以快速启用栏选对象方式。

【课堂举例 6-5】　栏选图形

01　按 Ctrl+O 快捷键，打开配套光盘提供的"第 6 章\6.1.5 栏选对象.dwg"素材文件。

02　调用 Erase【删除】命令，删除栏选的图形，命令行提示如下。

命令：ERASE↙　　　　　　　　　　　　　　//启动【删除】命令
选择对象：F↙　　　　　　　　　　　　　　//选择栏选方式
指定第一个栏选点：
指定下一个栏选点或 [放弃(U)]：　　　　//绘制栏选线，如图 6-9 所示
指定下一个栏选点或 [放弃(U)]：　　找到 10 个//按 Enter 键，栏选结果如图 6-10 所示

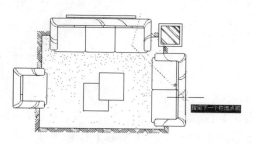
图 6-9　指定选框范围

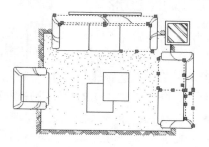
图 6-10　栏选结果

6.1.6　快速选择图形对象

快速选择功能针对具有特定属性(图层、线型、颜色、图案填充等)的图形，通过设置过滤条件以快速选择满足该条件的所有图形对象。

【课堂举例 6-6】　快速选择

01　按 Ctrl+O 快捷键，打开配套光盘提供的"第 6 章\6.1.6 快速选择对象.dwg"素材文件。

02　选择【工具】|【快速选择】命令，系统弹出【快速选择】对话框。在其中设置【特性】为【颜色】，【值】为【红】，如图 6-11 所示。

03　单击【确定】按钮关闭对话框，图形中所有的红色椅子被全部选中，结果如图 6-12 所示。

图 6-11　【快速选择】对话框

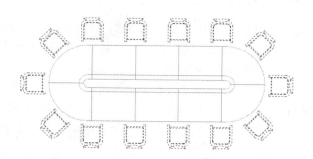
图 6-12　选取结果

6.2 修改图形

初步绘制的图形通常不符合用户需要，此时需要通过修剪、延伸、圆角和打断等操作，对图形局部进行调整和完善，才能得到所需的建筑图形。本节即介绍这些图形修改编辑命令。

6.2.1 删除图形

调用【删除】命令，可以从图形中删除指定的对象。

执行【删除】命令的方法有以下几种。

- 菜单栏：选择【修改】|【删除】命令。
- 命令行：输入 ERASE 或 E 命令并按 Enter 键。
- 工具栏：单击【修改】工具栏中的【删除】按钮 。
- 功能区：在【默认】选项卡中，单击【修改】面板中的【删除】按钮 。

【课堂举例6-7】 删除图形

01 按 Ctrl+O 快捷键，打开配套光盘提供的 "第 6 章\6.2.1 删除图形.dwg" 素材文件。

02 选择【修改】|【删除】命令，选择茶几图形，如图 6-13 所示。

03 按 Enter 键，即可删除选择的图形，结果如图 6-14 所示。

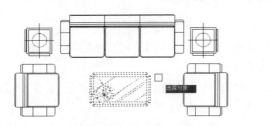

图 6-13　选择待删除的对象

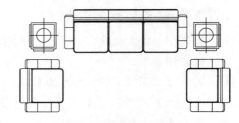

图 6-14　删除结果

6.2.2 修剪图形

修剪操作是将超出边界的多余部分修剪删除掉，与橡皮擦的功能相似，修剪操作可以修改直线、圆、圆弧、多段线、样条曲线、射线和填充图案等。

执行【修剪】命令的方法有以下几种。

- 菜单栏：选择【修改】|【修剪】命令。
- 命令行：输入 TRIM 或 TR 命令并按 Enter 键。
- 工具栏：单击【修改】工具栏中的【修剪】按钮 。
- 功能区：在【默认】选项卡中，单击【修改】面板中的【修剪】按钮 。

修剪图形时，需要设置的参数包括修剪边界和修剪对象两类。要注意在选择修剪对象时光标所在的位置。需要删除哪一部分，则在该区域上单击。

【课堂举例 6-8】 修剪图形

01 按 Ctrl+O 快捷键，打开配套光盘提供的"第 6 章\6.2.2 修剪图形.dwg"素材文件，如图 6-15 所示。

02 选择【修改】|【修剪】命令，修剪沙发底座多余的线条，命令行提示如下。

```
命令：TRIM✓
当前设置:投影=UCS，边=无
选择剪切边...
选择对象或 <全部选择>:✓          //按 Enter 键，默认全部图形为修剪边界
选择要修剪的对象，或按住 Shift 键选择要延伸的对象，或[栏选(F)/窗交(C)/投影(P)/边
(E)/删除(R)/放弃(U)]:          //在需要修剪的图形上方单击，如图 6-16 所示
```

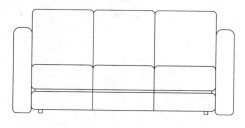

图 6-15 打开素材

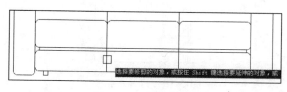

图 6-16 选择要修剪的对象

03 修剪结果如图 6-17 所示。

04 重复操作，继续修剪其他多余图形，最终结果如图 6-18 所示。

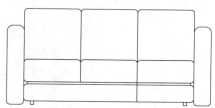

图 6-17 修剪结果

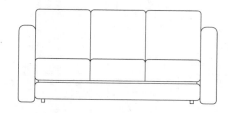

图 6-18 修剪其他图形

6.2.3 延伸图形

延伸操作是将没有和边界相交的部分延伸补齐，它和修剪是一组相对的操作。在延伸图形时，需要设置的参数有延伸边界和延伸对象两类。

执行【延伸】命令的方法有以下几种。

- 菜单栏：选择【修改】|【延伸】命令。
- 命令行：输入 EXTEND 或 EX 命令并按 Enter 键。
- 工具栏：单击【修改】工具栏中的【延伸】按钮━⁄。
- 功能区：在【默认】选项卡中，单击【修改】面板中的【延伸】按钮━⁄。

【课堂举例 6-9】 延伸图形

01 按 Ctrl+O 快捷键，打开配套光盘提供的"第 6 章\6.2.3 延伸图形.dwg"素材文

件，如图 6-19 所示。

02 选择【修改】|【延伸】命令，延伸左下角的直线，命令行提示如下。

命令：EXTEND↙　　　　　　　　　　//启动命令
当前设置：投影=UCS，边=无
选择边界的边...
选择对象：找到 1 个，总计 2 个　　//选择枕头下方和右侧的直线为延伸边界，如图 6-20 所示
选择要延伸的对象，或按住 Shift 键选择要修剪的对象，或[栏选(F)/窗交(C)/投影(P)/边
(E)/放弃(U)]：　　　　　　　//使用窗交的方式，选择左下角的水平和垂直直线，如图 6-21 所示

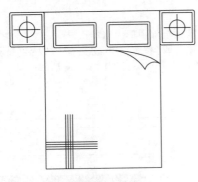

图 6-19　打开素材

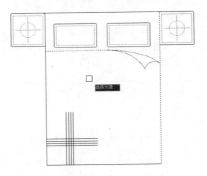

图 6-20　选择延伸边界

03 延伸结果如图 6-22 所示。

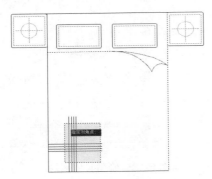

图 6-21　框选要延伸的对象

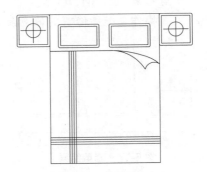

图 6-22　延伸结果

6.2.4　打断图形

打断图形有两种方式，分别是打断于点和打断。下面分别介绍这两种打断方式。

1. 打断于点

打断于点是指通过指定一个打断点，将对象断开。在调用命令的过程中，需要输入的参数有打断对象和第一个打断点。打断对象之间没有间隙。

执行【打断于点】命令的方法有以下两种。

- ▶　命令行：输入 BREAK 命令并按 Enter 键。
- ▶　工具栏：单击【修改】工具栏中的【打断于点】按钮。

【课堂举例6-10】 打断于点

01 按 Ctrl+O 快捷键，打开配套光盘提供的"第 6 章\6.2.4 打断于点.dwg"素材文件，如图 6-23 所示。

02 单击【修改】工具栏中的【打断于点】按钮 ⬚，打断椅垫轮廓，命令行提示如下。

命令： _break
选择对象：
指定第二个打断点 或 [第一点(F)]： _f
指定第一个打断点：
指定第二个打断点： @   //单击图 6-23 所示的节点，打断结果如图 6-24 所示

图 6-23 打开素材

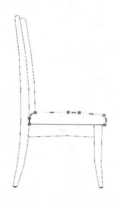

图 6-24 打断于点结果

03 将打断得到的线段的线宽更改为 0.3mm，表示椅垫的位置，结果如图 6-25 所示。

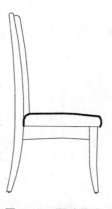

图 6-25 更改线宽

2. 打断

打断操作可以在两点之间打断选定的对象，使原本是一个整体的线条分离成两段。

执行【打断】命令的方法有以下几种。

● 菜单栏：选择【修改】|【打断】命令。

- 命令行：输入 BREAK 或 BR 命令并按 Enter 键。
- 工具栏：单击【修改】工具栏中的【打断】按钮。
- 功能区：在【默认】选项卡中，单击【修改】面板中的【打断】按钮。

【课堂举例 6-11】 打断图形

01 按 Ctrl+O 快捷键，打开配套光盘提供的"第 6 章\6.2.4 打断图形.dwg"素材文件，如图 6-26 所示。

02 单击【修改】工具栏中的【打断】按钮，去除书桌下端多余的线条，命令行提示如下。

```
命令：_break
选择对象：
指定第二个打断点 或 [第一点(F)]:F↙   //输入 F，选择【第一点(F)】选项
指定第一个打断点：
指定第二个打断点：            //分别单击图 6-26 所示的两个节点，打断结果如图 6-27 所示
```

图 6-26   打开素材

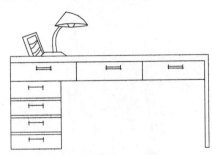

图 6-27   打断结果

6.2.5   合并图形

合并操作是将相似的图形对象合并为一个整体。它可以合并多个对象，包括圆弧、椭圆弧、直线、多段线和样条曲线等。

执行【合并】命令的方法有以下几种。

- 菜单栏：选择【修改】|【合并】命令。
- 命令行：输入 JOIN 或 J 命令并按 Enter 键。
- 工具栏：单击【修改】工具栏中的【合并】按钮。
- 功能区：在【默认】选项卡中，单击【修改】面板中的【合并】按钮。

【课堂举例 6-12】 合并图形

01 按 Ctrl+O 快捷键，打开配套光盘提供的"第 6 章\6.2.5 合并图形.dwg"素材文件，如图 6-28 所示。

02 单击【修改】工具栏中的【合并】按钮，合并浴缸外轮廓图形，命令行提示如下。

```
命令：JOIN↙                          //启动【合并】命令
选择源对象或要一次合并的多个对象：找到 1 个 //选择细实线轮廓作为源对象，如图 6-29 所示
```

选择要合并的对象：找到 1 个，总计 2 个 //选择其他虚线轮廓作为要合并的对象，如图 6-30 所示
3 条线段已合并为 1 条多段线 //合并结果如图 6-31 所示。

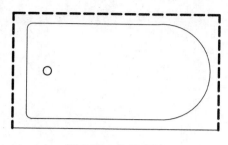

图 6-28 打开素材

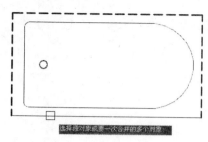

图 6-29 选择源对象

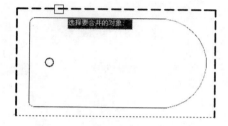

图 6-30 选择要合并的对象

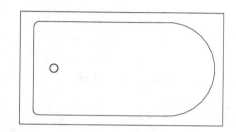

图 6-31 合并结果

 注意

合并后图形的属性继承了源对象的属性，比如线型、颜色等。

6.2.6 倒角图形

倒角操作用于将两条非平行的相交直线或多段线做出有斜度的倒角。

执行【倒角】命令的方法有以下几种。

- ▶ 菜单栏：选择【修改】|【倒角】命令。
- ▶ 命令行：输入 CHAMFER 或 CHA 命令并按 Enter 键。
- ▶ 工具栏：单击【修改】工具栏中的【倒角】按钮。
- ▶ 功能区：在【默认】选项卡中，单击【修改】面板中的【倒角】按钮。

下面通过具体实例讲解倒角图形的方法。

【课堂举例 6-13】 倒角图形

01 按 Ctrl+O 快捷键，打开配套光盘提供的"第 6 章\6.2.6 倒角图形.dwg"素材文件，如图 6-32 所示。

02 单击【修改】工具栏中的【倒角】按钮，对图形外侧轮廓进行倒角，命令行提示如下。

命令：CHAMFER↙
（"修剪"模式）当前倒角距离 1 = 0.0000，距离 2 = 0.0000
选择第一条直线或 [放弃(U)/多段线(P)/距离(D)/角度(A)/修剪(T)/方式(E)/多个(M)]:D↙

　　　　　　　　　　　　　　　　　　　　　//输入 D，选择"距离(D)"选项
指定第一个 倒角距离 <0.0000>: 55↙　　//输入第一个倒角距离
指定第二个 倒角距离 <55.0000>:55↙　　//输入第二个倒角距离
选择第一条直线或 [放弃(U)/多段线(P)/距离(D)/角度(A)/修剪(T)/方式(E)/多个(M)]:
选择第二条直线，或按住 Shift 键选择直线以应用角点或 [距离(D)/角度(A)/方法(M)]:
　　　　//分别选择待倒角的线段，完成倒角操作，结果如图 6-33 所示

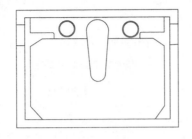
图 6-32　打开素材

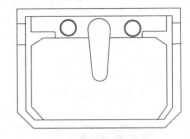
图 6-33　倒角结果

6.2.7　圆角图形

圆角操作可以给对象添加指定半径的圆角。

执行【圆角】命令的方法有以下几种。

- 菜单栏：选择【修改】|【圆角】命令。
- 命令行：输入 FILLET 或 F 命令并按 Enter 键。
- 工具栏：单击【修改】工具栏中的【圆角】按钮 。
- 功能区：在【默认】选项卡中，单击【修改】面板中的【圆角】按钮 。

圆角操作也可分为两步：第一步确定圆角大小，通常用"半径"确定；第二步选定两条需要圆角的边。下面通过具体实例讲解圆角图形的方法。

【课堂举例 6-14】　圆角图形

01　按 Ctrl+O 快捷键，打开配套光盘提供的"第 6 章\6.2.7 圆角图形.dwg"素材文件，如图 6-34 所示。

02　单击【修改】工具栏中的【圆角】按钮 ，对燃气灶外轮廓进行圆角，命令行提示如下。

```
命令: _fillet
当前设置: 模式 = 修剪，半径 = 0.0000
选择第一个对象或 [放弃(U)/多段线(P)/半径(R)/修剪(T)/多个(M)]:R↙
    //输入 R，选择【半径(R)】选项
指定圆角半径 <0.0000>:45↙
选择第一个对象或 [放弃(U)/多段线(P)/半径(R)/修剪(T)/多个(M)]:M↙
    //输入 M，选择【多个(M)】选项
选择第一个对象或 [放弃(U)/多段线(P)/半径(R)/修剪(T)/多个(M)]:
选择第二个对象，或按住 Shift 键选择对象以应用角点或 [半径(R)]:
    //分别选择需要圆角的线段，完成圆角操作，结果如图 6-35 所示
```

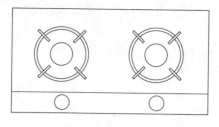

图 6-34 打开素材

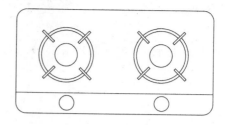

图 6-35 圆角结果

6.2.8 分解图形

分解操作是将某些特殊的对象分解成多个独立的部分，以便更具体的编辑，主要用于将复合对象，如矩形、多段线、填充图案和块等还原成一般对象。分解后的对象的颜色、线型和线宽都可能会发生改变。

执行【分解】命令的方法有以下几种。

- 菜单栏：选择【修改】|【分解】命令。
- 命令行：输入 EXPLODE 命或 X 命令并按 Enter 键。
- 工具栏：单击【修改】工具栏中的【分解】按钮 。
- 功能区：在【默认】选项卡中，单击【修改】面板中的【分解】按钮 。

【课堂举例6-15】 分解图形

01 按 Ctrl+O 快捷键，打开配套光盘提供的"第 6 章\6.2.8 分解图形.dwg"素材文件，如图 6-36 所示。

02 单击【修改】工具栏中的【分解】按钮 ，分解马桶图块，命令行提示如下。

```
命令: _explode
选择对象: 找到 1 个      //选择对象，按 Enter 键即可完成分解操作，结果如图 6-37 所示
```

图 6-36 打开素材

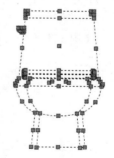

图 6-37 分解结果

6.2.9 实例——绘制沙发

本实例介绍沙发立面图的绘制。使用【矩形】命令绘制沙发的外轮廓，然后使用【圆角】、【偏移】等命令来修剪外轮廓，以得到准确的沙发造型。

01 绘制单人沙发。调用 REC【矩形】命令，绘制矩形；调用 L【直线】命令，绘制直线，结果如图 6-38 所示。

02 按 Enter 键重复调用 REC【矩形】命令，绘制矩形，结果如图 6-39 所示。

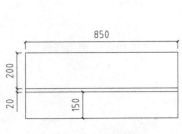

图 6-38 绘制矩形

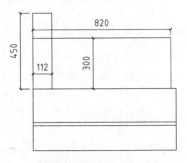

图 6-39 绘制上方矩形

03 调用 X【分解】命令，分解矩形；调用 O【偏移】命令，偏移矩形边，结果如图 6-40 所示。

04 调用 L【直线】命令，绘制直线，结果如图 6-41 所示。

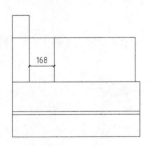

图 6-40 偏移矩形边

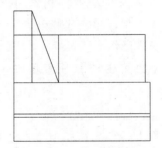

图 6-41 绘制直线

05 调用 TR【修剪】命令，修剪线段；调用 E【删除】命令，删除线段，结果如图 6-42 所示。

06 调用 F【圆角】命令，设置圆角半径为 50，对图形执行圆角处理，结果如图 6-43 所示。

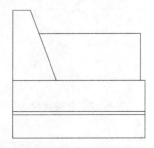

图 6-42 修剪图形

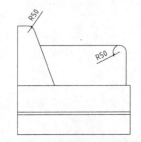

图 6-43 圆角处理

07 按 Enter 键重复调用 F【圆角】命令，更改圆角半径为 30，对图形执行圆角处理，结果如图 6-44 所示。

08 调用 REC【矩形】命令，绘制尺寸为 30×30 的矩形作为沙发脚，结果如图 6-45 所示。

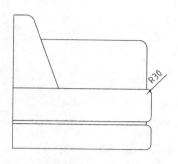

图 6-44　圆角图形

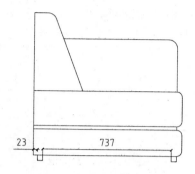

图 6-45　绘制沙发脚

09 调用 REC【矩形】命令，绘制尺寸为 500×650 的矩形，结果如图 6-46 所示。

10 重复调用 REC【矩形】命令，绘制尺寸为 500×200 的矩形，结果如图 6-47 所示。

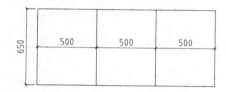

图 6-46　绘制结果

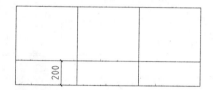

图 6-47　绘制矩形

11 调用 F【圆角】命令，设置圆角半径为 30，对图形执行圆角处理，结果如图 6-48 所示。

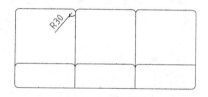

图 6-48　圆角处理

12 调用 L【直线】命令，绘制直线，结果如图 6-49 所示。

13 调用 REC【矩形】命令，绘制尺寸为 1500×150 的矩形，结果如图 6-50 所示。

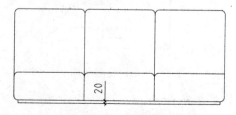

图 6-49　绘制直线

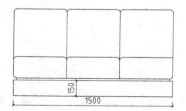

图 6-50　绘制矩形

14 调用 F【圆角】命令，设置圆角半径为 30，对图形执行圆角处理，结果如图 6-51

所示。

15 调用 REC【矩形】命令，绘制尺寸为 150×700 的矩形作为沙发扶手，结果如图 6-52 所示。

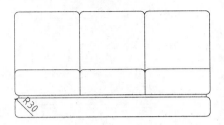

图 6-51 圆角处理

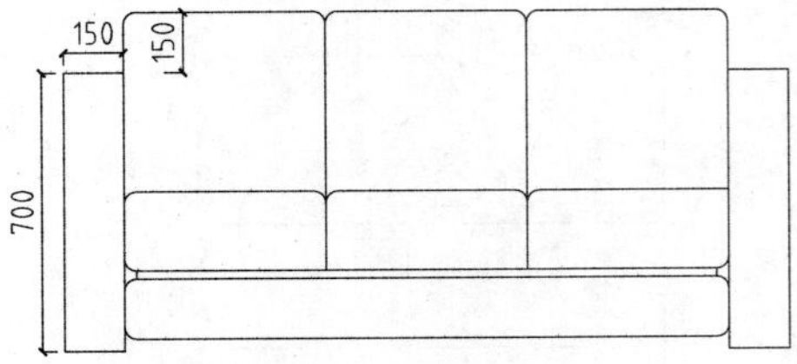

图 6-52 绘制扶手

16 调用 F【圆角】命令，更改圆角半径为 50，对图形执行圆角处理，结果如图 6-53 所示。

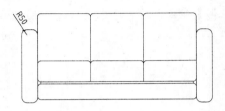

图 6-53 圆角处理

17 调用 REC【矩形】命令，绘制尺寸为 30×30 的矩形作为沙发脚，结果如图 6-54 所示。

18 绘制台灯。调用 REC【矩形】命令，绘制矩形；调用 L【直线】命令，绘制直线，结果如图 6-55 所示。

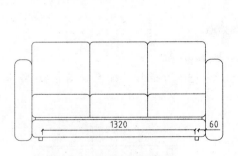

图 6-54 绘制沙发脚

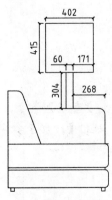

图 6-55 绘制台灯

19 调用 O【偏移】命令，偏移直线，结果如图 6-56 所示。

20 调用 X【分解】命令，分解矩形；调用 O【偏移】命令，偏移矩形边，结果如图 6-57 所示。

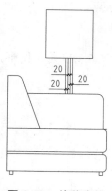

图 6-56　偏移直线

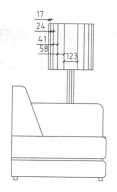

图 6-57　偏移矩形边

21 调用 MI【镜像】命令，镜像复制单人沙发及台灯图形，最终结果如图 6-58 所示。

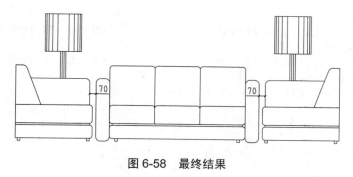

图 6-58　最终结果

6.3　复 制 图 形

在绘制图纸的过程中，有时会出现需要重复使用一个相同图形的情况。假如再重新绘制该图形，则浪费时间，不重新绘制又不能满足使用需求。AutoCAD 为此提供了复制图形的命令，有镜像复制、偏移复制以及阵列复制等。各种不同的复制命令适合于不同的绘图情况，需要读者灵活运用。

本节介绍各类复制命令的操作方法。

6.3.1　复制

复制是指在不改变原图形的大小和方向的前提下，重新生成一个或多个与源对象一样的图形。

执行【复制】命令的方法有以下几种。

- 菜单栏：选择【修改】|【复制】命令。
- 命令行：输入 COPY 或 CO 或 CP 命令并按 Enter 键。
- 工具栏：单击【修改】工具栏中的【复制】按钮。
- 功能区：在【默认】选项卡中，单击【修改】面板中的【复制】按钮。

在复制图形的过程中，需要确定复制对象、基点和目标点。

【课堂举例 6-16】 复制图形

01 按 Ctrl+O 快捷键，打开配套光盘提供的"第 6 章\6.3.1 复制图形.dwg"素材文件，如图 6-59 所示。

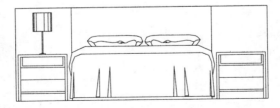

图 6-59 打开素材

02 单击【修改】工具栏中的【复制】按钮，复制台灯图形，命令行提示如下。

命令：_copy
选择对象：指定对角点：找到 20 个，总计 20 个 //选择床左侧的台灯图形
当前设置：复制模式 = 多个
指定基点或 [位移(D)/模式(O)] <位移>： //在源对象上指定基点
指定第二个点或 [阵列(A)] <使用第一个点作为位移>：
　　　　//移动鼠标，指定目标位置基点，复制结果如图 6-60 所示

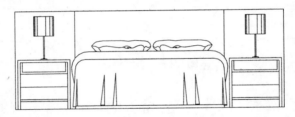

图 6-60 复制结果

6.3.2 镜像复制

镜像是一个特殊的复制命令，通过镜像生成的图形对象与源对象相对于对称轴呈对称的关系。

执行【镜像】命令的方法有以下几种。

- 菜单栏：选择【修改】|【镜像】命令。
- 命令行：输入 MIRROR 或 MI 命令并按 Enter 键。
- 工具栏：单击【修改】工具栏中的【镜像】按钮。
- 功能区：在【默认】选项卡中，单击【修改】面板中的【镜像】按钮。

【课堂举例 6-17】 镜像复制

01 按 Ctrl+O 快捷键，打开配套光盘提供的"第 6 章\6.3.2 镜像复制图形.dwg"素材文件，如图 6-61 所示。

02 单击【修改】工具栏中的【镜像】按钮，镜像复制床头柜图形，命令行提示如下。

命令：MIRROR↙

选择对象：指定对角点：找到 8 个　　　//选择左边的床头柜图形

选择对象：　指定镜像线的第一点：　　//如图 6-62 所示

指定镜像线的第二点：　　　　　　　//如图 6-63 所示

要删除源对象吗？[是(Y)/否(N)] <N>：//按 Enter 键，完成镜像复制，结果如图 6-64 所示

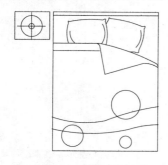

图 6-61　打开素材

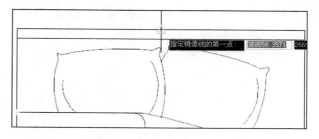

图 6-62　指定镜像线的第一点

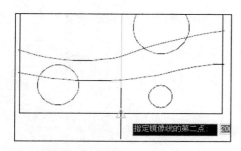

图 6-63　指定镜像线的第二点

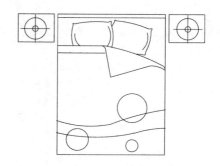

图 6-64　镜像复制结果

6.3.3　偏移复制

偏移操作可根据指定的距离或通过点建立一个与所选对象平行的形体，从而使对象数量得到增加。可以进行偏移的图形对象包括直线、曲线、多边形、圆、圆弧等。

执行【偏移】命令的方法有以下几种。

- 菜单栏：选择【修改】|【偏移】命令。
- 命令行：输入 OFFSET 或 O 命令并按 Enter 键。
- 工具栏：单击【修改】工具栏中的【偏移】按钮。
- 功能区：在【默认】选项卡中，单击【修改】面板中的【偏移】按钮。

在偏移操作过程中，需要确定偏移源对象、偏移距离和偏移方向。

【课堂举例 6-18】　偏移复制

01　按 Ctrl+O 快捷键，打开配套光盘提供的"第 6 章\6.3.3 偏移图形.dwg"素材文件，如图 6-65 所示。

02　单击【修改】工具栏中的【偏移】按钮，偏移茶几轮廓，命令行提示如下。

```
命令: _offset
当前设置: 删除源=否   图层=源   OFFSETGAPTYPE=0
指定偏移距离或 [通过(T)/删除(E)/图层(L)] <100.0000>: 200↙    //设置偏移距离
选择要偏移的对象, 或 [退出(E)/放弃(U)] <退出>:                //选择圆桌外轮廓线
指定要偏移的那一侧上的点, 或 [退出(E)/多个(M)/放弃(U)] <退出>:
      //在圆内单击鼠标左键, 指定偏移方向, 如图 6-66 所示, 偏移结果如图 6-67 所示
```

03 使用同样的方法, 设置偏移距离为 50, 继续向内偏移圆, 得到图 6-68 所示的最终效果。

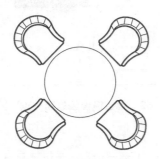

图 6-65　打开素材

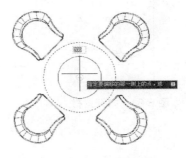

图 6-66　在圆内单击

图 6-67　偏移结果

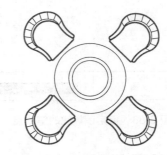

图 6-68　再次偏移

6.3.4　阵列复制

执行【复制】、【镜像】和【偏移】等命令, 一次只能复制得到一个对象副本。如果想要按照一定规律大量复制图形, 可以使用【阵列】命令。

根据阵列方式不同, 可以分为矩形阵列、路径阵列和环形阵列。

1. 矩形阵列

矩形阵列就是将图形呈行列进行排列, 如建筑立面图的窗格、规律摆放的桌椅等。

执行【矩形阵列】命令的方法有以下几种。

● 菜单栏: 选择【修改】|【阵列】|【矩形阵列】命令。

● 命令行: 输入 ARRAYRECT 命令并按 Enter 键。

● 工具栏: 单击【修改】工具栏中的【矩形阵列】按钮。

● 功能区: 在【默认】选项卡中, 单击【修改】面板中的【矩形阵列】按钮。

【**课堂举例** 6-19】　**阵列复制**

01　按 Ctrl+O 快捷键，打开配套光盘"第 6 章\6.3.4 矩形阵列图形.dwg"素材文件，如图 6-69 所示。

02　单击【修改】工具栏中的【矩形阵列】按钮，向右阵列垂直直线，命令行提示如下。

```
命令：_arrayrect
选择对象：找到 1 个
类型 = 矩形　关联 = 是
选择夹点以编辑阵列或 [关联(AS)/基点(B)/计数(COU)/间距(S)/列数(COL)/行数(R)/层数
(L)/退出(X)] <退出>：COL↙　　//输入 COL，选择【列数(COL)】选项
输入列数数或 [表达式(E)] <4>:37↙
指定列数之间的距离或 [总计(T)/表达式(E)] <1>：45↙
选择夹点以编辑阵列或 [关联(AS)/基点(B)/计数(COU)/间距(S)/列数(COL)/行数(R)/层数
(L)/退出(X)] <退出>：R↙　　　　//输入 R，选择【行数(R)】选项
输入行数数或 [表达式(E)] <3>：↙
选择夹点以编辑阵列或 [关联(AS)/基点(B)/计数(COU)/间距(S)/列数(COL)/行数(R)/层数
(L)/退出(X)] <退出>：　　　　　　//按 Enter 键，完成矩形阵列操作，结果如图 6-70 所示
```

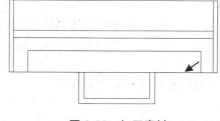

图 6-69　打开素材

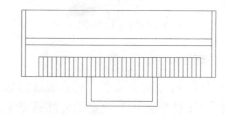

图 6-70　矩形阵列

2. 路径阵列

路径阵列可以沿整个路径或部分路径平均分布对象副本。

执行【路径阵列】命令的方法有以下几种。

- 菜单栏：选择【修改】|【阵列】|【路径阵列】命令。
- 命令行：输入 ARRAYPATH 命令并按 Enter 键。
- 工具栏：单击【修改】工具栏中的【路径阵列】按钮。
- 功能区：在【默认】选项卡中，单击【修改】面板中的【路径阵列】按钮。

路径阵列需要设置的参数有阵列路径、阵列对象，以及阵列数量、方向等。

【**课堂举例** 6-20】　**路径阵列**

01　按 Ctrl+O 快捷键，打开配套光盘"第 6 章\6.3.4 路径阵列图形.dwg"素材文件，如图 6-71 所示。

02　单击【修改】工具栏中的【路径阵列】按钮，将衣架沿挂衣杆复制，命令行提示如下。

```
命令：_arraypath
选择对象：找到 1 个
类型 = 路径　关联 = 是
```

选择路径曲线：指定对角点：
选择夹点以编辑阵列或 ［关联(AS)/方法(M)/基点(B)/切向(T)/项目(I)/行(R)/层(L)/对齐项目(A)/Z 方向(Z)/退出(X)] <退出>：I↙ //输入 I，选择【项目(I)】选项
指定沿路径的项目之间的距离或 ［表达式(E)] <819.2095>：150↙
最大项目数 = 17
指定项目数或 ［填写完整路径(F)/表达式(E)] <17>：16↙ //输入项目数值
选择夹点以编辑阵列或 ［关联(AS)/方法(M)/基点(B)/切向(T)/项目(I)/行(R)/层(L)/对齐项目(A)/Z 方向(Z)/退出(X)] <退出>：//按 Enter 键，完成路径阵列，结果如图 6-72 所示

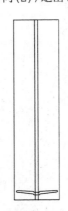

图 6-71　打开素材

图 6-72　路径阵列结果

3. 环形阵列

环形阵列可以绕某个中心点或旋转轴形成的环形图案平均分布对象副本。

执行【环形阵列】命令的方法有以下几种。

- ● 菜单栏：选择【修改】|【阵列】|【环形阵列】命令。
- ● 命令行：输入 ARRAYPOLAR 命令并按 Enter 键。
- ● 工具栏：单击【修改】工具栏中的【环形阵列】按钮。
- ● 功能区：在【默认】选项卡中，单击【修改】面板中的【环形阵列】按钮。

环形阵列需要设置的参数有阵列的源对象、项目总数、中心点位置和填充角度。填充角度是指全部项目排成的环形所占有的角度。例如，对于 360°填充，所有项目将排满一圈；对于 270°填充，所有项目只排满四分之三圈。

【课堂举例 6-21】 环形阵列

01　按 Ctrl+O 快捷键，打开配套光盘 "第 6 章\6.3.4 环形阵列图形.dwg" 素材文件，如图 6-73 所示。

02　单击【修改】工具栏中的【环形阵列】按钮，环形阵列扇叶图形，命令行提示如下。

命令：_arraypolar
选择对象：找到 1 个
类型 = 极轴　关联 = 是
指定阵列的中心点或 ［基点(B)/旋转轴(A)]：
选择夹点以编辑阵列或 ［关联(AS)/基点(B)/项目(I)/项目间角度(A)/填充角度(F)/行(ROW)/层(L)/旋转项目(ROT)/退出(X)] <退出>：I↙

//输入 I，选择【项目(I)】选项
输入阵列中的项目数或 [表达式(E)] <6>: 5↙　　//输入项目数
选择夹点以编辑阵列或 [关联(AS)/基点(B)/项目(I)/项目间角度(A)/填充角度(F)/行(ROW)/
层(L)/旋转项目(ROT)/退出(X)] <退出>:　　　　//按 Enter 键，即可完成环形阵列的操作

03 调用 TR【修剪】命令，修剪多余的线段，完成吊扇的绘制，结果如图 6-74 所示。

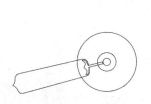

图 6-73　打开素材

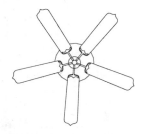

图 6-74　环形阵列并修剪

6.3.5　实例——复制建筑立面窗图形

　　高层或多层建筑的窗户通常都是非常有规律地进行排列。本节介绍使用【矩形阵列】命令快速复制建筑立面窗图形的方法。

01 按 Ctrl+O 快捷键，打开配套光盘"第 6 章\6.3.5 复制建筑立面窗图形.dwg"素材，如图 6-75 所示。

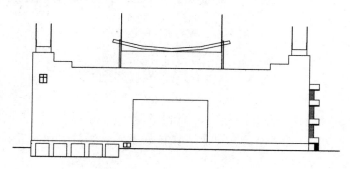

图 6-75　打开素材

02 单击【修改】工具栏中的【矩形阵列】按钮，阵列窗图形，命令行提示如下。

命令：_arrayrect
选择对象：找到 1 个　　　　　　　　　　//选择高层的窗图块
选择对象：
类型 = 矩形　关联 = 是
选择夹点以编辑阵列或 [关联(AS)/基点(B)/计数(COU)/间距(S)/列数(COL)/行数(R)/层数
(L)/退出(X)] <退出>: COU↙
输入列数数或 [表达式(E)] <4>: 16↙
输入行数数或 [表达式(E)] <3>: 4↙
选择夹点以编辑阵列或 [关联(AS)/基点(B)/计数(COU)/间距(S)/列数(COL)/行数(R)/层数
(L)/退出(X)] <退出>:S↙
指定列之间的距离或 [单位单元(U)] <2250>: 3450↙

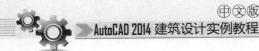

指定行之间的距离 <2700>: -3300↙
选择夹点以编辑阵列或 [关联(AS)/基点(B)/计数(COU)/间距(S)/列数(COL)/行数(R)/层数(L)/退出(X)] <退出>:   //按 Esc 键退出命令，阵列复制结果如图 6-76 所示

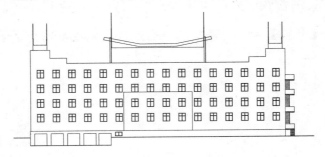

图 6-76　阵列复制结果

03 按 Enter 键重复调用【矩形阵列】命令，选择一层窗图形，设置列数为 11，列间距为 3500，行数为 1，阵列复制结果如图 6-77 所示。

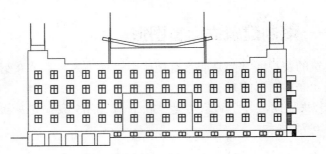

图 6-77　阵列复制一层窗户

6.4　移动及变形图形

绘制完成的图形有时候需要改变其大小和位置，以适合图形的表达需要。AutoCAD中改变图形大小及位置的命令有【移动】、【旋转】、【缩放】以及【拉伸】，本节即介绍这些命令的操作方法。

6.4.1　移动图形

移动操作可以重新定位图形，而不改变图形的大小、形状和倾斜角度。

执行【移动】命令的方法有以下几种。

- 菜单栏：选择【修改】|【移动】命令。
- 命令行：输入 MOVE 或 M 命令并按 Enter 键。
- 工具栏：单击【修改】工具栏中的【移动】按钮 ⊹。
- 功能区：在【默认】选项卡中，单击【修改】面板中的【移动】按钮 ⊹。

在进行移动操作时，首先选择需要移动的图形对象，然后分别确定基点移动时的起点和终点，就可以将图形对象从基点的起点位置平移到终点位置。

【课堂举例 6-22】 移动图形

01 按 Ctrl+O 快捷键，打开配套光盘"第 6 章\6.4.1 移动图形.dwg"素材文件，如图 6-78 所示。

02 单击【修改】工具栏中的【移动】按钮✥，将镜子图形移动至桌子上方，命令行提示如下。

```
命令: _move
选择对象: 找到 1 个                              //选择椭圆镜子作为移动对象
指定基点或 [位移(D)] <位移>:                     //在镜子上任意指定一点作为基点
指定第二个点或 <使用第一个点作为位移>: 1000↙
       //水平向左移动光标，输入距离参数，按 Enter 键，完成移动操作，结果如图 6-79 所示
```

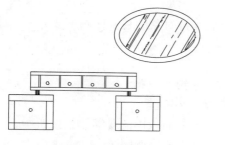

图 6-78　打开素材

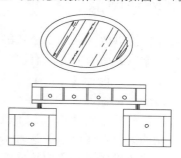

图 6-79　移动结果

6.4.2　旋转图形

旋转操作可以绕基点按照指定的角度旋转对象。

执行【旋转】命令的方法有以下几种。

- 菜单栏：选择【修改】|【旋转】命令。
- 命令行：输入 ROTATE 或 RO 命令并按 Enter 键。
- 工具栏：单击【修改】工具栏中的【旋转】按钮⟳。
- 功能区：在【默认】选项卡中，单击【修改】面板中的【旋转】按钮⟳。

在进行旋转操作时，根据命令行的提示，需要确定旋转对象、旋转基点和旋转角度。逆时针旋转的角度为正值，顺时针旋转的角度为负值。

【课堂举例 6-23】 旋转图形

01 按 Ctrl+O 快捷键，打开配套光盘"第 6 章\6.4.2 旋转图形.dwg"素材文件，如图 6-80 所示。

02 单击【修改】工具栏中的【旋转】按钮⟳，调整单人沙发的角度，命令行提示如下。

```
命令: _rotate
UCS 当前的正角方向: ANGDIR=逆时针  ANGBASE=0
选择对象: 指定对角点: 找到 1 个                   //选择右侧的单人沙发图形
指定基点:                                       //在选定的对象上指定一点作为旋转基点
```

指定旋转角度，或 [复制(C)/参照(R)] <328>:32↙
　　//输入角度参数，按 Enter 键，完成旋转操作，结果如图 6-81 所示

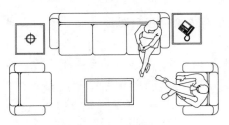
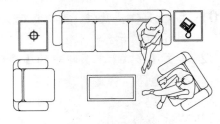

图 6-80　打开素材　　　　　　　　　　　　图 6-81　旋转结果

6.4.3　缩放图形

缩放操作可以放大或缩小选定的对象，缩放后保持对象的长宽比例不变。

执行【缩放】命令的方法有以下几种。

- ○ 菜单栏：选择【修改】|【缩放】命令。
- ○ 命令行：输入 SCALE 或 SC 命令并按 Enter 键。
- ○ 工具栏：单击【修改】工具栏中的【缩放】按钮 □。
- ○ 功能区：在【默认】选项卡中，单击【修改】面板中的【缩放】按钮 □。

在进行缩放操作时，需要确定缩放对象、缩放基点和比例因子。

【课堂举例 6-24】　缩放图形

01　按 Ctrl+O 快捷键，打开配套光盘 "第 6 章\6.4.3 缩放图形.dwg" 素材文件，如图 6-82 所示。

02　单击【修改】工具栏中的【缩放】按钮 □，调整浴盆出水口的大小，命令行提示如下。

命令：_scale
选择对象：找到 1 个　　　　　　//选择出水口图形为缩放对象，按 Enter 键结束选择
指定基点：　　　　　　　　　　//指定圆心为缩放的基点
指定比例因子或 [复制(C)/参照(R)]：0.5↙
　　　　//输入比例因子，按 Enter 键，完成缩放操作，结果如图 6-83 所示

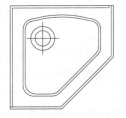
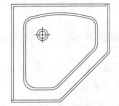

图 6-82　打开素材　　　　　　　　　　　　图 6-83　缩放结果

6.4.4　拉伸图形对象

拉伸是指通过沿拉伸路径平移图形夹点的位置，使图形产生拉伸变形的效果，它可以

对选择的对象按规定方向和角度拉伸或压缩，从而使对象的形状发生改变。

执行【拉伸】命令的方法有以下几种。

- 菜单栏：选择【修改】|【拉伸】命令。
- 命令行：输入 STRETCH 或 S 命令并按 Enter 键。
- 工具栏：单击【修改】工具栏中的【拉伸】按钮。
- 功能区：在【默认】选项卡中，单击【修改】面板中的【拉伸】按钮。

在进行拉伸操作时，需要确定拉伸对象、拉伸基点的起点和拉伸的位移。

拉伸需要遵循以下原则。

- 通过点选和窗口选择获得的拉伸对象将只被平移，不被拉伸。
- 通过窗交或圈交选择获得的拉伸对象，如果所有夹点都落入选择框内，图形将发生平移；如果只有部分夹点落入选择框，图形将沿拉伸位移拉伸；如果没有夹点落入选择框内，图形将保持不变。

【课堂举例 6-25】　拉伸图形

01 按 Ctrl+O 快捷键，打开配套光盘"第 6 章\6.4.4 拉伸图形.dwg"素材文件，如图 6-84 所示。

02 单击【修改】工具栏中的【拉伸】按钮，调整浴缸图形的长度，命令行提示如下。

```
命令：_stretch
以交叉窗口或交叉多边形选择要拉伸的对象...
选择对象：指定对角点：找到 13 个          //从右至左在图形的后半部分拉出选框
指定基点或 [位移(D)] <位移>：            //指定右下角点为移动基点
指定第二个点或 <使用第一个点作为位移>：320↙
        //水平向右移动光标，输入拉伸距离，按 Enter 键，完成拉伸，结果如图 6-85 所示
```

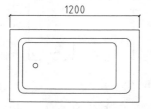

图 6-84　打开素材

图 6-85　拉伸结果

6.4.5　实例——绘制酒店房间平面图

本实例介绍酒店房间平面图的绘制。首先执行【缩放】命令，调整家具图块的比例，然后调用【移动】、【旋转】命令，调整家具图块的位置，最终完成平面图的布置。

01 按 Ctrl+O 快捷键，打开配套光盘提供的"第 6 章\6.4.5 绘制酒店房间平面图.dwg"素材文件，如图 6-86 所示。

02 调用 S【拉伸】命令，设置拉伸距离为 500，调整浴缸长度，结果如图 6-87 所示。

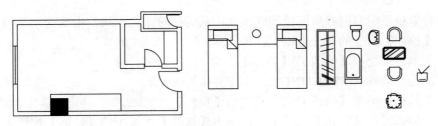

图 6-86　打开素材

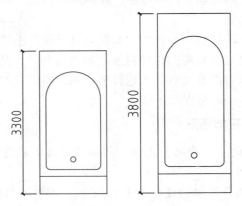

图 6-87　调整浴缸长度

03 调用 SC【缩放】命令，设置缩放因子为 0.68，调整平面床图形的大小，结果如图 6-88 所示。

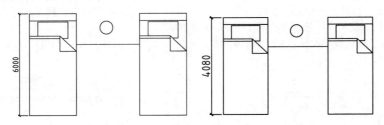

图 6-88　调整平面床图形的大小

04 调用 RO【旋转】命令，单击选择衣柜的右上角点作为基点，设置旋转角度为-90°，调整衣柜角度，结果如图 6-89 所示。

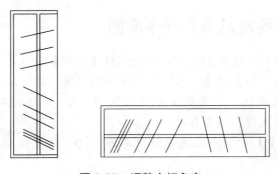

图 6-89　调整衣柜角度

05 调用 M【移动】命令，将各家具图形移动至平面图中，布置结果如图 6-90 所示。

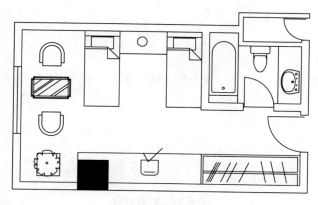

图 6-90　布置结果

6.5　思考与练习

一、选择题

1. 按( )快捷键，可以全选图形对象。

    A. Ctrl+A　　　　B. Ctrl+B　　　　C. Ctrl+C　　　　D. Ctrl+V

2. 【删除】命令的快捷键是( )。

    A. W　　　　　　B. R　　　　　　C. E　　　　　　D. S

3. 在执行【旋转】命令时，输入( )，选择【复制】选项，可以旋转复制选中的图形。

    A. N　　　　　　B. C　　　　　　C. N　　　　　　D. T

4. 执行【缩放】命令的方式有( )。

    A. 单击【修改】工具栏中的 按钮

    B. 单击【修改】工具栏中的 按钮

    C. 输入 SC 命令并按 Enter 键

    D. 输入 S 命令并按 Enter 键

5. 在执行【拉伸】命令时，需要( )拉出选框选择图形，才可对其执行拉伸操作。

    A. 从右至左　　　　　　　　　B. 从左至右

    C. 从上到下　　　　　　　　　D. 从下到上

二、操作题

1. 调用 TR【修剪】命令，修剪墙线，完成平面窗图形的绘制，结果如图 6-91 所示。

2. 单击【修改】工具栏中的【打断】按钮 ，输入 F，选择【第一点】选项；对沙发轮廓线执行打断操作，结果如图 6-92 所示。

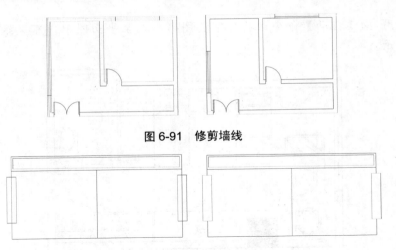

图 6-91　修剪墙线

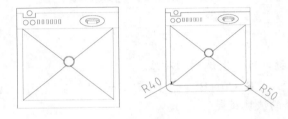

图 6-92　打断线段

3. 调用 F【圆角】命令，分别设置圆角半径为 40、50，对洗衣机外轮廓执行圆角操作；调用 TR【修剪】命令，修剪线段，结果如图 6-93 所示。

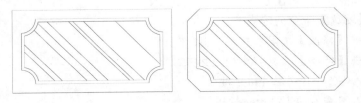

图 6-93　圆角操作

4. 调用 CHA【倒角】命令，设置倒角距离为 100，对茶几外轮廓执行倒角操作，结果如图 6-94 所示。

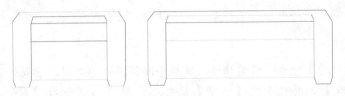

图 6-94　倒角操作

5. 调用 S【拉伸】命令，设置拉伸距离为 800，对单人沙发执行拉伸操作，结果如图 6-95 所示。

图 6-95　拉伸操作

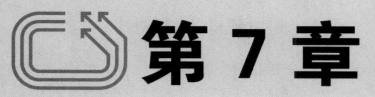 

第 7 章

高效绘制图形

➡ 本章导读

　　利用本章所学的对象捕捉、正交、对象追踪等功能，用户可以在不输入坐标的情况下精确绘图。使用图块、设计中心等工具，可以快速组织图形，提高工作的效率。

➡ 学习目标

➢ 熟悉和掌握捕捉与栅格、正交、对象捕捉、极轴追踪等辅助绘图功能。

➢ 掌握内部块、外部块和动态块的创建方法。

➢ 掌握图块属性的创建和使用方法。

➢ 掌握设计中心的使用方法。

7.1 利用辅助工具绘图

AutoCAD 的辅助绘图工具主要是指捕捉、栅格以及正交等，根据不同的情况选择合适的辅助工具，可以提高绘图速度并保证图形的准确度。本节介绍使用各项辅助工具绘图的方法。

7.1.1 捕捉与栅格

栅格是一些按照相等间距排布的网格，就像传统的坐标纸一样，能直观地显示图形界限的范围。用户可以根据绘图的需要，开启或关闭栅格在绘图区的显示，并在【草图设置】对话框中设置栅格的间距大小，从而达到精确绘图的目的。栅格不属于图形的一部分，打印时不会被输出。

1. 栅格

启用栅格功能的方法有以下几种。

- 命令行：在命令行输入 GRID 或 SE 命令并按 Enter 键。
- 快捷键：按 F7 键。
- 状态栏：单击状态栏上的【栅格】开关按钮▦。

执行上述任意一项操作后，则栅格功能被启用，绘图区显示如图 7-1 所示。

栅格间的距离可以在【草图设置】对话框中进行设置，方法有以下几种。

- 菜单栏：选择【工具】|【绘图设置】命令，打开【草图设置】对话框。
- 状态栏：在状态栏上的【栅格】开关按钮▦上单击右键，在弹出的快捷菜单中选择【设置】命令。
- 命令行：在命令行中输入 DSETTINGS 并按 Enter 键。

执行上述任意一项操作后，系统弹出【草图设置】对话框。选择【捕捉和栅格】选项卡，选中【启用栅格】复选框，在【栅格间距】选项组下可以设置栅格 X 轴间距和 Y 轴间距，如图 7-2 所示。

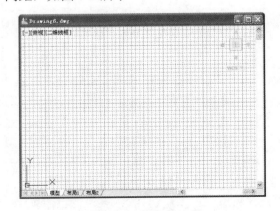

图 7-1　启用栅格功能

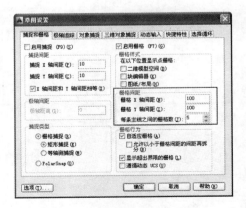

图 7-2　【草图设置】对话框

2. 捕捉

开启捕捉功能后，鼠标可以自动捕捉栅格点，鼠标移动的距离为栅格间距的整数距。启用捕捉功能的方法有以下两种。

- 快捷键：按 F9 键。
- 状态栏：单击状态栏上的【捕捉】开关按钮▦。

执行上述任意一项操作，即可启用栅格功能。栅格的各项属性同样可以在图 7-2 所示的【草图设置】对话框中进行。

【**课堂举例 7-1**】　**捕捉绘制矩形**

01　调用 PL【多段线】命令，在捕捉工具的辅助下，指定起点，如图 7-3 所示。

02　将光标向上移动三个网格，则距离等于网格的长度 × 3(即 200 × 3)，为 600，如图 7-4 所示。

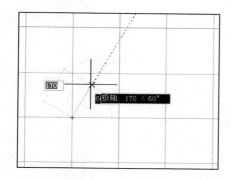

图 7-3　指定起点

图 7-4　向上移动三个网格

03　单击左键，然后向右移动鼠标，在第四个网格的右上角点单击，如图 7-5 所示。

04　持续移动鼠标，通过网格的尺寸来确定所绘图形的尺寸，结果如图 7-6 所示。

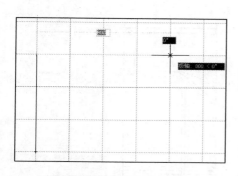

图 7-5　向右移动四个网格

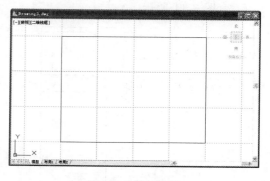

图 7-6　绘制结果

7.1.2　正交

启用正交功能，将光标限制在水平或垂直轴向上，可以快速地绘制横平竖直的直线。启用正交功能的方法有以下两种。

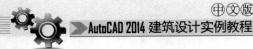

- 快捷键：按 F8 键。
- 状态栏：单击状态栏上的【正交】开关按钮 ⊔。

执行上述任意一项操作后，即可启用正交功能。

【课堂举例 7-2】 正交绘图

01 按 Ctrl+O 快捷键，打开配套光盘"第 7 章\7.1.2 正交绘图.dwg"素材文件，如图 7-7 所示。

02 按 F8 键启用正交功能。

03 调用 L【直线】命令，在图形对象上指定起点。向上拖动鼠标，系统可以显示正交各项参数，如图 7-8 所示。

04 根据命令行的提示，参照正交辅助线，单击指定直线的端点，如图 7-9 所示。

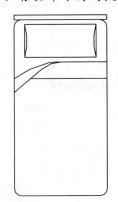
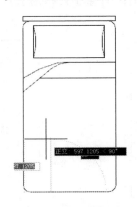
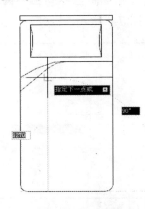

图 7-7　打开素材　　　图 7-8　向上拖动鼠标　　　图 7-9　单击指定直线的端点

05 单击鼠标左键，完成直线的绘制，结果如图 7-10 所示。

06 重复调用 L【直线】命令，配合正交功能，完成被子表面花纹的绘制，结果如图 7-11 所示。

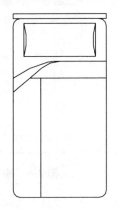
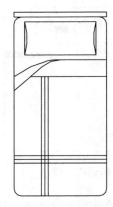

图 7-10　绘制直线　　　　　图 7-11　绘制其他直线

7.1.3 对象捕捉

启用对象捕捉功能，在绘图的时候，可以捕捉图形的特征点，如圆心、中点、端点等。通过准确地捕捉图形的特征点，可以高效地绘制或编辑图形。

启用对象捕捉功能的方法有以下几种。

- 快捷键：按 F3 键。
- 状态栏：单击状态栏上的【对象捕捉】开关按钮□。

执行上述任意一项操作，即可开启对象捕捉功能。

在命令行中输入 DSETTINGS 并按 Enter 键，调出【草图设置】对话框。切换到【对象捕捉】选项卡，可以在其中勾选需要的对象捕捉模式，如图 7-12 所示。

对圆形执行编辑操作时，捕捉圆心的结果如图 7-13 所示。

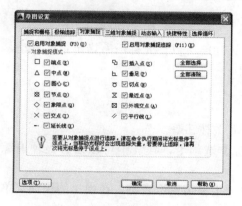

图 7-12 【对象捕捉】选项卡

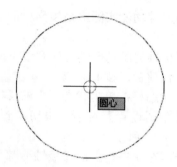

图 7-13 捕捉圆心

对三角形执行编辑操作时，捕捉中点的结果如图 7-14 所示。

对矩形执行编辑操作时，捕捉端点的结果如图 7-15 所示。

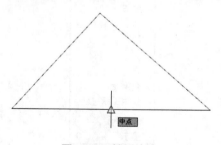

图 7-14 捕捉中点

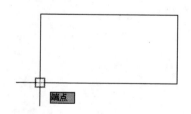

图 7-15 捕捉端点

 技巧

在执行命令的过程中按住 Shift 键不放，弹出图 7-16 所示的快捷菜单，可以临时设置捕捉的模式。

图 7-16　快捷菜单

7.1.4　极轴追踪

极轴追踪功能实际上是极坐标的一个应用。该功能可以使光标沿着指定角度移动，从而找到指定点。

启用极轴追踪功能的方法有以下两种。

- 快捷键：按 F10 键。
- 状态栏：单击状态栏上的【极轴追踪】开关按钮 。

在【草图设置】对话框中切换到【极轴追踪】选项卡，在其中可以设置极轴追踪角度，如图 7-17 所示。

此外，在状态栏上的【极轴追踪】开关按钮 上单击鼠标右键，在弹出的快捷菜单中可以快速选择已设定的追踪角度，如图 7-18 所示。

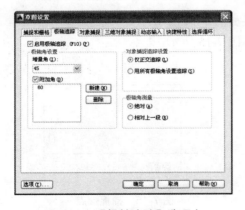

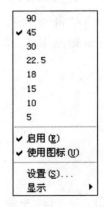

图 7-17　【极轴追踪】选项卡　　　　　　图 7-18　快捷菜单

【课堂举例 7-3】　极轴追踪绘制三角形

01　按 F10 键启用极轴功能。

02　执行【工具】|【绘图设置】命令，系统弹出【草图设置】对话框。切换到【极轴追踪】选项卡，在其中设置增量角的角度，这里设置增量角为 45°。单击【新建】按钮，可以增加附加角的角度，如图 7-19 所示。

03 调用 L【直线】命令，通过极轴追踪线，绘制 45° 角的直线，如图 7-20 所示。

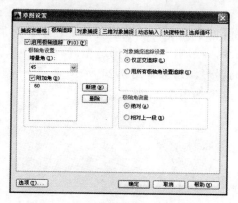

图 7-19　【极轴追踪】选项卡

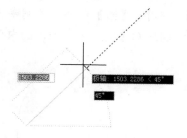

图 7-20　绘制直线

04 鼠标向下移，如图 7-21 所示，绘制与左边直线相等角度及长度的直线。

05 鼠标向左移，即可完成等腰三角形的绘制，结果如图 7-22 所示。

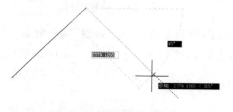

图 7-21　绘制相等的直线

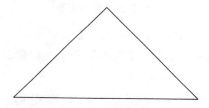

图 7-22　绘制等腰三角形

7.1.5　对象捕捉追踪

在启用对象捕捉追踪功能时，应同时启用对象捕捉功能，以便相互配合来绘制图形。启用对象捕捉功能后，可以使光标从对象捕捉点开始，沿极轴追踪路径进行追踪，从而找到需要的精确位置。

启用对象捕捉追踪功能的方法有以下两种。

● 　快捷键：按 F11 键。

● 　状态栏：单击状态栏上的【对象捕捉追踪】开关按钮 。

图 7-23 所示为通过引出垂直和水平方向上的追踪线，可以确定图形右上角的点。

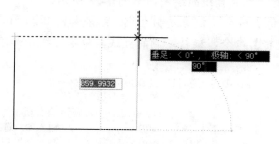

图 7-23　引出追踪线

7.1.6 实例——绘制地面拼花

本节介绍地面拼花平面图的绘制。首先使用【圆】命令，绘制拼花的外轮廓，然后使用【直线】命令、【镜像】命令及【旋转】等命令，绘制拼花的内部造型。

01 调用 C【圆】命令，绘制半径为 1700 的圆形，结果如图 7-24 所示。

02 调用 O【偏移】命令，向内偏移圆形，结果如图 7-25 所示。

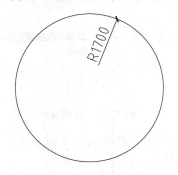

图 7-24 绘制圆形

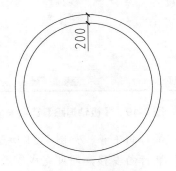

图 7-25 偏移圆形

03 调出【草图设置】对话框，设置极轴追踪的附加角(77°)，如图 7-26 所示。

04 调用 L【直线】命令，捕捉圆心，并结合极轴追踪角，引出对象捕捉追踪线，如图 7-27 所示。

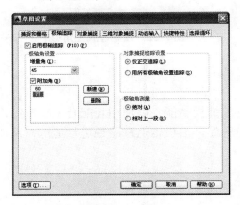

图 7-26 设置极轴追踪的附加角

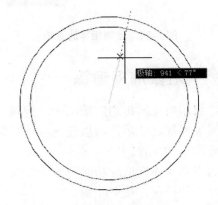

图 7-27 引出追踪线

05 单击鼠标左键，完成直线的绘制，如图 7-28 所示。

06 调用 MI【镜像】命令，镜像复制直线，结果如图 7-29 所示。

07 调用 RO【旋转】命令，旋转绘制的直线，命令行提示如下。

```
命令：ROTATE↙
UCS 当前的正角方向： ANGDIR=逆时针  ANGBASE=0
选择对象：找到 1 个              //选定左边的直线
指定基点：                      //单击圆心为旋转基点
指定旋转角度，或 [复制(C)/参照(R)] <90>:C↙    //输入 C，选择【复制(C)】选项
指定旋转角度，或 [复制(C)/参照(R)] <90>: 33↙   //输入角度参数，按 Enter 键，完成
                                              旋转复制操作的结果如图 7-30 所示
```

08 重复调用 RO【旋转】命令，设置旋转角度为 27°，旋转复制直线，结果如图 7-31 所示。

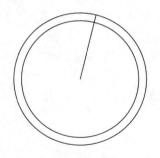

图 7-28　绘制直线

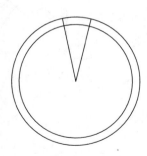

图 7-29　镜像复制直线

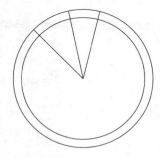

图 7-30　复制结果

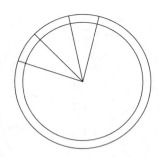

图 7-31　旋转复制

09 分别设置旋转角度为 33°、27°，继续对直线进行旋转复制操作，结果如图 7-32 所示。

10 调用 EX【延伸】命令，延伸线段，结果如图 7-33 所示。

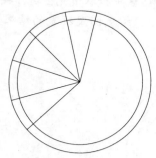

图 7-32　继续旋转复制

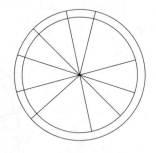

图 7-33　延伸线段

11 调用 RO【旋转】命令，按照图 7-34 所示提供的角度参数，旋转复制直线。

12 执行【绘图】|【圆弧】|【起点、端点、半径】命令，绘制圆弧，结果如图 7-35 所示。

13 重复操作，继续绘制圆弧图形，结果如图 7-36 所示。

14 调用 H【图案填充】命令，在弹出的【图案填充和渐变色】对话框中设置填充参数，结果如图 7-37 所示。

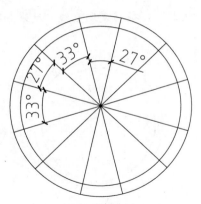

图 7-34　旋转复制

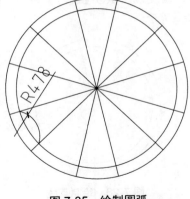

图 7-35　绘制圆弧

图 7-36　绘制圆弧

图 7-37　【图案填充和渐变色】对话框

15 在对话框中单击【添加：拾取点】按钮，在绘图区中拾取填充区域。按 Enter 键
返回对话框中，单击【确定】按钮关闭对话框，绘制图案填充的结果如图 7-38
所示。

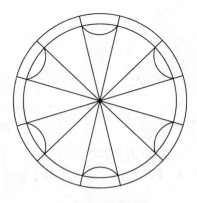

图 7-38　图案填充

7.2　创建及插入图块

在 AutoCAD 中，可以将绘制完成的图形创建成块，以便后面绘图的时候利用。创建成块的图形不能被编辑修改，假如需要对其编辑修改，则需要先将图块分解。

7.2.1　创建内部块

AutoCAD 的内部块只能在当前的图形中使用，要是在另外的图形中调用该块，需要使用 Ctrl+C、Ctrl+V 快捷键进行复制粘贴，或者打开【设计中心】窗体，从中调用图块。

创建块需要执行【块】命令，方法有以下几种。

❍　菜单栏：选择【绘图】|【块】|【创建】命令。

❍　工具栏：单击【绘图】工具栏中的【创建块】按钮 。

❍　命令行：在命令行中输入 BLOCK 或 B 命令并按 Enter 键。

要定义一个新的图块，首先要用绘图和修改命令绘制出组成图块的所有图形对象，然后再用块定义命令定义块。下面通过具体实例，讲解创建内部块的方法。

【课堂举例 7-4】　创建内部块

01　按 Ctrl+O 快捷键，打开配套光盘提供的"第 7 章\7.2.1 创建内部块.dwg"素材文件。

02　执行【绘图】|【块】|【创建】命令，系统弹出图 7-39 所示的【块定义】对话框。

03　在【对象】选项组下单击【选择对象】按钮 ，返回绘图区并框选待创建成块的图形；按 Enter 键弹出对话框，单击【基点】选项组下的【拾取点】按钮 ，在绘图区中单击点取图形的左下角点作为基点；按 Enter 键返回对话框，在【名称】下拉列表框中设置新图块的名称，如图 7-40 所示。

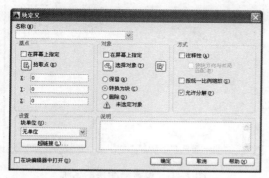

图 7-39　【块定义】对话框

图 7-40　设置新图块的名称

04　图 7-41 所示为图块创建前后选择时的显示对比。

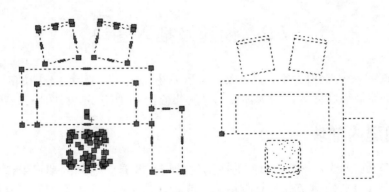

图 7-41   图块创建前后选择对比

7.2.2   创建外部块

内部块仅限于在创建块的图形文件中使用，当其他文件也需要使用时，则需要创建外部块，也就是永久块。外部块以文件的形式单独保存。

在命令行中输入 WBLOCKW/W 命令并按 Enter 键，根据系统提示即可创建外部块。

【课堂举例 7-5】 创建外部块

01 在命令行中输入 WBLOCK 命令按 Enter 键，选择待创建成块的图形，系统弹出图 7-42 所示的【写块】对话框。

02 在【目标】选项组下单击【名称和路径】选项框后的矩形按钮，系统弹出【浏览图形文件】对话框。在其中指定文件的存储路径和名称，如图 7-43 所示。(系统默认新建块的名称为"新块")

图 7-42   【写块】对话框

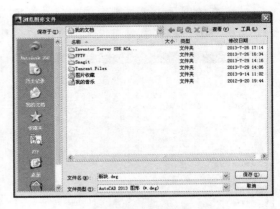

图 7-43   设置新图块的名称

03 单击【保存】按钮关闭对话框，返回【写块】对话框。单击【确定】按钮关闭对话框，完成创建外部快的操作。

7.2.3   实例——创建办公桌图块

本实例介绍创建办公桌平面图形的操作。首先打开办公桌图块，然后调用创建块命令，将办公桌图形创建成块，方便以后调用。

01 按 Ctrl+O 快捷键，打开配套光盘提供的"第 7 章\7.2.3 创建办公桌图块.dwg"素材文件，如图 7-44 所示。

02 选择办公桌图形，单击【绘图】工具栏中的【创建块】按钮，系统弹出【块定义】对话框。在其中设置图块的名称及拾取基点，结果如图 7-45 所示。

03 单击【确定】按钮关闭对话框，完成办公桌图块的创建。

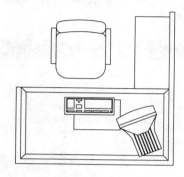

图 7-44　打开素材

图 7-45　【块定义】对话框

7.2.4　插入图块

创建完图块之后，即可根据绘图需要插入块。在插入块时可以缩放块、设置块的旋转角度以及插入块的位置。

执行【插入块】命令的方法有以下几种。

- 菜单栏：选择【插入】|【块】命令。
- 工具栏：单击【绘图】工具栏中的【插入块】按钮。
- 命令行：输入 INSERT 或 I 命令并按 Enter 键。

执行上述任意一项操作，系统弹出图 7-46 所示的【插入】对话框。

在对话框中单击【名称】下拉列表框右边的向下箭头，在弹出的下拉列表中选择待插入的图块，如图 7-47 所示。

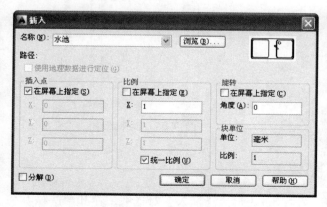

图 7-46　【插入】对话框

图 7-47　选择待插入的图块

选定待插入的图块后，单击【确定】按钮关闭对话框。在绘图区点取图块的插入位置，即可完成图块的插入操作。

【课堂举例7-6】 插入块

01 按 Ctrl+O 快捷键，打开配套光盘 "第 7 章\7.2.4 插入图块.dwg" 素材文件，如图 7-48 所示。

02 执行【插入】|【块】命令，系统弹出【插入】对话框，在其中选择 "浴缸" 图形，如图 7-49 所示。

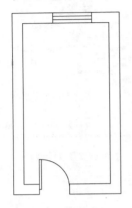

图 7-48　打开素材

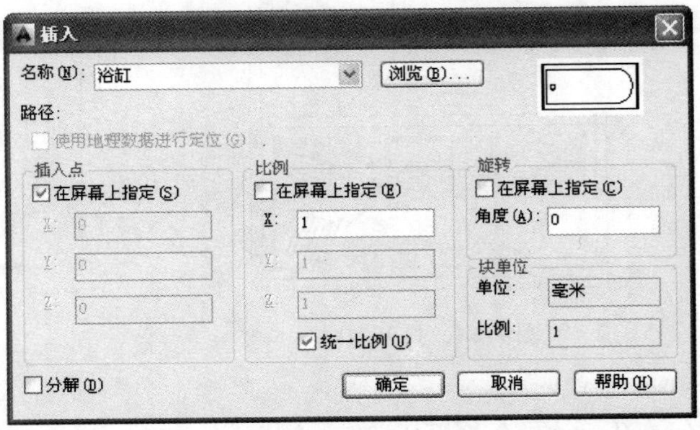

图 7-49　【插入】对话框

03 单击【确定】按钮，在绘图区选择插入点，完成浴缸图形的插入，结果如图 7-50 所示。

04 重复操作，继续往卫生间平面图中调入马桶、洗脸盆等图形，结果如图 7-51 所示。

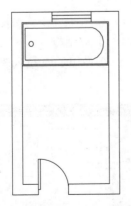

图 7-50　插入浴缸图形

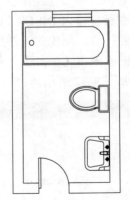

图 7-51　操作结果

7.2.5　实例——插入办公桌图块

　　本实例介绍插入办公桌图块的操作方法。首先调出【插入】对话框，在其中选择办公桌图块；在绘图区点取办公桌的插入点，即可完成插入办公桌图块的操作。

01 按 Ctrl+O 快捷键，打开配套光盘提供的 "第 7 章\7.2.5 插入办公桌图块.dwg" 素材文件，如图 7-52 所示。

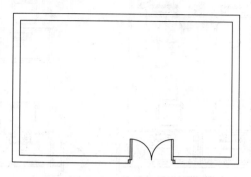

图 7-52　打开素材

02 执行【插入】|【块】命令，系统弹出【插入】对话框。在其中选择待插入的图形文件，如图 7-53 所示。

03 单击【确定】按钮，在绘图区中单击指定插入点，结果如图 7-54 所示。

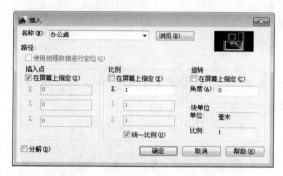

图 7-53　【插入】对话框

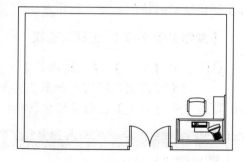

图 7-54　插入办公桌

04 按 Enter 键重新调出【插入】对话框，在其中更改插入角度，如图 7-55 所示。

05 单击【确定】按钮，在绘图区单击拾取图块的插入点，结果如图 7-56 所示。

图 7-55　更改插入角度

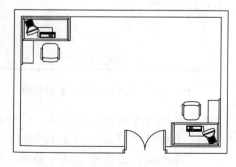

图 7-56　操作结果

06 调用 CO【复制】命令、MI【镜像】命令，镜像复制办公桌图形，完成办公室的家具布置，如图 7-57 所示。

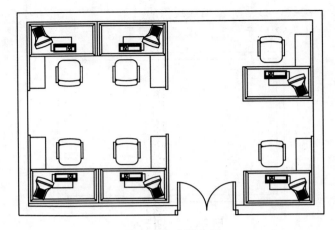

图 7-57　布置家具

7.2.6　动态块

　　将图形创建为动态块后，可以在保持其整体性的情况下自由编辑其属性，下面通过具体实例讲解动态块的创建流程和方法。

【课堂举例 7-7】　创建动态块

01　执行【工具】|【块编辑器】命令，系统弹出【编辑块定义】对话框。选择待创建成动态块的图块，如图 7-58 所示。

02　单击【确定】按钮关闭对话框，进入块编辑器界面，如图 7-59 所示。

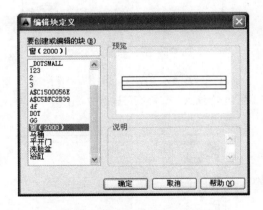

图 7-58　【编辑块定义】对话框

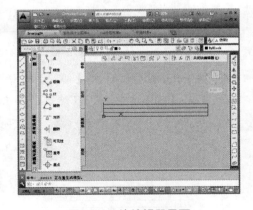

图 7-59　块编辑器界面

03　分别为窗图形添加线性、旋转参数以及缩放和旋转动作，结果如图 7-60 所示。

04　单击【保存块定义】按钮，将块动作保存。单击【关闭块编辑器】按钮，关闭块编辑器界面。选中图块，可以查看其上的三个动作特征点。从左至右分别是拉伸、旋转以及缩放特征点，如图 7-61 所示。

05　单击激活旋转特征点，可以指定角度对图形执行旋转操作，如图 7-62 所示。

06　单击激活缩放特征点，可以对图形执行缩放操作，如图 7-63 所示。

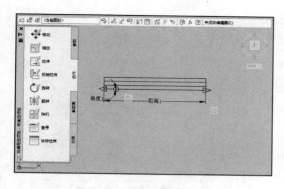

图 7-60　添加参数及动作

图 7-61　添加参数

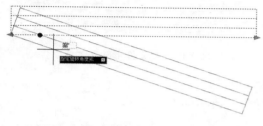

图 7-62　旋转操作

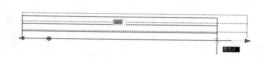

图 7-63　缩放操作

7.2.7　实例——创建坡道动态块

本实例介绍创建坡道动态块的操作方法。首先调用块编辑器命令，进入块编辑器界面。在界面中可以对坡道图形创建诸如线性、移动、缩放等动作。

01 首先打开要创建动态块的坡道图形，结果如图 7-64 所示。

02 执行【工具】|【块编辑器】命令，系统弹出【块编辑定义】对话框。选择【坡道】图块，单击【确定】按钮关闭对话框，进入块编辑器界面。

03 在界面左边的【块编写选项板】中单击选择【参数】选项卡，单击其中的【线性】按钮，在绘图区单击其起点，向右移动鼠标，单击指定端点的位置。向下移动鼠标，指定标签的位置。创建线性参数距离的结果如图 7-65 所示。

图 7-64　打开素材

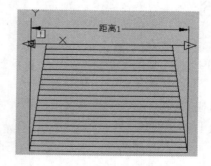

图 7-65　创建线性参数距离

04 在【块编写选项板】中切换到【动作】选项卡，单击【移动】按钮。根据命令行的提示，选择线性参数，如图7-66所示。

05 指定图形的左上角点，此点为与动作相关联的参数点，如图7-67所示。

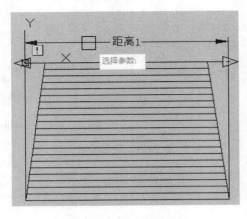

图7-66　选择线性参数　　　　　　　图7-67　指定图形的左上角点

06 选择待添加动作的图形对象，如图7-68所示。

07 按Enter键，完成移动动作的创建，结果如图7-69所示。

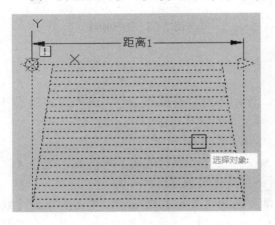

图7-68　选择对象　　　　　　　　　图7-69　创建移动动作

08 在【块编写选项板】中的【动作】选项卡里单击选择【缩放】按钮，选择线性参数。选择坡道图形为待添加动作的图形，按Enter键即可创建缩放动作，如图7-70所示。

09 单击编辑器界面上方的【保存块定义】按钮，将方才所创建的动作进行保存。单击【关闭编辑器】按钮，关闭编辑器工作界面，返回绘图区。

10 选中添加了动作的坡道图形，可以显示动作特征点，如图7-71所示。

11 单击激活左下角的缩放特征点，移动鼠标可以放大或缩小图形，如图7-72所示。拉动缩放点后，可以调整图形的大小，且保持图形的整体性。

12 单击左上角的矩形夹点(移动夹点)，移动鼠标可以改变图形的位置，且保持图形的大小及整体性不变，如图7-73所示。

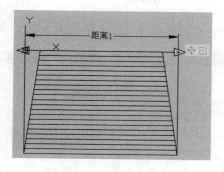

图 7-70 创建 "缩放" 动作

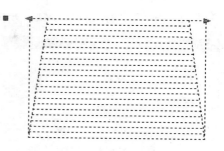

图 7-71 显示动作特征点

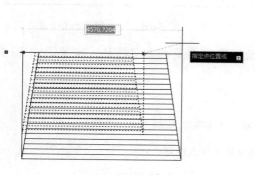

图 7-72 缩放图形

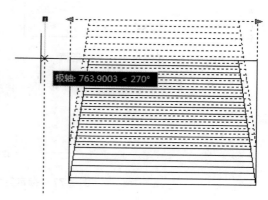

图 7-73 移动图形

7.3 使用图块属性

图块有两种属性，分别为图形属性和非图形属性。非图形属性指除了图形属性外的一切属性，包括文字、尺寸等。包含非图形属性的图块，可以更清晰地表达图块的信息。

本节介绍创建、编辑图块属性的操作方法。

7.3.1 定义图块属性

调用定义块属性命令，可以创建用于在块中存储数据的属性定义。

【课堂举例 7-8】定义图块属性

01 按 Ctrl+O 快捷键，打开配套光盘提供的 "第 7 章\7.3.1 定义图块属性.dwg" 素材文件，结果如图 7-74 所示。

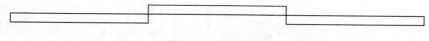

图 7-74 打开素材

02 选择【绘图】|【块】|【定义属性】命令，系统弹出图 7-75 所示的【属性定义】

对话框。

03 在对话框中输入属性参数，并指定文字的对正样式为【居中】，如图 7-76 所示。

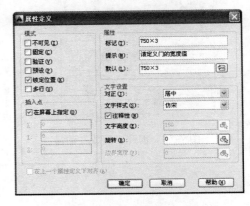

图 7-75　【属性定义】对话框　　　　　　　　图 7-76　输入属性参数

04 单击【确定】按钮关闭对话框，在绘图区指定属性文字的插入位置，如图 7-77 所示。

图 7-77　指定属性文字的插入位置

05 单击鼠标左键，完成图块属性的创建，结果如图 7-78 所示。

图 7-78　创建结果

06 选中推拉门图形，输入 B【创建块】命令。系统弹出【块定义】对话框。定义图块的名称和拾取点参数，结果如图 7-79 所示。

07 单击【确定】按钮关闭对话框，系统弹出如图 7-80 所示的【编辑属性】对话框。单击【确定】按钮关闭对话框，完成创建属性块的操作。

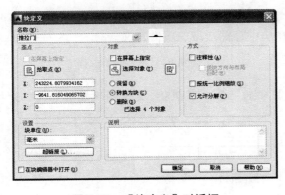

图 7-79　【块定义】对话框　　　　　　　　图 7-80　【编辑属性】对话框

7.3.2　编辑图块属性

通过执行定义属性命令得到的图块属性，可以根据实际绘图情况来进行自定义编辑。

【课堂举例 7-9】　编辑图块属性

01　打开上一节所创建的带属性的推拉门图块。

02　双击创建了属性的图块，系统弹出图 7-81 所示的【增强属性编辑器】对话框。

03　系统默认切换到【属性】选项卡，在其中可以改变图块的属性值，如图 7-82 所示。

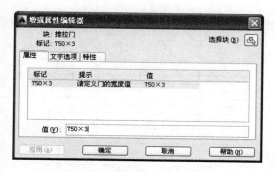

图 7-81　【增强属性编辑器】对话框

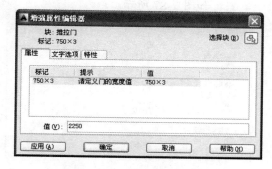

图 7-82　【属性】选项卡

04　切换到【文字选项】选项卡，在其中更改文字的各项属性，比如文字样式、对正方式以及高度、倾斜角度等，如图 7-83 所示。

05　切换到【特性】选项卡，在其中更改属性的图层、线型等特性，如图 7-84 所示。

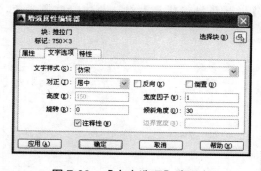

图 7-83　【文字选项】选项卡

图 7-84　【特性】选项卡

06　单击【确定】按钮关闭对话框，完成属性的编辑，结果如图 7-85 所示。

图 7-85　编辑结果

7.3.3　实例——创建坡道属性块

本节介绍创建坡道属性块的操作。带属性的坡道图块显示其数字属性，在任何绘图场合中都可调用。双击数字属性，可以更改其参数值。

01 按 Ctrl+O 快捷键，打开配套光盘提供的"第 7 章\7.3.3 创建坡道属性块.dwg"素材文件。

02 执行【绘图】|【块】|【定义属性】命令，在弹出的【属性定义】对话框中设置参数，如图 7-86 所示。

03 单击【确定】按钮关闭对话框，将属性文字置于坡道图块之上，创建属性的结果如图 7-87 所示。

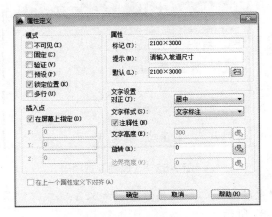

图 7-86　【属性定义】对话框

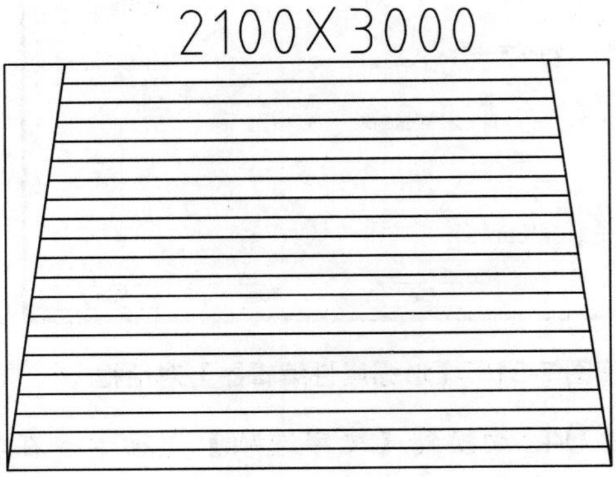

图 7-87　创建属性

04 调用 B【创建块】命令，将新创建属性的坡道图形创建成块，如图 7-88 所示。

05 双击创建成块的坡道图块，在弹出的【增强属性编辑器】对话框中修改属性值，如图 7-89 所示。

图 7-88　【块定义】对话框

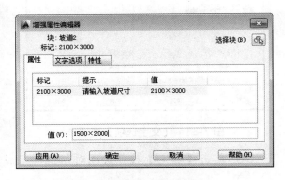

图 7-89　【增强属性编辑器】对话框

06 单击【确定】按钮关闭对话框，完成属性的修改，结果如图 7-90 所示。

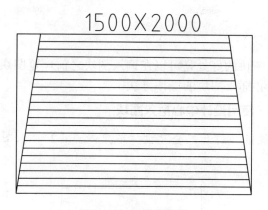

图 7-90 编辑块属性

7.4 使用设计中心管理图形

AutoCAD 的设计中心窗体提供了管理图形的各项操作，比如从设计中心选择图块插入至指定的视图中，复制选定的图形及样式等。

本节介绍使用设计中心管理图形的操作方法。

7.4.1 启动设计中心

使用设计中心管理图形，首先要打开【设计中心】选项板，有以下几种方法。

- 组合键：按 Ctrl+2 快捷键。
- 命令行：输入 ADCENTER/ADC 命令并按 Enter 键。
- 工具栏：单击【标准】工具栏中的【设计中心】按钮。
- 功能区：在【视图】选项卡，单击【选项板】面板上的【设计中心】工具按钮。

执行上述任意一项操作，系统可打开图 7-91 所示的【设计中心】选项板。设计中心的外观与 Windows 资源管理器非常相似，选项板左侧显示的是文件夹目录，右侧显示当前选择图形文件下所包含的所有内容，包括各种样式、图块等。

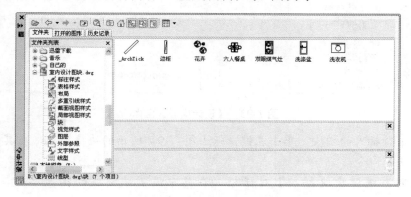

图 7-91 【设计中心】选项板

7.4.2 插入图块

使用设计中心插入图块的好处是可以在调入图块之前预览图块。下面以布置书房书桌为例，介绍通过设计中心插入图块的操作方法。

【课堂举例 7-10】 使用设计中心插入图块

01 按 Ctrl+O 快捷键，打开配套光盘"第 7 章\7.4.2 插入图块.dwg"素材文件，如图 7-92 所示。

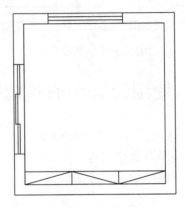

图 7-92　打开素材

02 按 Ctrl+2 快捷键，打开【设计中心】窗体。在左边的树状列表中选择待插入图块的"书房图块.dwg"文件，单击文件名称前的"+"符号，在弹出的下拉列表中选择【块】选项，即可在右边的窗体预览该文件所包含的所有图块，如图 7-93 所示。

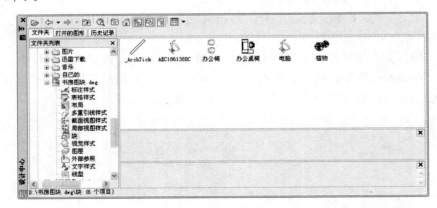

图 7-93　【设计中心】窗体

03 选中待插入的图块，单击左键，弹出图 7-94 所示的快捷菜单，在其中选择【插入块】命令。

04 此时系统弹出【插入】对话框，在其中设置该图块的插入参数，如图 7-95 所示。

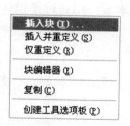

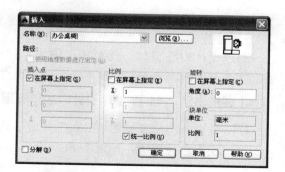

图 7-94　选择【插入块】命令　　　　　　　图 7-95　【插入】对话框

05 单击【确定】按钮关闭对话框，在绘图区指定插入位置，插入图块的结果如图 7-96 所示。

06 选择办公椅图形，按住鼠标左键不放，将其拖入绘图区中，插入结果如图 7-97 所示。

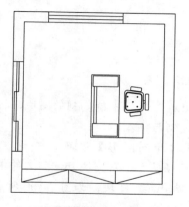

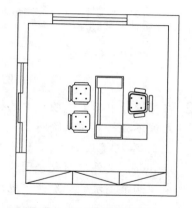

图 7-96　插入图块　　　　　　　　　图 7-97　插入办公椅图形

07 重复操作，继续为书房平面图插入图块，结果如图 7-98 所示。

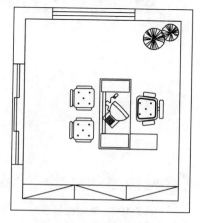

图 7-98　插入其他图块

7.4.3 图形复制

通过设计中心窗体，还可实现图块、样式的复制。本节介绍通过【设计中心】选项板，从"书房图块.dwg"文件中复制图块至"目标图块.dwg"文件中。

【课堂举例 7-11】 使用设计中心复制图形

01 首先打开"目标图块.dwg"文件，通过【设计中心】选项板，可以查看到其中并没有包含图块，如图 7-99 所示。

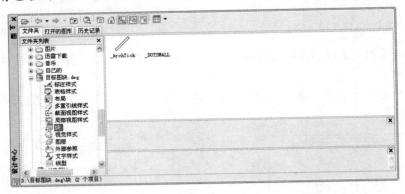

图 7-99　复制图块前

02 在【设计中心】选项板中选择"书房图块.dwg"文件中待复制的图块，按住鼠标左键不放将其拖至绘图区中，完成图块的复制与插入。

03 此时再在【设计中心】选项板中单击【打开的图形】选项，查看"目标图块.dwg"文件下所包含图块的情况，发现已经从"书房图块.dwg"文件中复制过来了两个图块，分别是"电脑.dwg" "植物.dwg"图块，如图 7-100 所示。

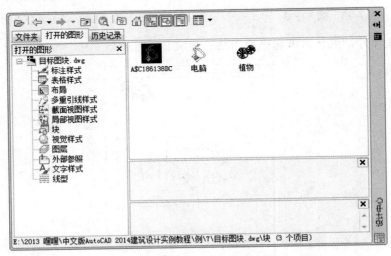

图 7-100　复制图块后

7.5 思考与练习

一、选择题

1. 捕捉功能通常与(　　)功能一起配合使用。
   A. 正交 　　　　B. 极轴 　　　　C. 对象捕捉 　　　　D. 栅格
2. 按 (　　)键，可以开启极轴功能。
   A. F4 　　　　B. F5 　　　　C. F8 　　　　D. F10
3. 创建内部块的快捷键是(　　)。
   A. H 　　　　B. N 　　　　C. W 　　　　D. B
4. 创建外部块的快捷键是(　　)。
   A. H 　　　　B. N 　　　　C. W 　　　　D. B
5. 打开【属性定义】对话框的方式为(　　)。
   A. 执行【绘图】|【块】|【属性定义】命令
   B. 执行【绘图】|【属性定义】命令
   C. 执行【编辑】|【属性定义】命令
   D. 执行【修改】|【属性定义】命令
6. 打开【设计中心】窗体的组合键是(　　)。
   A. Ctrl+1 　　　　B. Ctrl+2 　　　　C. Ctrl+3 　　　　D. Ctrl+4

二、操作题

1. 执行【工具】|【绘图设置】命令，在弹出的【草图设置】对话框中分别对"捕捉栅格""极轴追踪""对象捕捉"三个选项进行设置，结果如图 7-101 所示。

图 7-101 【草图设置】对话框

2. 调用 B【创建块】命令，将如图 7-102 所示的图形创建成块，名称为"欧式组合沙发"，拾取基点为左上角。

3. 执行【绘图】|【块】|【属性定义】命令，为门图形创建宽度属性，结果如图 7-103 所示。

图 7-102　创建成块

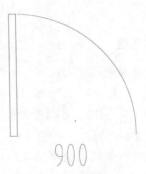

900

图 7-103　创建属性

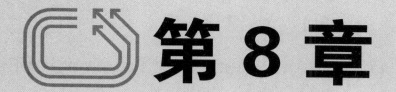

第8章
使用图层管理图形

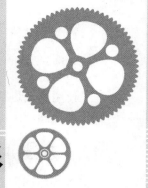

本章导读

　　图层是 AutoCAD 提供的组织图形的强有力的工具，可以统一控制类似图形的外观和状态。本章将详细讲解图层的创建、管理及图层特性设置的操作方法。

学习目标

➢ 熟悉图层特性管理器的界面和操作。

➢ 掌握图层的创建和图层属性的设置方法。

➢ 掌握图层管理的基本操作。

➢ 掌握对象特性的设置方法。

8.1 创 建 图 层

在使用图层进行管理图形之前，首先要创建图层。通过管理、设置图层的属性，进而达到管理该图层上图形的目的。本节介绍创建图层的操作方法。

8.1.1 创建并设置图层

执行创建图层命令，可以创建一个以"图层 1"命名的图层。新建图层的各项属性均是系统给定的原始值，使用者可以在创建图层后对图层的各项特性进行编辑修改。

创建图层操作可以在【图层特性管理器】对话框中进行，打开该对话框的方法有以下几种。

- 菜单栏：选择【格式】|【图层】菜单命令。
- 工具栏：单击【图层】工具栏中的【图层特性】工具按钮 。
- 命令行：在命令行中输入 LAYRE 或 LA 并按 Enter 键。

【课堂举例 8-1】 创建并设置图层

01 执行 LA【图层】命令，打开图 8-1 所示的【图层特性管理器】选项板。

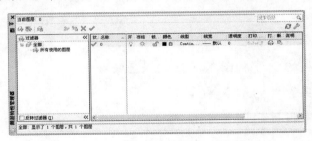

图 8-1 【图层特性管理器】选项板

02 在对话框的空白处单击鼠标右键，在弹出的快捷菜单中选择【新建图层】命令，如图 8-2 所示。

03 新建图层的结果如图 8-3 所示。系统默认新建的第一个图层名称为"图层 1"，第二个新建图层的名称为"图层 2"，以此类推。

图 8-2 选择【新建图层】选项

图 8-3 新建结果

04 双击图层名称，在名称栏中修改图层名称，如图 8-4 所示。

05 在【线宽】选项组下，单击【轮廓线】图层上的"——默认"按钮，系统弹出
【线宽】对话框，在其中选择线宽参数，如图 8-5 所示。

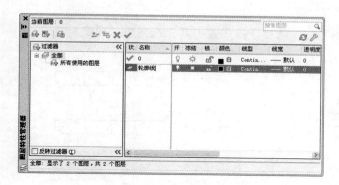

图 8-4　修改图层名称 　　　　　　图 8-5　【线宽】对话框

06 单击【确定】按钮，关闭对话框，完成线宽的设置，结果如图 8-6 所示。

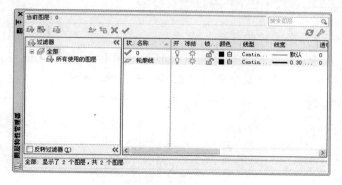

图 8-6　设置线宽

07 在【状态栏】选项组下，双击【轮廓线】图层上的状态按钮，当图标变成
时，表明该图层为当前正在使用的图层，如图 8-7 所示。

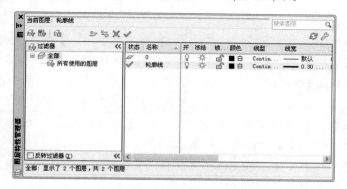

图 8-7　置为当前

📙 提示

在【图层特性管理器】选项板中选定待编辑的图层，按 Alt+C 快捷键；或者选定
待编辑的图层，单击右键，在弹出的快捷菜单中选择【置为当前】命令，都可以将图
层置为当前图层。

08 图 8-8 所示为设置了轮廓线宽度参数后，位于该图层上的图形的线宽对比。

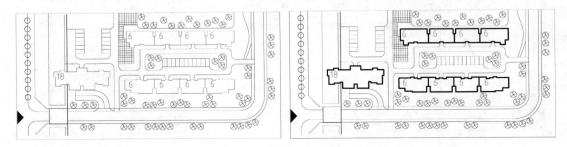

图 8-8　设置图层线宽前后对比

8.1.2　实例——创建并设置建筑图层

本实例介绍创建并设置建筑图层的方法。

01 单击【图层】工具栏上的【图层特性】工具按钮█，系统弹出【图层特性管理
器】选项板。在其中新建各建筑图层，如图 8-9 所示。

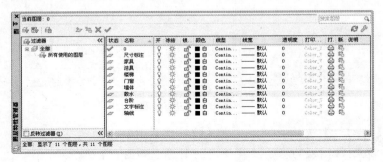

图 8-9　新建各建筑图层

02 设置颜色。在【颜色】选项组下，单击【尺寸标注】图层上的按钮█白，系统
弹出【选择颜色】对话框。在其中选择图层的颜色，如图 8-10 所示。

03 单击【确定】按钮关闭对话框，完成图层颜色的设置，结果如图 8-11 所示。

04 重复操作，继续为其他图层定义颜色，结果如图 8-12 所示。

05 设置线型。在【线型】选项组下，单击【轴线】图层上的按钮Continuous，系统
弹出【选择线型】对话框，如图 8-13 所示。

06 单击【加载】按钮，系统弹出【加载或重载线型】对话框。在其中选择待加载的
线型，结果如图 8-14 所示。

图 8-10 　【选择颜色】对话框

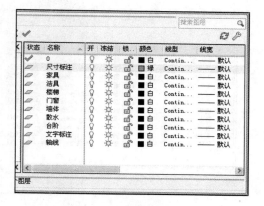

图 8-11 　设置图层颜色

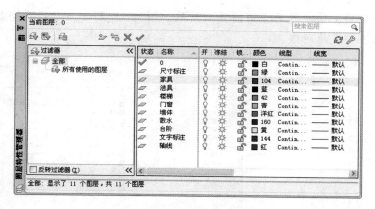

图 8-12 　设置其他图层颜色

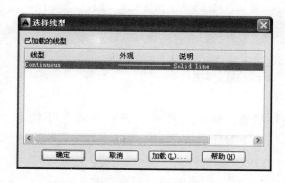

图 8-13 　【选择线型】对话框

图 8-14 　【加载或重载线型】对话框

07 单击【确定】按钮关闭对话框，完成加载操作，返回到【选择线型】对话框。选择前面加载的线型，单击【确定】按钮关闭对话框，设置图层线型的颜色如图 8-15所示。

08 为【墙体】图层更改线宽参数，结果如图 8-16 所示。

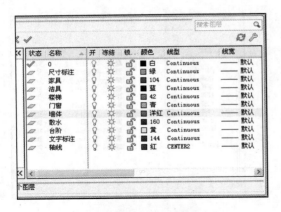

图 8-15　设置图层线型的颜色

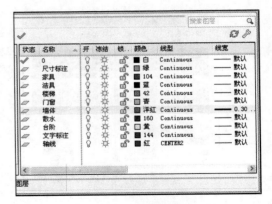

图 8-16　更改线宽参数

09　将【轴线】图层置为当前图层，结果如图 8-17 所示。之后在图层上开始绘制建筑图形的定位轴线。

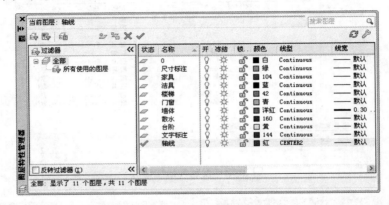

图 8-17　设置当前图层

8.2　图　层　管　理

图层管理主要是指图层的状态管理，包括状态、开/关、冻结/不冻结、锁定/不锁定、删除、置为当前等。比如，单击【开】选项列表下的灯泡按钮，当灯泡为暗显状态时，表示该图层被关闭。

本节介绍对指定图层的状态进行管理操作的结果。

8.2.1　转换图形所在图层

将指定的图层置为当前图层，则当前所进行的绘图或编辑操作都以该图层为准进行显示，同时继承了该图层的属性，比如颜色、线型、线宽等。

将指定图层置为当前图层的操作方法有以下几种。

▶　工具栏：在【图层特性管理器】选项板中选定待编辑的图层，单击【置为当前】按钮。

- 快捷键：在【图层特性管理器】选项板中选定待编辑的图层，按 Alt+C 快捷键。
- 快捷菜单：在【图层特性管理器】选项板中选定待编辑的图层，单击右键，在弹出的快捷菜单中选择【置为当前】命令。

编辑后的图层，图层名称前的状态按钮显示为 ✓，如图 8-18 所示，表明该图层已被置为当前。

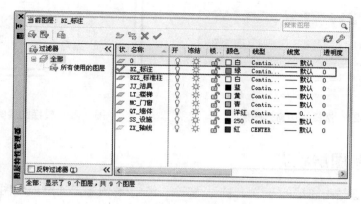

图 8-18　置为当前

【课堂举例 8-2】　转换图形图层

01　按 Ctrl\O 快捷键，打开配套光盘"素材\8.2.1 转换图形图层.dwg"文件，如图 8-19 所示。

02　在本图形中，"墙体"图层上绘制了门窗图形，因此门窗图形继承了该图层的线宽、颜色属性。

03　选中门窗图形，如图 8-20 所示。

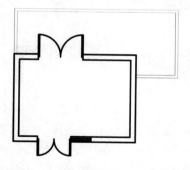

图 8-19　门窗继承"墙体"图层属性

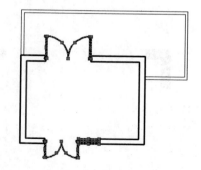

图 8-20　选择门窗

04　单击【图层】特性工具栏，在弹出的图层列表中选择"门窗"图层，如图 8-21 所示。

05　将图层转换至"门窗"图层后，即可继承该图层的属性，更改线宽及颜色，结果如图 8-22 所示。

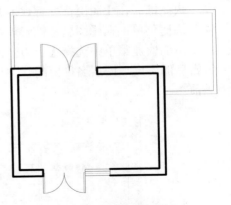

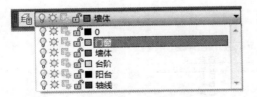

图 8-21 选择"门窗"图层

图 8-22 转换图层的结果

8.2.2 控制图层状态

图层的状态是指图层的开/关、冻结/解冻、锁定/解锁等，通过控制图层的各种状态，可以控制位于该图层上图形的状态。

【课堂举例 8-3】 控制图层状态

01 按 Ctrl+O 快捷键，打开配套光盘"素材\8.2.2 控制图层状态.dwg"文件，如图 8-23(a)所示。

02 单击【开】选项组下的灯泡按钮，当灯泡变暗时，表示该图层被关闭，位于该图层上的图形也相应被隐藏。重新开启图层，图形才会被重新显示出来，如图 8-23(b)所示。

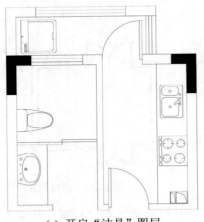 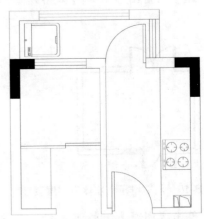

(a) 开启"洁具"图层   (b) 关闭"洁具"图层

图 8-23 开/关图层

03 单击【冻结】选项组下的太阳按钮，当按钮变成雪花形状时，该图层被冻结，位于该图层上的图形被隐藏。当重新解冻该图层后，图形被显示，与开/关图层的效果相同，如图 8-24 所示。

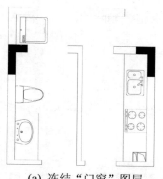
(a) 冻结"门窗"图层

(b) 解冻"门窗"图层

图 8-24　冻结/解冻图层

04 单击【锁定】选项组下的锁按钮，当其显示为锁定状态时，表示该图层被锁定，位于该图层上的图形暗显于绘图区中，不能被编辑；重新解锁图层，才可对图层执行编辑操作，如图 8-25 所示。

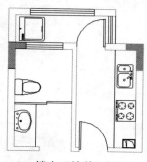
(a) 锁定"墙体"图层

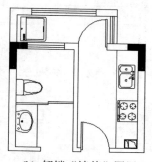
(b) 解锁"墙体"图层

图 8-25　锁定/解锁图层

05 打印/不打印图层。单击"打印"选项组下的打印机按钮，当其显示为不可打印样式时，表明位于该图层上的图形不能被打印输出。重新单击该按钮，当其显示为时，图层上的图形才可被打印输出。

 提示

　　将长期不需要显示的图层冻结，可以提高系统运行速度，减少图形刷新的时间，因为这些图层不会被加载到内存中。AutoCAD 不会在被冻结的图层上显示、打印或重生成对象。

8.2.3　删除多余图层

　　多余的图层会给图层的管理带来麻烦，因此可以对不需要的图层进行删除操作。删除图层的操方法有以下几种。

● 单击按钮：在【图层特性管理器】选项板中选定待删除的图层，单击【删除图层】按钮。

- 快捷键：在【图层特性管理器】选项板中选定待删除的图层，按 Alt+D 快捷键。
- 快捷菜单：在【图层特性管理器】选项板中选定待删除的图层，单击右键，在弹出的快捷菜单中选择【删除图层】命令。

【课堂举例 8-4】 删除多余图层

01 在【图层特性管理器】选项板中选择待删除的图层，如图 8-26 所示。

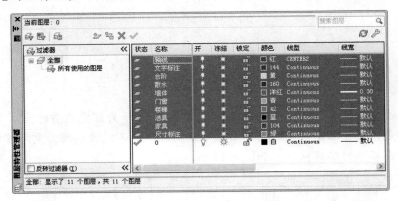

图 8-26 选择待删除的图层

02 单击【删除图层】按钮，如图 8-27 所示。

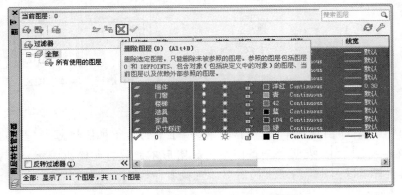

图 8-27 单击【删除图层】按钮

03 此时系统弹出【图层-未删除】对话框，如图 8-28 所示，提示有图层不能被删除。

图 8-28 【图层-未删除】对话框

04 单击【关闭】按钮关闭对话框，查看删除图层的操作结果，如图 8-29 所示。其中 "轴线" 图层不能被删除，因为在该图层上绘制了图形。要想删除该图层，必须先删除上面的图形。

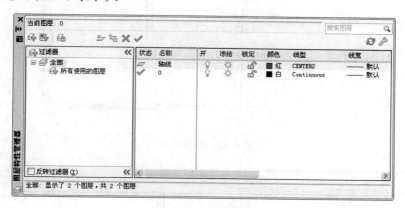

图 8-29 删除结果

8.2.4 图层匹配

各图层之间不同的属性，可以通过特性匹配操作来实现转换。执行【特性匹配】命令，可以将指定图层上选定图形的属性匹配至另一图层上选中的图形上。执行匹配操作后，被选中的目标图形则除了继承源图形的属性外，也会被移动到源图形所在图层之上。

【课堂举例 8-5】 图层匹配

01 按 Ctrl+O 快捷键，打开配套光盘 "素材\8.2.4 图层匹配.dwg" 文件，如图 8-30 所示。

02 执行【修改】|【特性匹配】命令，选择窗为源对象，墙体为目标对象，将窗户的图层特性匹配至墙体上，结果如图 8-31 所示。

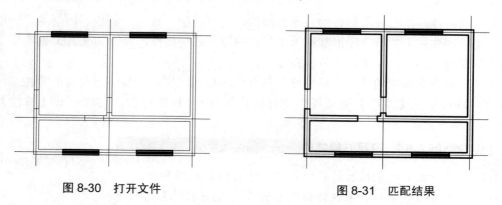

图 8-30 打开文件   图 8-31 匹配结果

03 选中窗户图形，单击【图层】工具栏，在弹出的下拉列表中选择 "门窗" 图层，如图 8-32 所示。

04 转换平开窗图层的结果如图 8-33 所示，窗户图形由粗线变为细线。

05 重复操作，将轴线转换至 "轴线" 图层上，结果如图 8-34 所示。

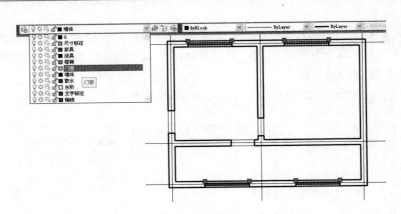

图 8-32　转换图层

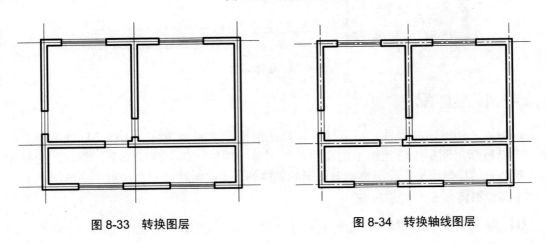

图 8-33　转换图层　　　　　　　　　　图 8-34　转换轴线图层

8.3　设置对象特性

　　对象的特性是指对象所包含的一系列属性，包括线型、线宽、颜色、图层等。一般来说，位于相同图层上的所有图形都继承了与该图层一致的属性，而 AutoCAD 则提供了设置单个图形对象特性的方法，本节将介绍之。

　　通过设置图形对象的特性，可以使其与其他图形相区别，并显示出自身的特性。设置图形对象特性是在【特性】选项板中进行的，按 Ctrl+1 快捷键，可以打开【特性】选项板。

【课堂举例 8-6】　设置对象特性

01　打开待设置对象特性的素材文件，结果如图 8-35 所示。

02　按 Ctrl+1 快捷键，系统弹出图 8-36 所示的【特性】选项板。

03　选择待修改的双人床轮廓线，在【特性】选项板中单击选择【线宽】选项，在弹出的下拉列表中选择线宽参数，如图 8-37 所示。

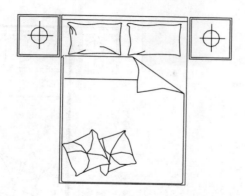

图 8-35 打开素材

图 8-36 【特性】选项板

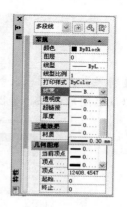

图 8-37 选择【线宽】选项

04 更改线宽的结果如图 8-38 所示。

05 选择床头柜的内轮廓线，在【特性】选项板中单击选择【线型】选项，在弹出的下拉菜单中选择待转换的线型，如图 8-39 所示。

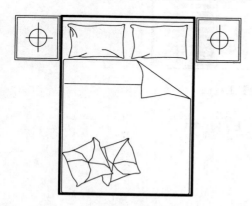

图 8-38 更改线宽

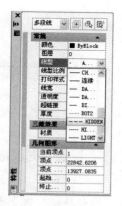

图 8-39 选择【线型】选项

06 为使更改后的线型显示其本来的样式，还需要更改线型比例参数。在【特性】选项板的【线型比例】选项中设置比例参数，如图 8-40 所示。

07 设置比例参数的结果如图 8-41 所示。

图 8-40　更改线型比例参数

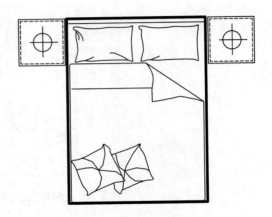

图 8-41　设置结果

 提示

　　通过【特性】工具栏或面板上的【颜色控制】、【线型控制】、【线宽控制】选项，也可以设置图形对象的特性，如图 8-42 所示。

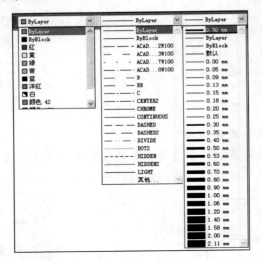

图 8-42　【特性】工具栏

8.1　思考与练习

一、选择题

1.　调出【图层特性管理器】选项板的方式有(　　)。

　　A. 执行【格式】|【图层】菜单命令

　　B. 单击【图层】工具栏上的【图层特性】工具按钮

　　C. 在命令行输入 LAYRE 并按 Enter 键

　　D. 执行【格式】|【图层状态管理器】菜单命令

2. 控制图层开/关的按钮是(　　)。

  A. 　/ 　　 B. 　/ 　　 C. 　/ 　　 D. 　/

3. (　　)图层不能被删除。

  A. 当前图层　　　　　　　　　B. 0 图层

  C. 包含对象的图层　　　　　　D. 禁止打印输出的图层

4. 在关闭【图层特性管理器】选项板的情况下，在(　　)工具栏中可控制图层的状态。

  A. 图层特性　　B. 样式　　　　　C. 特性　　　　　D. 标准

5. 调出【特性】选项板的快捷键为(　　)。

  A. Ctrl+2　　 B. Ctrl+1　　 C. Alt+A　　 D. Ctrl+O

二、操作题

1. 创建并设置如图 8-43 所示的建筑图层。

图 8-43　建筑图层

2. 调出【特性】选项板，在【图案】选项组中的【比例】选项中更改参数，以编辑建筑立面图填充图案的显示效果。

将墙面砖的填充比例由 50 更改为 25，将墙面涂料的填充比例由 500 更改为 1500，结果如图 8-44 所示。

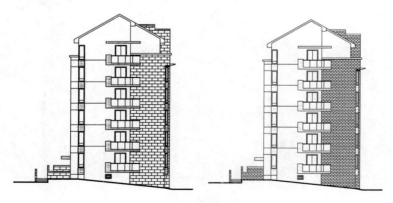

图 8-44　编辑特性

第9章

文字和表格的使用

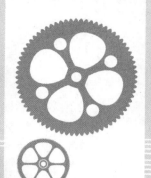

本章导读

　　建筑施工图纸中的文字和表格承担了辅助说明的作用。在图形表达不清楚的时候，辅以文字或表格说明，可以起到事倍功半的效果。在绘制文字说明和表格说明之前，首先应设定文字或表格样式，然后根据所定义的样式来绘制文字或表格说明。

学习目标

➢ 掌握文字样式的创建和设置方法。
➢ 掌握单行和多行文字的创建和编辑方法。
➢ 掌握表格样式的创建和设置方法。
➢ 掌握表格的绘制和编辑方法。

9.1 输入及编辑文字

在绘制文字标注前，需要定义文字样式，然后根据所定义的文字样式来绘制文字标注，可以使文字标注规范化，且节约绘制时间。AutoCAD 中的文字标注分为单行文字标注和多行文字标注，根据不同的绘图情况，需要选用不同的文字标注命令。

9.1.1 文字样式

文字样式定义了文字的外观，是对文字特性的一种描述，包括字体、高度、宽度比例、倾斜角度以及排列方式等。

执行【文字样式】命令的方法有以下几种。

- 菜单栏：选择【格式】|【文字样式】命令。
- 工具栏：单击【样式】工具栏中的【文字样式】按钮 。
- 命令行：在命令行中输入 STYLE 或 ST 命令并按 Enter 键。
- 功能区：在【默认】选项卡中，单击【注释】选项卡【文字】面板右下角的 按钮。

下面通过具体实例讲解文字样式的创建方法。

【课堂举例 9-1】 创建文字样式

01 执行【格式】|【文字样式】命令，系统弹出图 9-1 所示的【文字样式】对话框。

02 单击【新建】按钮，系统弹出【新建文字样式】对话框。在其中设置新文字样式的名称，如图 9-2 所示。

图 9-1 【文字样式】对话框

图 9-2 设置新文字样式的名称

03 单击【确定】按钮返回【文字样式】对话框，在其中设置新样式的字体、高度，如图 9-3 所示。

04 选择新文字样式，单击【置为当前】按钮，系统弹出图 9-4 所示的 AutoCAD 信息提示框，提醒用户是否保存已被修改的文字样式。单击【是】按钮关闭对话框。

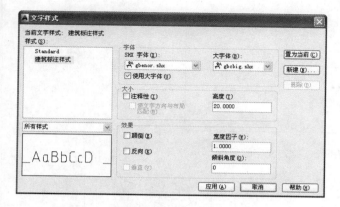

图 9-3 设置样式参数

图 9-4 AutoCAD 信息提示

05 使用该文字样式创建的文字效果如图 9-5 所示。

图 9-5 文字样式结果

9.1.2 创建单行文字

可以使用单行文字创建一行或多行文字，其中每行文字都是独立的对象，可对其进行重定位、调整格式或进行其他修改。

执行【单行文字】命令的方法有以下几种。

- 菜单栏：选择【绘图】|【文字】|【单行文字】命令。
- 工具栏：单击【文字】工具栏中的【单行文字】按钮 [AI]。
- 命令行：输入 DTEXT、TEXT 或 DT 命令并按 Enter 键。
- 功能区：在【常用】选项卡中，单击【注释】面板【单行文字】按钮 [AI] 单行文字 。

下面通过具体实例讲解单行文字的创建方法。

【课堂举例 9-2】 创建单行文字

01 选择【绘图】|【文字】|【单行文字】命令，创建单行文字，命令行提示如下。

```
命令：_text
当前文字样式："建筑标注样式"  文字高度：20.0000  注释性：否  对正：中间
指定文字的起点 或 [对正(J)/样式(S)]：
    //在绘图区单击，指定文字的起点，如图 9-6 所示
指定高度 <2.5000>：20↵
指定文字的旋转角度 <0>：↵
    //指定文字的旋转角度，输入单行文字标注，最后按 Enter 键两次结束
```

02 创建的单行文字如图 9-7 所示。

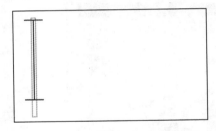

图 9-6　指定文字的起点

AutoCAD2014建筑设计

图 9-7　　创建的单行文字

9.1.3　创建多行文字

【多行文字】命令用于输入含有多种格式的大段文字。与单行文字不同的是，多行文字整体是一个文字对象，每一单行不再是单独的文字对象，也不能单独编辑。

执行【多行文字】命令的方法有以下几种。

- 菜单栏：选择【绘图】|【文字】|【多行文字】命令。
- 工具栏：单击【文字】工具栏中的【多行文字】按钮 A 。
- 命令行：在命令行中输入 MTEXT 或 MT 命令并按 Enter 键。
- 功能区：在【默认】选项卡中，单击【注释】面板上的【多行文字】按钮 A 。

【课堂举例 9-3】　创建多行文字

01 执行【绘图】|【文字】|【多行文字】命令，根据命令行的提示，单击指定多行文字框的第一角点，如图 9-8 所示。

02 拖动鼠标，指定文字框的对角点，确定多行文字的创建区域，如图 9-9 所示。

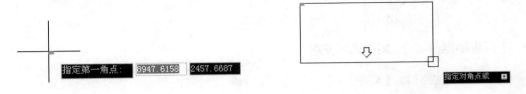

图 9-8　指定第一角点　　　　　　　　　图 9-9　指定对角点

03 系统弹出图 9-10 所示的【文字格式】对话框，在其下方的矩形框中可以输入多行文字的内容，并设置其格式。

04 输入多行文字后，单击【确定】按钮，完成多行文字的创建，如图 9-11 所示。

文字格式
gbenor, gbcbig
20
ByLayer
确定
0.0000
1.0000
1.0000

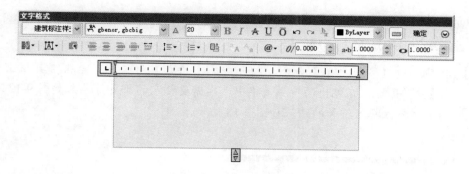

图 9-10　【文字格式】对话框

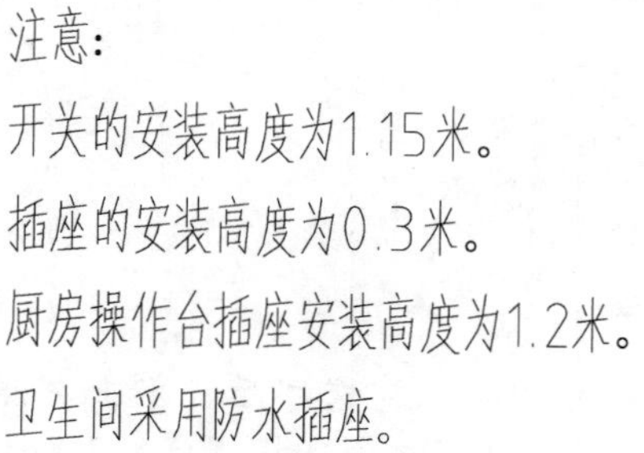

注意:
开关的安装高度为1.15米。
插座的安装高度为0.3米。
厨房操作台插座安装高度为1.2米。
卫生间采用防水插座。

图 9-11　创建的多行文字

9.1.4　输入特殊符号

在绘制文字标注的时候，有时候需要输入一些特殊的符号，如直径、半径、百分比等符号。这些特殊字符不能从键盘上直接输入，因此 AutoCAD 提供了相应的控制符，以实现标注需要。

常用的一些控制符如表 9-1 所示。

表 9-1　特殊符号的代码及含义

控 制 符	含　　义
%%C	Ø直径符号
%%P	±正负公差符号
%%D	(°)度
%%O	上划线
%%U	下划线

提示

在 AutoCAD 的控制符中，“%%O”和“%%U”分别是上划线与下划线的开关。第一次出现此符号时，可打开上划线或下划线；第二次出现此符号时，则会关掉上划线或下划线。

下面通过具体实例讲解特殊符号输入的多种方法。

【课堂举例9-4】 插入特殊符号

01 执行 MT【多行文字】命令，打开【文字格式】对话框。单击工具栏上的【符号】按钮 @▾ ，在弹出的下拉菜单中选择需要插入的正负符号，如图9-12所示。

02 为文字标注插入符号的结果如图9-13所示。

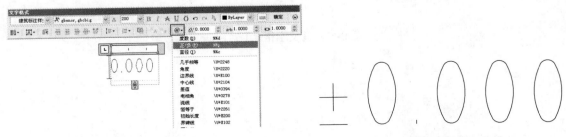

图 9-12 下拉菜单 　　　　　　　　　　图 9-13 绘制正负符号

03 在【文字格式】对话框中输入完文字后，单击右键，在弹出的快捷菜单中选择【符号】子菜单项，在下级菜单中选择【度数】命令，如图9-14所示。

04 插入度数符号的结果如图9-15所示。

图 9-14 选择【符号】子菜单 　　　　　　图 9-15 插入度数符号

9.1.5　编辑文字内容

单行文字和多行文字在创建完成后，还可以对文字标注内容、格式进行编辑修改，使文字的内容或样式符合要求。

执行【编辑文字】命令的方法有以下几种。

● 命令行：输入 DDEDIT/ED 并按 Enter 键。

● 工具栏：单击【文字】工具栏中的【编辑文字】按钮 A⁄ 。

● 菜单栏：执行【修改】|【对象】|【文字】|【编辑】命令。

下面通过具体实例讲解编辑文字内容的操作方法。

【课堂举例 9-5】　编辑文字内容

01　按下 Ctrl+O 快捷键，打开配套光盘"素材\9.1.5 编辑文字内容.dwg"文件。

02　双击绘图区多行文字，系统弹出【文字格式】对话框。选择待编辑修改的文字，
　　单击工具栏上的【编号】按钮，在弹出的下拉列表中选择【以数字标记】选项，
　　如图 9-16 所示。

03　系统自动为每行文字添加数字编号，结果如图 9-17 所示。

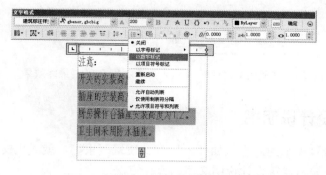

图 9-16　选择【以数字标记】选项　　　　　　　图 9-17　创建编号结果

04　选择"注意："文字，单击工具栏上的【下划线】按钮，如图 9-18 所示。

05　创建下划线的文字效果，如图 9-19 所示。

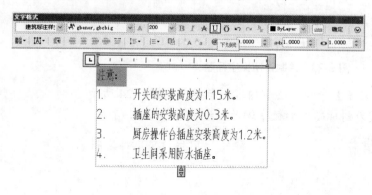

图 9-18　选择文字内容　　　　　　　　图 9-19　创建下划线格式

06　单击【文字格式】对话框右方的【选项】按钮，在弹出的下拉列表中选择【段
　　落】选项，如图 9-20 所示。

07　系统弹出【段落】对话框，选中右下角的【段落行距】复选框，并设置行距值，
　　如图 9-21 所示，以控制各行文字之间的距离。

08　单击【确定】按钮，分别关闭【段落】对话框和【文字格式】对话框，最终完成
　　的多行文字结果如图 9-22 所示。

注意:

1. 开关的安装高度为1.15米。

2. 插座的安装高度为0.3米。

3. 厨房操作台插座安装高度为1.2米。

4. 卫生间采用防水插座。

图 9-20　选择【段落】选项　　　　图 9-21　【段落】对话框　　　　图 9-22　最终效果

9.1.6　实例——创建建筑设计说明书

在施工图纸上无法用线型或者符号表示的内容，如技术标准、质量要求等，就要用文字形式加以说明。本实例介绍创建及编辑建筑设计说明文字的操作方法。

01　调用 MT【多行文字】命令，绘制说明文字标题，如图 9-23 所示。

房屋建筑设计说明书

图 9-23　绘制说明文字标题

02　重复调用 MT【多行文字】命令，绘制内容副标题，如图 9-24 所示。

03　以"大写字母"样式为副标题增加数字编号，结果如图 9-25 所示。

房屋建筑设计说明书	房屋建筑设计说明书
设计范围	A.　设计范围
设计内容	B.　设计内容
设计规模和性质	C.　设计规模和性质
建筑构造概述	D.　建筑构造概述
图 9-24　绘制内容副标题	图 9-25　增加编号

04　在副标题的后面增加正文内容，结果如图 9-26 所示。

05　为副标题添加"加下划线"格式，结果如图 9-27 所示。

06　对正文标题执行"居中"、加大字号以及增加行距操作，结果如图 9-28 所示。完成建筑设计说明书的创建。

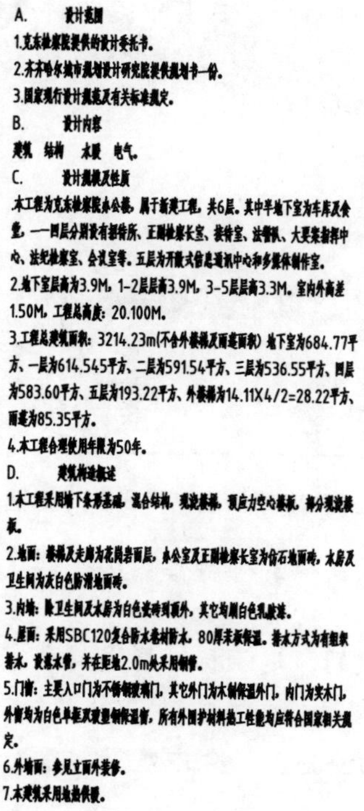

A. 设计范围
1.克东检察院提供的设计委托书。
2.齐齐哈尔城市规划设计研究院提供规划书一份。
3.国家现行设计规范及有关标准规定。
B. 设计内容
建筑 结构 水暖 电气。
C. 设计规模及性质
.本工程为克东检察院办公楼，属于新建工程，共6层。其中半地下室为车库及食堂，一一四层分别设有招待所、正副检察长室、接待室、法警队、大要案指挥中心、法纪检察室、会议室等。五层为开敞式信息通讯中心和多媒体制作室。
2.地下室层高为3.9M，1-2层层高3.9M，3-5层层高3.3M。室内外高差1.50M，工程总高度：20.100M。
3.工程总建筑面积：3214.23m(不含外楼梯及雨篷面积) 地下室为684.77平方、一层为614.545平方、二层为591.54平方、三层为536.55平方、四层为583.60平方、五层为193.22平方、外楼梯为14.11X4/2=28.22平方、雨篷为85.35平方。
4.本工程合理使用年限为50年。
D. 建筑构造概述
1.本工程采用墙下条形基础，混合结构，现浇楼梯，预应力空心楼板，部分现浇楼板。
2.地面：楼梯及走廊为花岗岩面层，办公室及正副检察长室为仿石地面砖，水房及卫生间为灰白色防滑地面砖。
3.内墙：除卫生间及水房为白色瓷砖到顶外，其它均刷白色乳胶漆。
4.屋面：采用SBC120复合防水卷材防水，80厚苯板保温。排水方式为有组织排水，设落水管，并在距地2.0m处采用钢管。
5.门窗：主要入口门为不锈钢玻璃门，其它外门为木制保温外门，内门为实木门，外窗均为白色单框双玻塑钢保温窗，所有外围护材料热工性能均应符合国家相关规定。
6.外墙面：参见立面外装修。
7.本建筑采用地热供暖。

图 9-26 增加正文内容

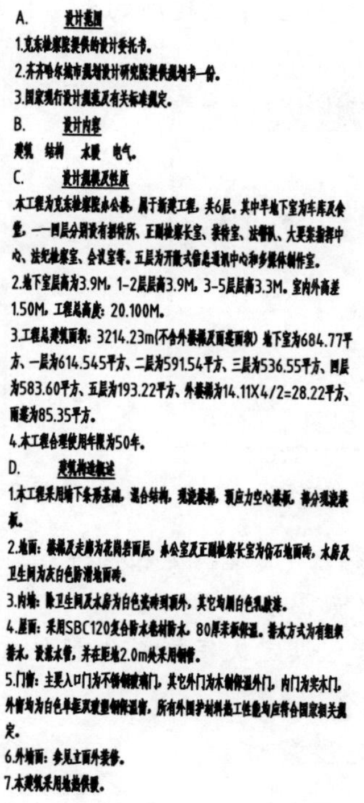

A. 设计范围
1.克东检察院提供的设计委托书。
2.齐齐哈尔城市规划设计研究院提供规划书一份。
3.国家现行设计规范及有关标准规定。
B. 设计内容
建筑 结构 水暖 电气。
C. 设计规模及性质
.本工程为克东检察院办公楼，属于新建工程，共6层。其中半地下室为车库及食堂，一一四层分别设有招待所、正副检察长室、接待室、法警队、大要案指挥中心、法纪检察室、会议室等。五层为开敞式信息通讯中心和多媒体制作室。
2.地下室层高为3.9M，1-2层层高3.9M，3-5层层高3.3M。室内外高差1.50M，工程总高度：20.100M。
3.工程总建筑面积：3214.23m(不含外楼梯及雨篷面积) 地下室为684.77平方、一层为614.545平方、二层为591.54平方、三层为536.55平方、四层为583.60平方、五层为193.22平方、外楼梯为14.11X4/2=28.22平方、雨篷为85.35平方。
4.本工程合理使用年限为50年。
D. 建筑构造概述
1.本工程采用墙下条形基础，混合结构，现浇楼梯，预应力空心楼板，部分现浇楼板。
2.地面：楼梯及走廊为花岗岩面层，办公室及正副检察长室为仿石地面砖，水房及卫生间为灰白色防滑地面砖。
3.内墙：除卫生间及水房为白色瓷砖到顶外，其它均刷白色乳胶漆。
4.屋面：采用SBC120复合防水卷材防水，80厚苯板保温。排水方式为有组织排水，设落水管，并在距地2.0m处采用钢管。
5.门窗：主要入口门为不锈钢玻璃门，其它外门为木制保温外门，内门为实木门，外窗均为白色单框双玻塑钢保温窗，所有外围护材料热工性能均应符合国家相关规定。
6.外墙面：参见立面外装修。
7.本建筑采用地热供暖。

图 9-27 操作结果

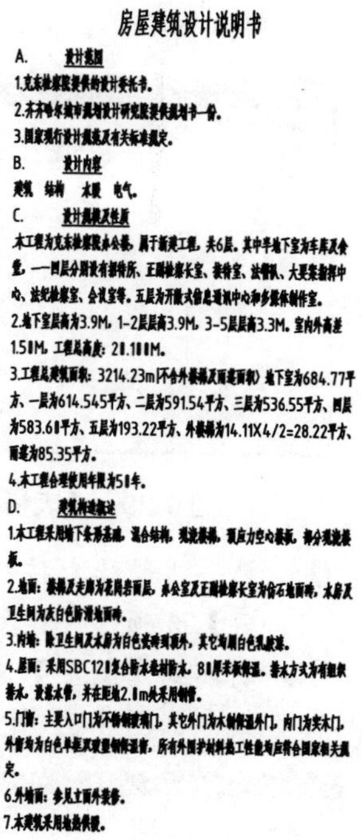

房屋建筑设计说明书
A. 设计范围
1.克东检察院提供的设计委托书。
2.齐齐哈尔城市规划设计研究院提供规划书一份。
3.国家现行设计规范及有关标准规定。
B. 设计内容
建筑 结构 水暖 电气。
C. 设计规模及性质
.本工程为克东检察院办公楼，属于新建工程，共6层。其中半地下室为车库及食堂，一一四层分别设有招待所、正副检察长室、接待室、法警队、大要案指挥中心、法纪检察室、会议室等。五层为开敞式信息通讯中心和多媒体制作室。
2.地下室层高为3.9M，1-2层层高3.9M，3-5层层高3.3M。室内外高差1.50M，工程总高度：20.100M。
3.工程总建筑面积：3214.23m(不含外楼梯及雨篷面积) 地下室为684.77平方、一层为614.545平方、二层为591.54平方、三层为536.55平方、四层为583.60平方、五层为193.22平方、外楼梯为14.11X4/2=28.22平方、雨篷为85.35平方。
4.本工程合理使用年限为50年。
D. 建筑构造概述
1.本工程采用墙下条形基础，混合结构，现浇楼梯，预应力空心楼板，部分现浇楼板。
2.地面：楼梯及走廊为花岗岩面层，办公室及正副检察长室为仿石地面砖，水房及卫生间为灰白色防滑地面砖。
3.内墙：除卫生间及水房为白色瓷砖到顶外，其它均刷白色乳胶漆。
4.屋面：采用SBC120复合防水卷材防水，80厚苯板保温。排水方式为有组织排水，设落水管，并在距地2.0m处采用钢管。
5.门窗：主要入口门为不锈钢玻璃门，其它外门为木制保温外门，内门为实木门，外窗均为白色单框双玻塑钢保温窗，所有外围护材料热工性能均应符合国家相关规定。
6.外墙面：参见立面外装修。
7.本建筑采用地热供暖。

图 9-28 编辑标题样式

9.2 使用表格绘制图形

表格可以清晰明了且图文并茂地表达设计内容。在建筑制图中，经常以表格的形式来绘制图纸目录表，以列表的方式书写各类图纸名称与其相对应的备注说明。本节介绍绘制和编辑表格的操作方法。

9.2.1 创建表格样式

在绘制表格之前，首先应定义表格的样式，以便按照所定义的样式来创建表格。表格的样式内容包括表格的文字样式、对齐方式、边框样式等。

执行【表格样式】命令的方法有以下几种。

- 菜单栏：选择【格式】|【表格样式】命令。
- 工具栏：单击【样式】工具栏中的【表格样式】按钮。
- 命令行：输入 TABLESTYLE 或 TS 并按 Enter 键。
- 功能区：在【注释】选项卡中，单击【表格】面板右下角的按钮。

下面以具体实例讲解表格样式的创建方法。

【课堂举例 9-6】 创建表格样式

01 选择【格式】|【表格样式】命令，系统弹出图 9-29 所示的【表格样式】对话框。

02 单击【新建】按钮，系统弹出【创建新的表格样式】对话框，在其中定义新表格
样式的名称，如图 9-30 所示。

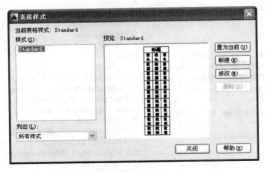

图 9-29　【表格样式】对话框　　　　　图 9-30　【创建新的表格样式】对话框

03 单击【继续】按钮，系统弹出【新建表格样式：建筑表格】对话框。切换到【常
规】选项卡，设置参数如图 9-31 所示。

04 切换到【文字】选项卡，设定文字样式为前面所创建的"建筑标注样式"文字样
式，如图 9-32 所示。

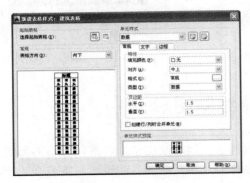

图 9-31　【新建表格样式：建筑表格】对话框　　　图 9-32　【文字】选项卡

05 切换到【边框】选项卡，单击【所有边框】按钮⊞，选定表格的边框样式，如
图 9-33 所示。

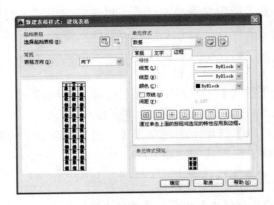

图 9-33　【边框】选项卡

06 单击【确定】按钮，返回【表格样式】对话框。选择新建的表格样式，单击【置为当前】按钮。单击【关闭】按钮，完成表格样式的设置。

9.2.2 绘制表格

设置表格样式之后，可以根据样式创建所需的表格。

执行【新建表格】命令的方法有以下几种。

- ● 菜单栏：选择【绘图】|【表格】命令。
- ● 工具栏：单击【绘图】工具栏中的【表格】按钮▦。
- ● 命令行：输入 TABLE 或 TB 命令并按 Enter 键。
- ● 功能区：在【默认】选项卡中，单击【注释】面板中的【表格】按钮▦。

设置完表格样式之后，就可以根据绘图需要创建表格了。

【课堂举例 9-7】 绘制表格

01 执行【绘图】|【表格】命令，系统弹出【插入表格】对话框。设置表格的行、列参数，如图 9-34 所示。

02 单击【确定】按钮关闭对话框，在绘图区点取表格插入点，创建表格的结果如图 9-35 所示。

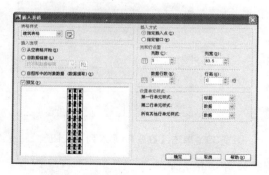

图 9-34 【插入表格】对话框

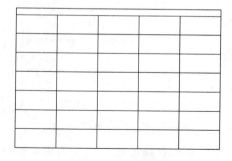

图 9-35 创建表格

9.2.3 编辑表格

直接创建的表格一般都不能满足要求，用户可以通过修改表格的宽度、高度，或者通过行、列方式删除表格单元格或者合并相邻单元格，以得到所需的效果。

【课堂举例 9-8】 编辑表格

01 按 Ctrl+O 快捷键，打开配套光盘提供的"第 9 章\9.2.3 编辑表格.dwg"素材文件，结果如图 9-36 所示。

02 单击待编辑的表格，系统弹出【表格】对话框。选中其中的一行，单击【在上方插入行】按钮▦，如图 9-37 所示。

03 系统即在选定的行上插入新行，结果如图 9-38 所示。

04 选定一列，单击【在左侧插入列】按钮▦，如图 9-39 所示。

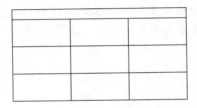

图 9-36　　打开素材

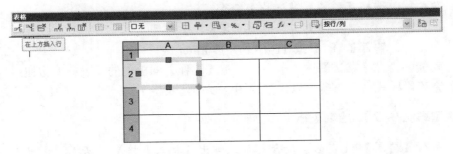

图 9-37　　单击【在上方插入行】按钮

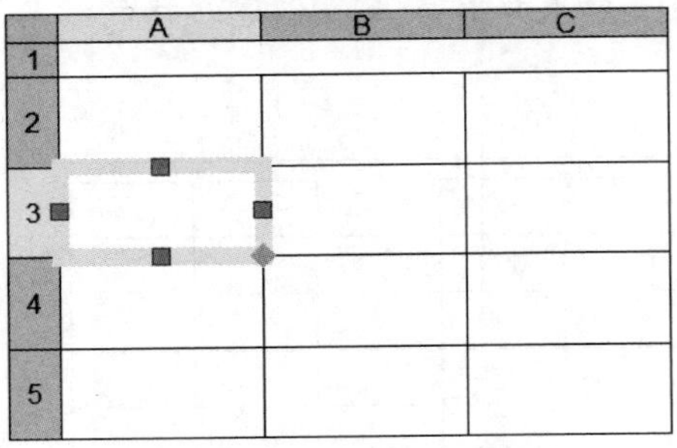

图 9-38　插入新行　　　　　　　　图 9-39　单击【在左侧插入列】按钮

05 系统在指定的列的左侧插入新列，结果如图 9-40 所示。

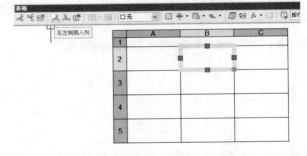

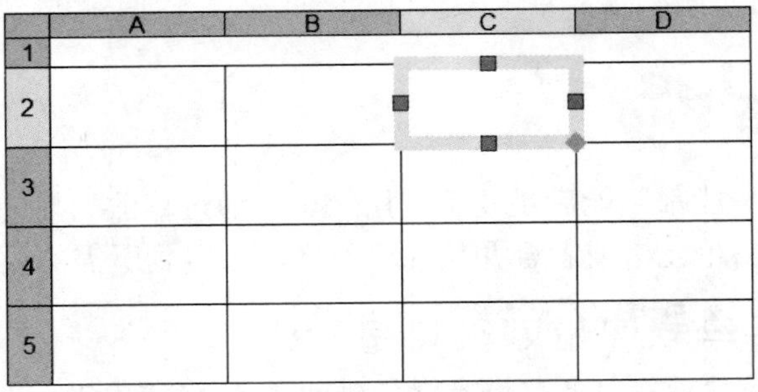

图 9-40　插入新列

06 选定待合并的表格，单击【合并单元】按钮 ▦▾，在弹出的下拉列表中选择【全部】选项，如图 9-41 所示。

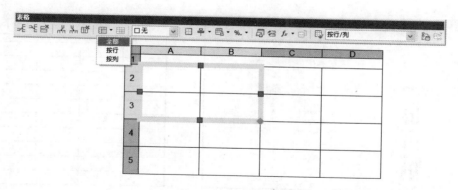

图 9-41　选定待合并的表格

07 合并所选单元格的结果如图 9-42 所示。

08 此外，选择【行合并】的结果如图 9-43 所示。

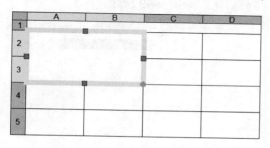

图 9-42　合并所选单元格

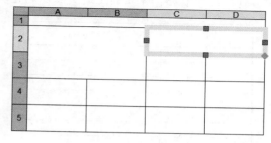

图 9-43　行合并

09 选择【列合并】的结果如图 9-44 所示。

10 编辑表格的最终结果如图 9-45 所示。

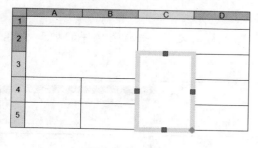

图 9-44　列合并

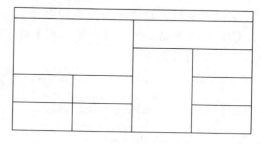

图 9-45　编辑表格效果

9.2.4　实例——绘制建筑图纸目录

本实例介绍使用表格创建通用的建筑图纸目录的方法。

01 在命令行中输入 TABLE 命令并按 Enter 键，系统弹出【插入表格】对话框，设置参数如图 9-46 所示。

02 单击【确定】按钮，在绘图区指定表格的插入点，绘制表格的结果如图 9-47 所示。

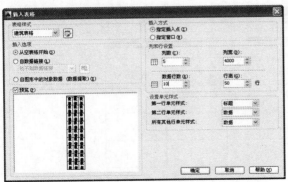

图 9-46 【插入表格】对话框

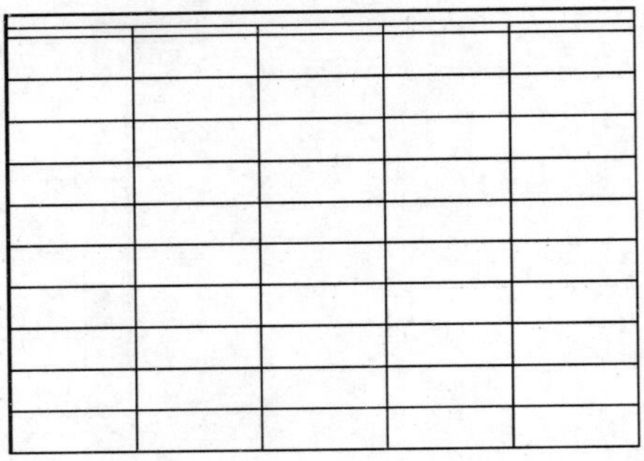

图 9-47 绘制表格

03 执行表格合并操作，结果如图 9-48 所示。

04 选中表格，单击列上的夹点以调整表格的列宽，如图 9-49 所示。

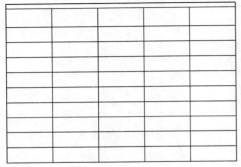

图 9-48 表格合并

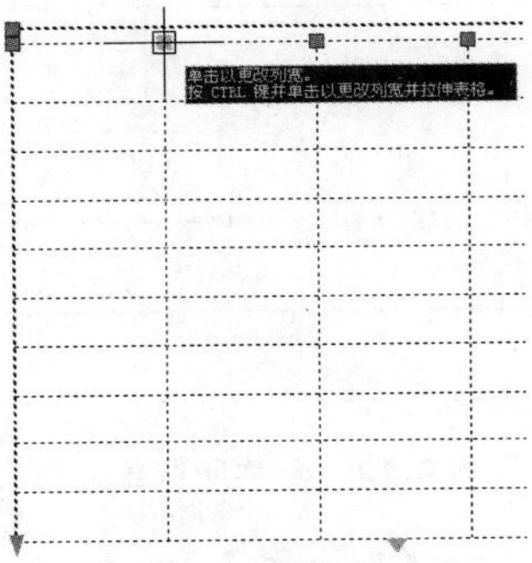

图 9-49 选择夹点

05 调整列宽的结果如图 9-50 所示。

06 双击表格，弹出【文字格式】对话框。输入标注文字，并设置文字的对正方式，如图 9-51 所示。

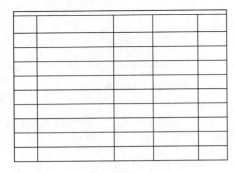

图 9-50 调整列宽

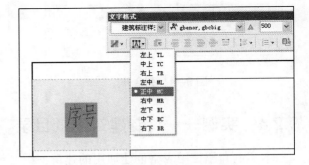

图 9-51 设置文字的对正方式

07 表格标题栏文字的输入结果如图 9-52 所示。

08 重复操作，输入序号标注文字，字号要比标题栏的文字小一号，结果如图 9-53 所示。

序号	图纸名称	图号	幅面代号	备注

图 9-52　输入标题栏文字

序号	图纸名称	图号	幅面代号	备注
1				
2				
3				
4				
5				
6				
7				
8				
9				

图 9-53　输入序号标注文字

09 重复操作，绘制图纸目录的内容，结果如图 9-54 所示。

10 调用 MT【多行文字】目录，绘制图纸目录标题，结果如图 9-55 所示。

序号	图纸名称	图号	幅面代号	备注
1	总平面图	建施-1	A2	
2	施工说明	建施-2	A2	
3	地下室平面图	建施-3	A2	
4	一层平面图	建施-4	A2	
5	二层平面图	建施-5	A2	
6	层顶平面图	建施-6	A2	
7	①-⑦ 立面 Ⓐ-Ⓖ 立面	建施-7	A2	
8	⑦-① 立面 Ⓖ-Ⓐ 立面	建施-8	A2	
9	1-1剖面 2-2剖面	建施-9	A2	

图 9-54　绘制图纸目录的内容

建筑图纸目录

序号	图纸名称	图号	幅面代号	备注
1	总平面图	建施-1	A2	
2	施工说明	建施-2	A2	
3	地下室平面图	建施-3	A2	
4	一层平面图	建施-4	A2	
5	二层平面图	建施-5	A2	
6	层顶平面图	建施-6	A2	
7	①-⑦ 立面 Ⓐ-Ⓖ 立面	建施-7	A2	
8	⑦-① 立面 Ⓖ-Ⓐ 立面	建施-8	A2	
9	1-1剖面 2-2剖面	建施-9	A2	

图 9-55　绘制图纸目录标题

11 绘制目录边框。调用 REC【矩形】命令，绘制矩形如图 9-56 所示。建筑图纸目录绘制完成。

建筑图纸目录

序号	图纸名称	图号	幅面代号	备注
1	总平面图	建施-1	A2	
2	施工说明	建施-2	A2	
3	地下室平面图	建施-3	A2	
4	一层平面图	建施-4	A2	
5	二层平面图	建施-5	A2	
6	层顶平面图	建施-6	A2	
7	①-⑦ 立面 Ⓐ-Ⓖ 立面	建施-7	A2	
8	⑦-① 立面 Ⓖ-Ⓐ 立面	建施-8	A2	
9	1-1剖面 2-2剖面	建施-9	A2	

2000 2000 500 500

图 9-56　绘制目录边框

9.3　思考与练习

一、选择题

1. 打开【文字样式】对话框的方式有(　　)。

　　A. 选择【格式】|【文字样式】命令

　　B. 单击【样式】工具栏上的【文字样式】按钮

　　C. 在命令行中输入 ST 命令并按 Enter 键

　　D. 选择【编辑】|【文字样式】命令

2. 调用 MT【多行文字】命令，在绘图区拖动鼠标单击指定文字编辑框的对角点，可以弹出(　　)对话框。

　　A. 【文字格式】　　　　　　　　B. 【文字样式】

　　C. 【多行文字】　　　　　　　　D. 【文字输入】

3. 输入特殊符号的方式有(　　)。

　　A. 在【文字格式】对话框中单击【符号】按钮，在弹出的列表中选择符号

　　B. 选择【插入】|【特殊符号】命令

　　C. 自行绘制特殊符号

　　D. 在文字编辑框中单击右键，在菜单中选择【符号】选项

4. 绘制表格的方式有(　　)。

　　A. 选择【绘图】|【表格】命令　　　　B. 选择【编辑】|【表格】命令

　　C. 输入 TB 按下 Enter 键　　　　　　D. 输入 BT 并按 Enter 键

5. 调出【表格】对话框的方式为(　　)。

　　A. 双击表格

　　B. 选择表格，单击右键，在右键菜单中选择【编辑】选项

　　C. 单击表格单元格

　　D. 选择表格，执行【修改】|【表格】命令

二、操作题

1. 调用 MT【多行文字】命令，绘制施工说明文字，结果如图 9-57 所示。

施工注意事项

1 预埋、预留铁件均需红丹打底防锈，凡露明者，加罩面油漆二度，颜色均与相邻墙、顶同色（除专业工种水、电、暖有特殊颜色要求外）。预埋木构件均做非沥青类防腐处理。

2 本设计未考虑冬季和雨季施工，施工中应做相应的防雨和防冻措施，屋顶应避免雨季施工。

图 9-57　绘制文字说明

2. 调用 TB【表格】命令，绘制如图 9-58 所示的表格。

3. 单击表格单元格，弹出【表格】对话框。选择待合并的单元格，在对话框中选择合并方式，完成合并操作的结果如图 9-59 所示。

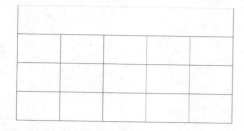

图 9-58 创建表格

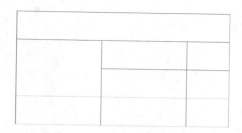

图 9-59 编辑表格

第 10 章

尺寸标注

➔ 本章导读

　　文字标注可以表达图形的设计理念；尺寸标注可以标注图形各部分的尺寸，为施工人员的施工提供参考。在绘制尺寸标注之前，应先设置尺寸标注的样式，以统一标注的格式和外观。

➔ 学习目标

➢ 了解和熟悉室内标注的相关规定。

➢ 掌握标注样式的创建和修改方法。

➢ 掌握线性、对齐、角度、半径等常用尺寸标注方法。

➢ 掌握多重引线标注的方法。

➢ 掌握编辑标注和文字的方法。

10.1　标　注　样　式

在绘制建筑施工图时，图形仅能表达物体的形状，所以必须标注完整的尺寸数据并配以相关的文字说明，才能作为施工等工作的依据。

10.1.1　建筑标注的规定

《房屋建筑制图统一标准》GB/T 50001—2010 规定了尺寸标注的画法，下面做简单介绍。

图形的尺寸标注由尺寸界线、尺寸线、尺寸起止符号和尺寸数字组成。这些组成元素缺一不可，尺寸标注的结果如图 10-1 所示。

尺寸界线应用细实线绘制，一般应与被注长度垂直，其一端离开图样轮廓线不应小于 2mm，另一端宜超出尺寸线 2～3mm。图样轮廓线可以用作尺寸界线，如图 10-2 所示。

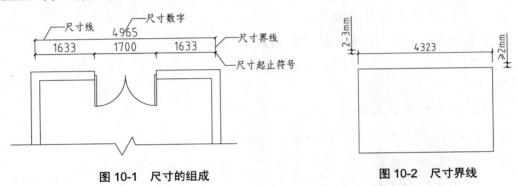

图 10-1　尺寸的组成　　　　　　　　图 10-2　尺寸界线

尺寸线应与被注长度平行，图样本身的任何图线均不得用作尺寸线。

尺寸起止符号一般使用中粗斜短线绘制，其倾斜方向应与尺寸界线成顺时针 45°角，长度宜为 2～3mm。半径、直径、角度与弧长的尺寸起止符号，宜用箭头表示，如图 10-3 所示。

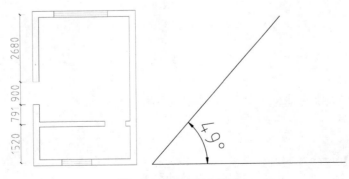

图 10-3　尺寸起止符号

国标规定，工程图样上标注的尺寸，除标高及总平面图以米(m)为单位外，其余尺寸一般以毫米(mm)为单位，图上尺寸数字都不再注写单位。假如使用其他单位，必须予以说明。另外，图样上的尺寸，应以所标注尺寸数字为准，不得从图样上直接量取。

10.1.2 创建标注样式

标注样式的创建和编辑通常通过【标注样式管理器】对话框完成。

打开该对话框有以下几种方法。

- 菜单栏：选择【格式】|【标注样式】命令。
- 工具栏：单击【样式】工具栏中的【标注样式】按钮 。
- 命令行：输入 DIMSTYLE 或 D 命令并按 Enter 键。
- 功能区：单击【注释】面板中【标注】面板右下角的按钮 。

执行上述任何一种操作后，将打开图 10-4 所示的【标注样式管理器】对话框，在该对话框中可以创建新的尺寸标注样式。对话框内各选项含义如下。

- 【样式】列表框：用来显示已创建的尺寸样式列表，其中蓝色背景显示的是当前尺寸样式。
- 【列出】下拉列表框：用来控制【样式】区域显示的是"所用样式"还是"正在使用的样式"。
- 【预览】区域：用来显示当前样式的预览效果。

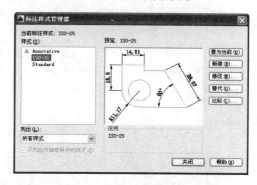

图 10-4 【标注样式管理器】对话框

下面通过具体实例讲解标注样式的创建方法。

【课堂举例 10-1】 创建标注样式

01 执行【格式】|【标注样式】命令，系统弹出图 10-5 所示的【标注样式管理器】对话框。

02 单击【新建】按钮，系统弹出【创建新标注样式】对话框。定义新标注样式的名称，结果如图 10-6 所示。

03 单击【继续】按钮关闭对话框，进入【新建标注样式：新样式】对话框。单击【确定】按钮关闭对话框，返回【标注样式管理器】对话框。查看方才新建的标注样式，如图 10-7 所示。

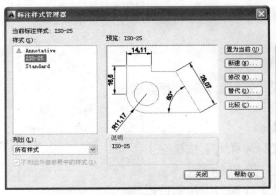

图 10-5　【标注样式管理器】对话框

图 10-6　【创建新标注样式】对话框

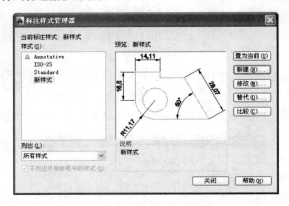

图 10-7　新建标注样式

10.1.3　修改标注样式

　　新创建的标注样式，其各项属性参数都为系统默认设置，需要对其进行一定的更改，才能符合特定的标注需求。在【标注样式管理器】对话框中选择待修改的标注样式，单击【修改】按钮，打开【修改标注样式：建筑标注】对话框，如图 10-8 所示。可以对标注样式进行修改，包括【线】、【箭头样式】、【文字】等内容的重新设置。

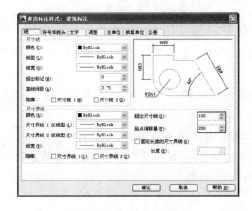

图 10-8　【线】选项卡

1. 【线】选项卡

在【新建标注样式】对话框中切换到【线】选项卡，其下面的面板可以设置尺寸线、延伸线的格式和特性。

【尺寸线】选项组用于设置尺寸的颜色、线宽、超出标记及基线间距等属性，各选项含义具体如下。

- 【颜色】、【线型】、【线宽】下拉列表框：分别用来设置尺寸线的颜色、线型和线宽。一般保持默认值"ByBlock"(随块)即可。
- 【超出标记】文本框：用于设置尺寸线超出量。当尺寸箭头符号为 45°的粗短斜线、建筑标记、完整标记或无标记时，可以设置尺寸线超过尺寸界线外的距离，如图 10-9 所示。
- 【基线间距】文本框：用于设置基线标注中尺寸线之间的间距。
- 【隐藏】复选项：用于控制尺寸线的可见性。

【尺寸界线】选项组用于确定尺寸界线的形式，其区域内各选项的含义说明如下。

- 【颜色】、【线型】、【线宽】下拉列表框：分别表示设置尺寸界线的颜色、线型和线宽。一般保持默认值"ByBLock"(随块)即可。
- 【超出尺寸线】文本框：用于设置尺寸界线超出量，及尺寸界线在尺寸线上方超出的距离，如图 10-10 所示。

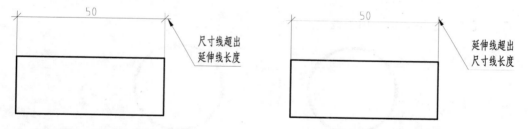

图 10-9　超出标记示意图　　　　　　　　图 10-10　超出尺寸线示意图

- 【起点偏移量】文本框：用于设置尺寸界线起点到被标注点之间的偏移距离，如图 10-11 所示。尺寸界线超出量和偏移量是尺寸标注的两个常用的设置。

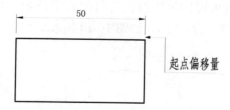

图 10-11　起点偏移量示意图

- 【隐藏】复选项：用于控制尺寸界线的可见性，可分别控制两条尺寸界限是否隐藏。

2. 【符号和箭头】选项卡

在【符号和箭头】选项卡中，可以设置箭头、圆心标记、弧长符号和半径折弯标注的格式与位置。

在【箭头】选项组里可以设置尺寸标注的箭头样式和大小，各选项卡含义如下。

- 【第一个】、【第二个】下拉列表框：用于设置尺寸标注中第一个标注箭头和第二个标注箭头的外观样式。在建筑绘图中通常设为"建筑标记"或"倾斜"样式。机械制图中通常设为"实心闭合"样式，如图 10-12 所示。

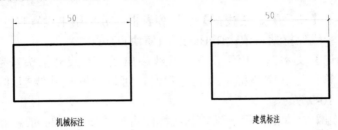

图 10-12　标注符号类型

- 【引线】下拉列表框：用于设置快速引线标注中箭头的类型。
- 【箭头大小】微调框：用于设置尺寸标注中箭头的大小。

在【圆心标记】选项组里可以设置尺寸标注中圆心标记的格式。各选项含义如下。

- 【无】、【标记】、【直线】单选按钮：用于设置圆心标记的类型，如图 10-13 所示。
- 【大小】微调框：用于设置圆心标记的显示大小。

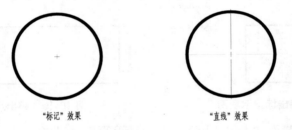

图 10-13　圆心标注的类型

在【弧长符号】选项组里可以设置弧长符号的显示位置，包括"标注文字的前缀""标注文字的上方"和"无"三种方式，如图 10-14 所示。

图 10-14　弧长标注的类型

3.【文字】选项卡

在【文字】选项卡中，可以对尺寸标注中标注文字的外观、位置和对齐方式进行设置，如图 10-15 所示。

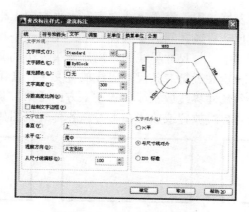

图 10-15 【文字】选项卡

在【文字外观】选项组里可以设置标注文字的样式、颜色、填充颜色、文字高度等参数。各选项含义如下。

- 文字样式：用于选择标注的文字样式。可以单击其后的 按钮，系统弹出【文字样式】对话框，选择文字样式或新建文字样式。
- 文字颜色：用于设置文字的颜色，也可以使用变量 DIMCLRT 设置。
- 填充颜色：用于设置标注文字的背景颜色。
- 文字高度：设置文字的高度，也可以使用变量 DIMCTXT 设置。
- 分数高度比例：设置标注文字的分数相对于其他标注文字的比例，AutoCAD 将该比例值与标注文字高度的乘积作为分数的高度。
- 绘制文字边框：设置是否给标注文字加边框。

在【文字位置】选项组中可以设置文字的垂直、水平位置以及从尺寸线的偏移量，各选项的功能说明如下。

- "垂直"下拉列表：用于设置标注文字相对于尺寸线在垂直方向的位置，如【居中】、【上/下】、【外部】和 JIS。其中，选择【居中】可以把标注文字放在尺寸线中间；选择【上】选项，将把标注文字放在尺寸线的上方；选择【外部】选项可以把标注文字放在远离第一定义点的尺寸线一侧；选择 JIS 选项按 JIS(日本工业标准)放置标注文字即总是把文字水平放于尺寸线上方，不考虑文字是否与尺寸线平行。各种效果如图 10-16 所示。

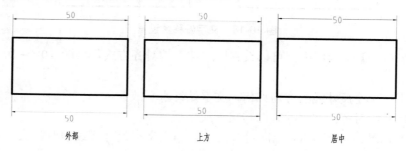

图 10-16 尺寸文字在垂直方向上的相应位置

- 【水平】下拉列表框：用于设置尺寸文字在水平方向上相对于尺寸界线的位置。【居中】表示在尺寸界线之间居中放置文字；【第一条尺寸界线】表示靠近第一条尺寸界线放置文字，与尺寸界线的距离是箭头大小加文字偏移量的两倍；【第二条尺寸界线】表示靠近第二条尺寸界线放置文字；【第一条尺寸界线上方】表示将文字沿第一条尺寸界线放置或放置在上方；【第二条尺寸界线上方】表示将文字沿第二条尺寸界线放置或放置在上方。各种效果图如图 10-17 所示。

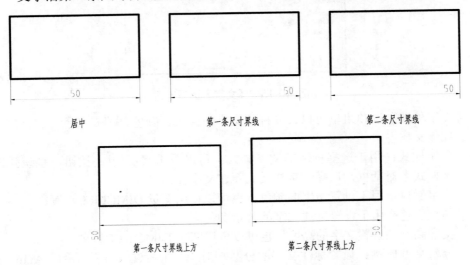

图 10-17　尺寸文字在水平方向上的相对位置

- 【从尺寸线偏移】微调框：用于设置文字偏移量，及尺寸文字和尺寸线之间的间距，如图 10-18 所示。

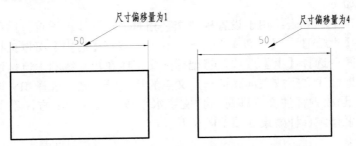

图 10-18　文字偏移量设置

在【文字对齐】选项组中，可以设置标注文字的对齐方式，如图 10-19 所示。各选项的含义如下。

- 水平：无论尺寸线的方向如何，文字始终水平放置。
- 与尺寸线对齐：文字的方向与尺寸线平行。
- ISO 标准：按照 ISO 标准对齐文字。当文字在尺寸界线内时，文字与尺寸线对齐。当文字在尺寸界线外时，文字水平排列。

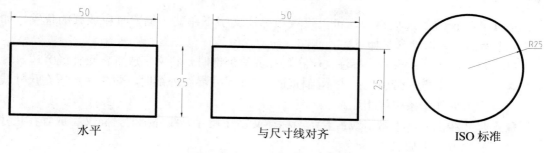

图 10-19 尺寸文字对齐方式

4. 【调整】选项卡

在【调整】选项卡中，可以设置标注文字、尺寸线、尺寸箭头的位置，如图 10-20 所示。

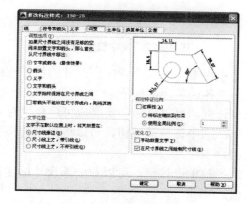

图 10-20 【调整】选项卡

在【调整选项】选项组中，可以确定当尺寸界线之间没有足够的空间同时放置标注文字和箭头时，应从尺寸界线之间移出的对象。如图 10-21 所示，各选项含义如下。

- 文字或箭头(最佳效果)：表示由系统选择一种最佳方式来安排尺寸文字和尺寸箭头的位置。
- 箭头：表示将尺寸箭头放在尺寸界线外侧。
- 文字：表示将标注文字放在尺寸界线外侧。
- 文字和箭头：表示将标注文字和尺寸线都放在尺寸界线外侧。
- 文字始终保持在尺寸界线之间：表示标注文字始终放在尺寸界线之间。
- 若箭头不能放在尺寸界线内，则将其消除：表示当尺寸界线之间不能放置箭头时，不显示标注箭头。

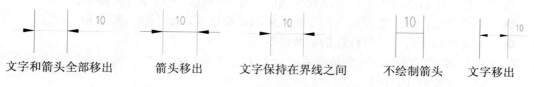

图 10-21 尺寸要素调整

在【文字位置】选项组中，可以设置当标注文字不在默认位置时应放置的位置，如图 10-22 所示，各选项含义如下。

- 尺寸线旁边：表示当标注文字在尺寸界线外部时，将文字放置在尺寸线旁边。
- 尺寸线上方，带引线：表示当标注文字在尺寸界线外部时，将文字放置在尺寸线上方并加一条引线相连。
- 尺寸线上方，不带引线：表示当标注文字在尺寸界线外部时，将文字放置在尺寸线上方，不加引线。

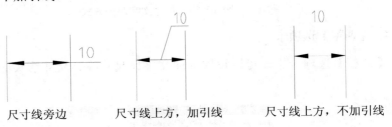

尺寸线旁边　　　尺寸线上方，加引线　　　尺寸线上方，不加引线

图 10-22　文字位置调整

在【标注特性比例】选项组中，可以设置标注尺寸的特征比例以便通过设置全局比例来增加或减少各标注的大小，各选项含义如下。

- 注释性：选择该复选框，可以将标注定义成可注释性对象。
- 将标注缩放到布局：选中该单选按钮，可以根据当前模型空间视口与图纸之间的缩放关系设置比例。
- 使用全局比例：选择该单选按钮，可以对全部尺寸标注设置缩放比例，该比例不改变尺寸的测量值。

在【优化】选项区域中，可以对标注文字和尺寸线进行细微调整，该选项区域包括以下两个复选框。

- 手动放置文字：表示忽略所有水平对正设置并将文字手动放置在"尺寸线位置"的相应位置。
- 在尺寸界线之间绘制尺寸线：表示在标注对象时，始终在尺寸界线间绘制尺寸线。

5.【主单位】选项卡

在【主单位】选项卡中，可以设置标注的单位格式，通常用于机械或辅助设计绘图的尺寸标注，如图 10-23 所示。设置主单位格式时，分线性标注和角度标注两种情况，其主单位分别用来表示长度和角度。

在【线性标注】选项组中，可以设置线性尺寸的单位，各选项含义如下。

- 单位格式：用于选择线性标注所采用的单位格式，如小数、科学和工程等。
- 精度：用于选择线性标注的小数位数。
- 分数格式：用于设置分数的格式。只有在"单位格式"下拉列表框中选择"分数"选项时才可用。

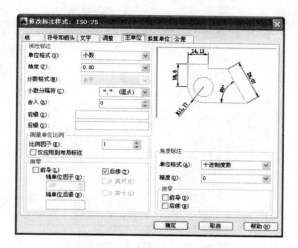

图 10-23 【主单位】选项卡

- 小数分隔符：用于选择小数分隔符的类型。如逗点和句点等。
- 舍入：用于设置非角度测量值的舍入规则。若设置舍入值为 0.5，则所有长度都将被舍入到最接近 0.5 个单位的数值。
- 前缀：用于在标注文字的前面添加一个前缀。
- 后缀：用于在标注文字的后面添加一个后缀。

在【测量单位比例】选项组中，可以设置单位比例和限制使用的范围。各选项的含义如下。

- 比例因子：用于设置线性测量值的比例因子，AutoCAD 将标注测量值与此处输入值相乘。比如输入 3，AutoCAD 将把 1mm 的测量值显示为 3mm。该数值框中的值不影响角度标注效果。
- 仅应用到布局标注：表示只对在布局中创建的标注应用线性比例值。

在【消零】选项组中，可以设置小数消零的参数，用于消除所有小数标注中的前导或后续的零。如选择后续，则 0.3500 变为 0.35。

在【角度标注】选项组中，可以设置角度标注的单位样式。各选项含义如下。

- 单位格式：用于设定角度标注的单位格式。如十进制度数、度/分/秒、百分度、弧度等。
- 精度：用于设定角度标注的小数位数。
- 消零：其含义与线性标注相同。

6. 【换算单位】选项卡

在【换算单位】选项卡中，可以设置不同单位尺寸之间的换算格式及精度，如图 10-24 所示。在 AutoCAD 中，通过换算标注单位，可以换算使用不同测量单位制的标注，通常显示英制标注的等效公制标注，或公制标注的等效英制标注。在标注文字中，换算标注单位显示在主单位旁边的括号[]中。默认情况下该选项卡中的所有内容都呈不可用状态，只有选中【显示换算单位】复选框后，该选项卡中的其他内容才可使用。

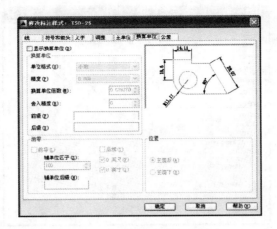

图 10-24   【换算单位】选项卡

在【换算单位】选项组中，可以设置单位换算中的单位格式和精度参数。各选项含义如下。

- 单位格式：用于设置换算单位格式，可以设置为科学、小数、工程等。
- 精度：用于设置换算单位的小数位数。
- 换算单位倍数：可以指定一个倍数，作为主单位和换算单位之间的换算因子。
- 舍入精度：为除角度之外的所有标注类型设置换算单位的舍入规则。
- 前缀：为换算标注文字指定一个前缀。
- 后缀：为换算标注文字指定一个后缀。

在【消零】选项组中，可以设置不输出的前导零和后续零以及值为零的英尺和英寸。

在【位置】选项组中，可设置换算单位的位置，如图 10-25 所示。各选项含义如下。

- 主值后：表示将换算单位放在主单位后面。
- 主值下：表示将换算单位放在主单位下面。

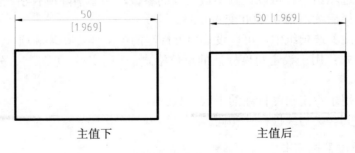

图 10-25   换算尺寸的位置

7. 【公差】选项卡

公差是指允许尺寸的变动量，常用于机械标注中对零件加工的误差范围进行限定。一个完整的公差标注由基本尺寸、上偏差、下偏差组成，如图 10-26 所示。

在【公差】选项卡中可以设置公差的参数，从而创建公差标注，如图 10-27 所示。

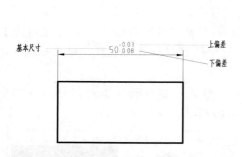

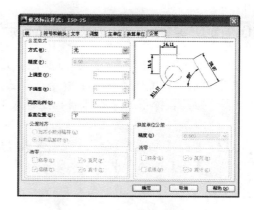

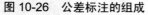

图 10-26　公差标注的组成　　　　　　　　图 10-27　【公差】选项卡

● **方式**：用于设置计算公差的方法。【无】表示不标注公差，选择此项，此卡中的其他选项不可用；【对称】表示当上、下偏差的绝对值相等时，在公差值前加注"±"号，仅需输入上偏差值；【极限偏差】用来设置上下偏差值，自动加注"+"符号在上偏差前面，加注"-"符号在下偏差前面；【极限尺寸】表示直接标注最大和最小极限数值；【基本尺寸】表示只标注基本尺寸，不标注上下偏差，并绘制文字边框，效果图如图 10-28 所示。

● **精度**：用于设置小数的位数。

● **上偏差**：用于设置最大公差或上偏差。当在【方式】下拉列表框中选择【对称】选项时，AutoCAD 将该值用作公差值。

● **下偏差**：用于设置最小公差或下偏差。

● **高度比例**：用于设置公差文字的当前高度。

● **垂直位置**：用于设置对称公差和极限公差的文字对齐方式。

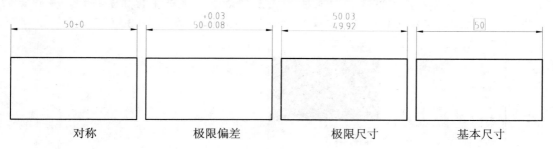

图 10-28　公差尺寸类型

10.1.4　替代标注样式

替代标注样式可以对已有的图形标注格式做出局部的修改，应用于当前图形的尺寸标注。在【标注样式管理器】对话框中单击【替代】按钮，可以创建替代标注样式。

替代标注样式不会改变已经存储的标注样式，在下一次执行尺寸标注时，系统会使用已存储的标注样式进行尺寸标注。

10.1.5 实例——创建"建筑标注"的尺寸标注样式

本实例介绍"建筑标注"尺寸标注样式的创建方法。

01 执行 D【标注样式】命令，弹出【标注样式管理器】对话框。单击【新建】按钮，在弹出的【创建新标注样式】对话框中设置新样式的名称，结果如图 10-29 所示。

02 单击【继续】按钮，系统弹出【新建标注样式：建筑标注】对话框，在其中的【线】选项卡中设置参数，结果如图 10-30 所示。

图 10-29 【创建新标注样式】对话框　　　图 10-30 设置线参数

03 切换到【符号和箭头】选项卡，选择箭头的样式为"建筑标记"，并设定箭头的大小，结果如图 10-31 所示。

04 切换到【文字】选项卡，在【文字外观】选项组下单击【文字样式】选项框后的矩形按钮，系统弹出【文字样式】对话框，单击【新建】按钮，在弹出的【新建文字样式】对话框中设定新样式名称，结果如图 10-32 所示。

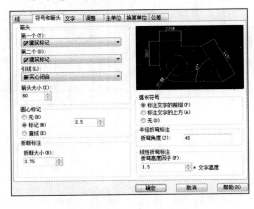

图 10-31 设置箭头参数　　　图 10-32 【新建文字样式】对话框

05 单击【确定】按钮，返回【文字样式】对话框。设置新文字样式的字体样式以及高度值，结果如图 10-33 所示。

06 单击【应用】、【关闭】按钮，关闭【文字样式】对话框，返回【新建标注样式：建筑标注】对话框。单击【文字样式】选项框，在其下拉列表中选择【尺寸标注样式】选项，如图 10-34 所示。

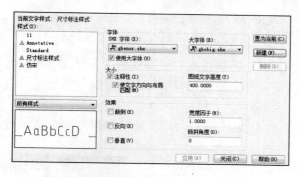

图 10-33　创建标注文字样式

图 10-34　设置文字参数

07 单击【确定】按钮关闭对话框，此时系统弹出图 10-35 所示的【AutoCAD 警告】对话框，提示用户是否放弃当前正在使用的替代样式，单击【确定】按钮关闭对话框。

08 使用建筑标注样式标注尺寸的结果如图 10-36 所示。

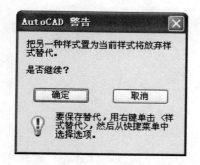

图 10-35　【AutoCAD 警告】对话框

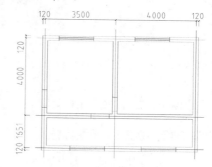

图 10-36　样式标注结果

10.2　标注图形尺寸

为适应不同图形的标注需要，AutoCAD 开发了各类型的尺寸标注工具，有直径标注、弧长标注以及多重引线标注等。本节介绍各种图形标注的方法。

10.2.1　线性标注

【线性标注】命令可以创建水平或垂直的线性标注。
执行【线性标注】命令的方法有以下几种。

- 菜单栏：选择【标注】|【线性】命令。
- 工具栏：单击【标注】工具栏中的【线性】按钮 ⊟。
- 命令行：在命令行中输入 DIMLINEAR 或 DLI 命令并按 Enter 键。
- 功能区：在【注释】选项卡中，单击【标注】面板中的【线性】按钮 ⊟。

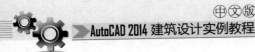

默认情况下，在命令行提示下指定第一条尺寸界线的原点，并在"指定第二条尺寸界线原点:"提示下指定了第二条尺寸界线原点后，命令行提示如下。

指定尺寸线位置或[多行文字(M)/文字(T)/角度(A)/水平(H)/垂直(V)/旋转(R)]:

命令行各选项的含义说明如下。

- 多行文字：选择该选项将进入多行文字编辑模式，可以使用【多行文字编辑器】对话框输入并设置标注文字。其中，文字输入窗口中的尖括号表示系统测量值。
- 文字：以单行文字形式输入尺寸文字。
- 角度：设置标注文字的旋转角度。图 10-37 所示为定义角度参数为 45°时，标注文字的结果。
- 水平和垂直：标注水平尺寸和垂直尺寸。可以直接确定尺寸线的位置，也可以选择其他选项来指定标注文字的内容或标注文字的旋转角度。
- 旋转：旋转标注对象的尺寸线。图 10-38 所示为定义旋转角度为 45°时，尺寸线的旋转效果。

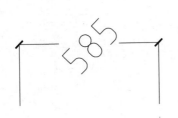

图 10-37　旋转标注文字

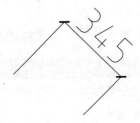

图 10-38　旋转尺寸线

【课堂举例 10-2】　线性标注

01　按 Ctrl+O 快捷键，打开配套光盘"第 10 章\10.2.1 线性标注.dwg"素材文件，如图 10-39 所示。

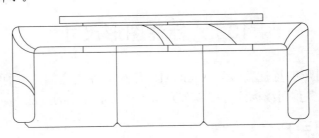

图 10-39　打开素材

02　执行【标注】|【线性】命令，标注沙发的线性尺寸，命令行提示如下：

命令: _dimlinear
指定第一个尺寸线原点或 <选择对象>:　　　　//指定如图 10-40 所示的点
指定第二条尺寸界线原点:　　　　　　　　　　//指定如图 10-41 所示的点
指定尺寸线位置或[多行文字(M)/文字(T)/角度(A)/水平(H)/垂直(V)/旋转(R)]:
　　　　　　　　　　　　　　　//向下移动光标，指定尺寸线的标注位置，如图 10-42 所示
标注文字 = 608　　　　　　　//标注结果如图 10-43 所示

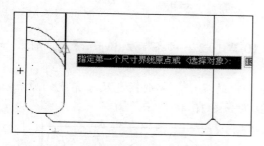

图 10-40　指定第一个尺寸界线原点

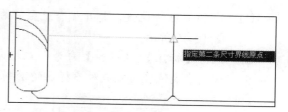

图 10-41　指定第二条尺寸界线原点

图 10-42　指定尺寸线位置

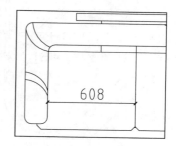

图 10-43　标注结果

03 重复操作，继续创建其他线性尺寸标注，结果如图 10-44 所示。

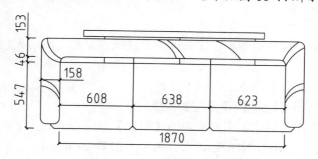

图 10-44　标注其他线性尺寸

10.2.2　对齐标注

在对直线段进行标注时，如果该直线的倾斜角度未知，那么使用线性标注的方法将无法得到准确的测量结果，这时可以使用对齐命令进行标注。对齐标注可以创建与尺寸界线的原点对齐的线性标注。

执行【对齐标注】命令的方法有以下几种。

- 菜单栏：选择【标注】|【对齐】命令。
- 工具栏：单击【标注】工具栏中的【对齐】按钮。
- 命令行：输入 DIMALIGNED 或 DAL 并按 Enter 键。
- 功能区：在【注释】选项卡中，单击【标注】面板中的【对齐】按钮。

【课堂举例 10-3】 对齐标注

01 按 Ctrl+O 快捷键，打开配套光盘"第 10 章\10.2.2 对齐标注.dwg"素材文件，如图 10-45 所示。

02 执行【标注】|【对齐】命令，根据命令行的提示，分别指定尺寸界线的原点以及尺寸线位置，完成对齐标注的绘制结果如图 10-46 所示。

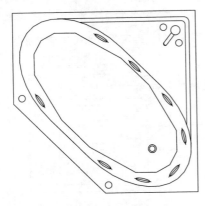

图 10-45　打开素材文件

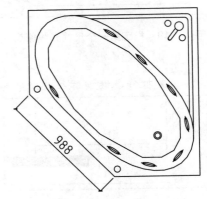

图 10-46　对齐标注

10.2.3　角度标注

角度标注不仅可以标注两条呈一定角度的直线或三个点之间的夹角，还可以标注圆弧的圆心角。

执行【角度标注】命令的方法有以下几种。

- 菜单栏：选择【标注】|【角度】命令。
- 工具栏：单击【标注】工具栏中的【角度】按钮。
- 命令行：输入 DIMANGULAR 或 DAN 并按 Enter 键。
- 功能区：在【注释】选项卡中，单击【标注】面板上的【角度】按钮。

【课堂举例 10-4】 角度标注

01 按 Ctrl+O 快捷键，打开配套光盘"第 10 章\10.2.3 角度标注.dwg"素材文件，如图 10-47 所示。

02 执行【标注】|【角度】命令，标注办公桌轮廓的夹角，命令行提示如下。

```
命令: _dimangular
选择圆弧、圆、直线或 <指定顶点>:          //选择成角度的两条线的其中一条
选择第二条直线:                         // 选择夹角另一条直线
指定标注弧线位置或 [多行文字(M)/文字(T)/角度(A)/象限点(Q)]:
标注文字 = 154 //拖动鼠标，在绘图区中指定标注线的位置，角度标注结果如图 10-48 所示
```

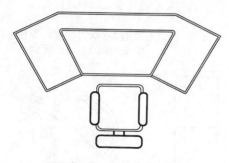

图 10-47　打开素材文件

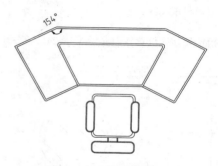

图 10-48　标注角度结果

03 重复操作，继续标注办公桌其他的轮廓线角度，结果如图 10-49 所示。

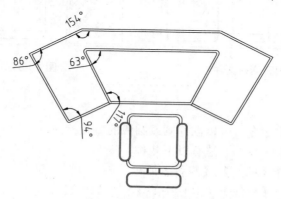

图 10-49　标注其他角度

10.2.4　半径/直径标注

标注圆形或弧形又分为半径标注和直径标注，本小节介绍这两种标注的绘制方法。

1. 半径标注

半径标注可以测量选定圆或圆弧的半径，并显示前面带有半径符号的标注文字。可以使用夹点轻松定位生成的半径标注。

执行【半径标注】命令的方法有以下几种。

- 菜单栏：选择【标注】|【半径】命令。
- 工具栏：单击【标注】工具栏中的【半径】按钮 ◎。
- 命令行：输入 DIMRADIUS 或 DRA 并按 Enter 键。
- 功能区：单击【标注】面板中的【半径】工具按钮 ◎。

【课堂举例 10-5】　半径标注

01 按 Ctrl+O 快捷键，打开配套光盘提供的 "第 10 章\10.2.4 半径标注.dwg" 素材文件，结果如图 10-50 所示。

02 执行【标注】|【半径】命令，标注茶几的半径，命令行提示如下。

命令：_dimradius

选择圆弧或圆：
标注文字 = 428
指定尺寸线位置或 [多行文字(M)/文字(T)/角度(A)]：

//选择茶几圆形外轮廓

//指定尺寸线的位置，半径标注的
结果如图 10-51 所示

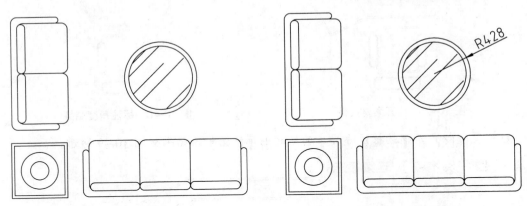

图 10-50　打开素材文件　　　　　　　图 10-51　半径标注

2. 直径标注

执行【直径标注】命令，可以创建圆或圆弧的直径标注。

执行【直径标注】命令的方法有以下几种。

- 菜单栏：选择【标注】|【直径】命令。
- 工具栏：单击【标注】工具栏中的【直径】按钮。
- 命令行：输入 DIMDIAMETER 或 DDI 命令并按 Enter 键。
- 功能区：单击【标注】面板中的【直径】工具按钮。

【课堂举例 10-6】　直径标注

01　按 Ctrl+O 快捷键，打开配套光盘提供的"第 10 章\10.2.4 直径标注.dwg"素材文件，如图 10-52 所示。

02　执行【标注】|【直径】命令，根据命令行的提示，选择球场中心圆作为标注对象，绘制直径标注如图 10-53 所示。

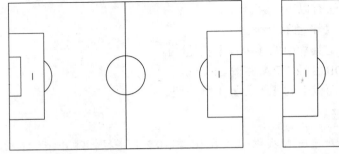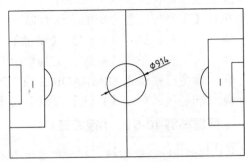

图 10-52　打开素材文件　　　　　　　图 10-53　直径标注

10.2.5　连续标注

连续标注又称为链式标注或尺寸链，是多个线性尺寸的组合。连续标注从某一基准尺寸界线开始，按某一方向顺序标注一系列尺寸，相邻的尺寸共用一条尺寸界线，而且所有的尺寸线都在同一直线上。

执行【连续标注】命令的方法有以下几种。

- ▶ 菜单栏：选择【标注】|【连续】命令。
- ▶ 工具栏：单击【标注】工具栏中的【连续】按钮 ⊞。
- ▶ 命令行：输入 DIMCONTINUE 或 DCO 并按 Enter 键。
- ▶ 功能区：在【注释】选项卡中，单击【标注】面板中的【连续】按钮 ⊞。

【课堂举例 10-7】　连续标注

01 按 Ctrl+O 快捷键，打开配套光盘"第 10 章\10.2.5 连续标注.dwg"素材文件，如图 10-54 所示。

02 执行 DLI【线性标注】命令，绘制线性标注，结果如图 10-55 所示。

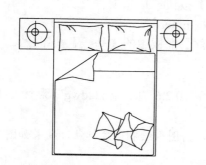

图 10-54　打开素材文件

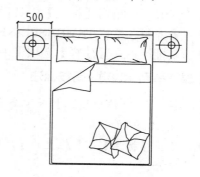

图 10-55　线性标注

03 执行【标注】|【连续】命令，标注该方向其他的线性尺寸，命令行提示如下。

```
命令：_dimcontinue
指定第二条尺寸界线原点或[放弃(U)/选择(S)] <选择>：      //指定如图 10-56 所示的点
标注文字 = 1500                                        //标注结果如图 10-57 所示
```

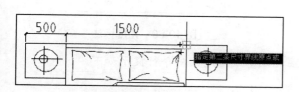

图 10-56　指定第二条尺寸界线原点

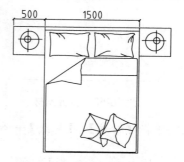

图 10-57　连续标注结果

04 重复操作，绘制连续标注的结果如图 10-58 所示。

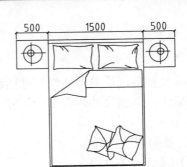

图 10-58 连续标注结果

10.2.6 基线标注

基线标注用于以同一尺寸界线为基准的一系列尺寸标注，即从某一点引出的尺寸界线作为第一条尺寸界线，依次进行多个对象的尺寸标注。

执行【基线标注】命令的方法有以下几种。

- 菜单栏：选择【标注】|【基线】命令。
- 工具栏：单击【标注】工具栏中的【基线】按钮 。
- 命令行：输入 DIMBASELINE 或 DBA 并按 Enter 键。
- 功能区：在【注释】选项卡中，单击【标注】面板中的【基线】按钮 。

【课堂举例 10-8】 基线标注

01 按 Ctrl+O 快捷键，打开配套光盘"第 10 章\10.2.6 基线标注.dwg"素材文件，如图 10-59 所示。

02 单击【标注】工具栏上的【角度】按钮 ，为图形绘制角度标注，结果如图 10-60 所示。

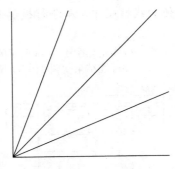

图 10-59 打开素材

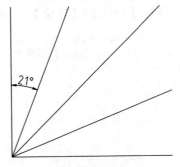

图 10-60 角度标注

03 选择【标注】|【基线】命令，标注其他基线角度，命令行提示如下。

```
命令: _dimbaseline
指定第二条尺寸界线原点或 [放弃(U)/选择(S)] <选择>:          //选择相邻的角度线
标注文字 = 45
指定第二条尺寸界线原点或 [放弃(U)/选择(S)] <选择>:          //继续选择相邻的角度线
```

标注文字 ＝ 68
指定第二条尺寸界线原点或［放弃(U)/选择(S)］＜选择＞:　　//继续选择相邻的角度线
标注文字 ＝ 90
指定第二条尺寸界线原点或［放弃(U)/选择(S)］＜选择＞:
　　　　　　　　　//按 Esc 键退出命令，绘制基线标注的结果如图 10-61 所示

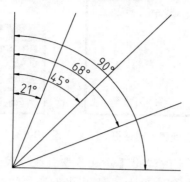

图 10-61　基线标注

10.2.7　多重引线标注

多重引线可以创建包含箭头、水平基线、引线或曲线和多行文字对象或块的多重引线对象。

执行【多重引线】标注命令有以下几种方法。

- 命令行：输入 MLEADER/MLD 命令并按 Enter 键。
- 菜单栏：选择【标注】|【多重引线】命令。
- 工具栏：单击【多重引线】工具栏中的【多重引线】按钮。
- 功能区：单击【引线】面板中的【多重引线】工具按钮。

与标注一样，在创建多重引线之前，应设置其多重引线样式。通过【多重引线样式管理器】可以设置【多重引线】的箭头、引线、文字等特征。

在 AutoCAD 2014 中打开【多重引线样式管理器】对话框有以下几种方法。

- 命令行：输入 MLEADERSTYLE/MLS 命令并按 Enter 键。
- 菜单栏：选择【格式】|【多重引线样式】命令。
- 工具栏：单击【多重引线】工具栏中的【多重引线样式】按钮。
- 功能区：单击【引线】面板右下角按钮。

下面通过具体实例讲解多重引线标注样式和多重引线标注的方法。

【课堂举例 10-9】　创建多重引线标注

01　执行【格式】|【多重引线】样式命令，系统弹出图 10-62 所示的【多重引线样式管理器】对话框。

02　单击【新建】按钮，系统弹出【创建新多重引线样式】对话框。设置新样式的名称，结果如图 10-63 所示。

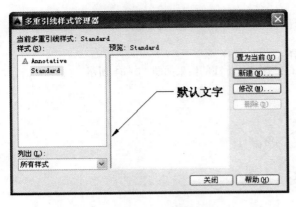

图 10-62　【多重引线样式管理器】对话框　　　图 10-63　【创建新多重引线样式】对话框

03 单击【继续】按钮，系统弹出【修改多重引线样式：建筑标注样式】对话框。单击切换到【引线格式】选项卡，设置箭头符号的样式和大小，结果如图 10-64 所示。

04 切换到【内容】选项卡，设置文字样式，结果如图 10-65 所示。

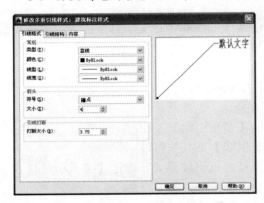

图 10-64　【引线格式】选项卡　　　　　　　图 10-65　【内容】选项卡

05 单击【确定】按钮关闭对话框，返回【多重引线样式管理器】对话框。将新样式置为当前，单击【关闭】按钮关闭对话框，完成多重引线样式的创建。

06 按 Ctrl+O 快捷键，打开配套光盘提供的"第 10 章\10.2.7 多重引线标注.dwg"素材文件，结果如图 10-66 所示。

07 执行【标注】|【多重引线】命令，标注立面图的材料说明，命令行提示如下。

```
命令: _mleader
指定引线箭头的位置或 [引线基线优先(L)/内容优先(C)/选项(O)] <选项>:
指定引线基线的位置:              //分别指定引线箭头和基线的位置，系统弹出【文字格式】
                                  对话框；在对话框中输入标注文字，如图 10-67 所示
```

08 单击【确定】按钮关闭对话框，标注结果如图 10-68 所示。

09 重复操作，继续绘制其他材料说明，结果如图 10-69 所示。

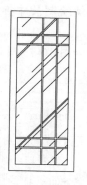

图 10-66　打开素材

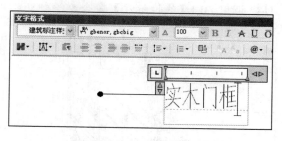

图 10-67　输入标注文字

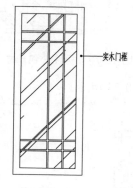

图 10-68　标注结果

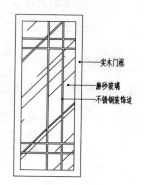

图 10-69　标注其他材料说明

10.2.8　实例——标注餐厅立面图

本实例通过标注餐厅立面图，练习前面所学的标注相关命令。其中使用了尺寸标注命令标注立面图线性尺寸，使用多重引线标注立面图的材料种类和制作工艺。

01　按 Ctrl+O 快捷键，打开配套光盘"第 10 章\10.2.8 标注立面图.dwg"素材文件，如图 10-70 所示。

02　调用 DLI【线性标注】命令，绘制线性标注，如图 10-71 所示。

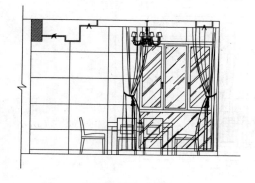

图 10-70　打开素材

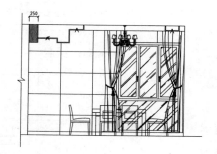

图 10-71　绘制线性标注

03 调用 DCO【连续标注】命令，在线性标注的基础上继续绘制尺寸标注，结果如图 10-72 所示。

04 调用 DLI【线性标注】命令，绘制外包尺寸标注，结果如图 10-73 所示。

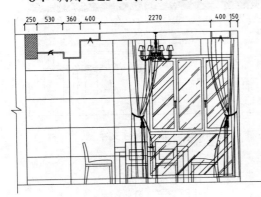

图 10-72 连续标注

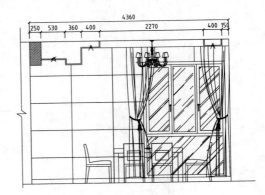

图 10-73 标注外包尺寸

05 重复上述操作，继续标注垂直线性尺寸，如图 10-74 所示。

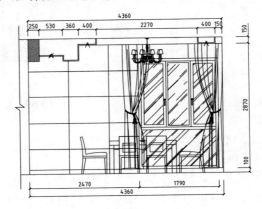

图 10-74 绘制垂直线性尺寸

06 调用 MLD【多重引线】命令，绘制立面材料标注，如图 10-75 所示。

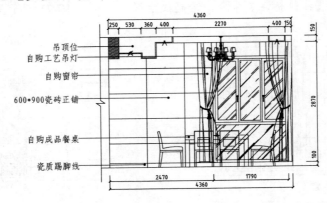

图 10-75 绘制材料标注

07 调用 MT【多行文字】命令，绘制图名和比例标注；调用 PL【多段线】命令，分别绘制宽度为 30 和 0 的下划线，结果如图 10-76 所示。

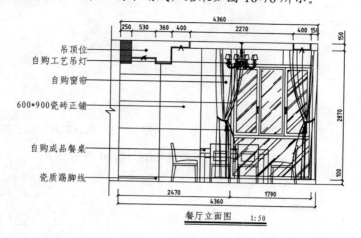

图 10-76　绘制图名标注

10.3　编 辑 标 注

各种类型的尺寸标注均可以对其进行编辑修改。AutoCAD 分别提供了针对尺寸标注本身和仅对标注文字的修改方式，本节分别介绍之。

10.3.1　编辑标注

【编辑标注】命令可以编辑标注文字或尺寸界线，包括旋转、修改或恢复标注文字，更改尺寸界线的倾斜角等。

执行【编辑标注】命令的方法有以下两种。

- 工具栏：单击【标注】工具栏中的【编辑标注】按钮　。
- 命令行：输入 DIMEDIT 或 DED 并按 Enter 键。

【课堂举例 10-10】 编辑标注

01 按 Ctrl+O 快捷键，打开配套光盘"第 10 章\10.3.1 编辑标注.dwg"素材文件，如图 10-77 所示。

02 单击【标注】工具栏上的【编辑标注】按钮　，编辑标注数值，命令行提示如下。

```
命令: _dimedit
输入标注编辑类型 [默认(H)/新建(N)/旋转(R)/倾斜(O)] <默认>: N↙
    //输入 N，选择【新建】选项；系统弹出【文字格式】对话框，在其中输入新的尺寸标注文
      字，如图 10-78 所示
选择对象：指定对角点：找到 1 个              //选择需要修改的标注，如图 10-79 所示
```

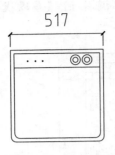

图 10-77　打开素材

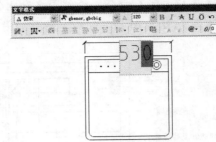

图 10-78　输入新尺寸标注数值

03 按 Enter 键，完成新建尺寸标注，结果如图 10-80 所示。

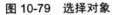

图 10-79　选择对象

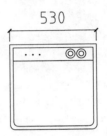

图 10-80　修改标注结果

在编辑标注文字时，输入 R，选择【旋转】选项，可以定义标注文字的旋转角度，如图 10-81 所示。

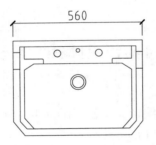

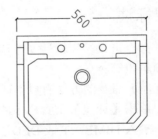

图 10-81　旋转标注文字

在编辑标注文字时，输入 O，选择【倾斜】选项，根据命令行的提示，指定倾斜角度，可以倾斜标注，如图 10-82 所示。

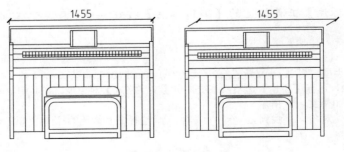

图 10-82　倾斜文字

10.3.2 编辑标注文字

【编辑标注文字】命令可以改变尺寸文字的放置位置。

执行【编辑标注文字】命令的方法有以下两种。

- ▶ 工具栏：单击【标注】工具栏中的【编辑标注文字】按钮 🅰。
- ▶ 命令行：输入 DIMTEDIT 并按 Enter 键。

执行上述操作后，命令行提示如下。

```
命令: _dimtedit
选择标注:                    //选择待编辑的标注文字
为标注文字指定新位置或 [左对齐(L)/右对齐(R)/居中(C)/默认(H)/角度(A)]: L
```

输入 L，选择【左对齐(L)】选项，左对齐标注文字如图 10-83 所示。

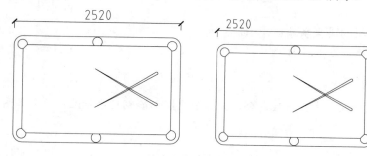

图 10-83 左对齐

在命令行中输入 R，选择【右对齐(R)】选项，可以将标注文字居右对齐，如图 10-84 所示。

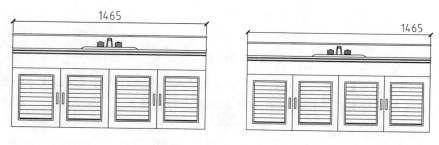

图 10-84 右对齐

输入 C，选择【居中(C)】选项，可以将标注文字居中对齐。

输入 H，选择【默认(H)】选项，可以将标注文字恢复默认的对齐方式。

输入 A，选择【角度(A)】选项，可以指定旋转角度，将标注文字进行旋转操作。

10.4 思考与练习

一、选择题

1. 打开【标注样式管理器】对话框的方式有(   )。

A. 执行【格式】|【标注样式】命令

B. 单击【样式】工具栏上的【标注样式】按钮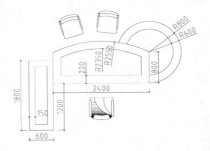

C. 在命令行中输入 T 命令并按 Enter 键

D. 在命令行中输入 D 命令并按 Enter 键

2. 线性标注命令的快捷键是( )。

    A. DLI   B. DCO   C. DIV   D. DIM

3. 调用( )命令，可以自动从创建的上一个标注继续创建其他标注，或者从选定的尺寸界线继续创建其他标注，以自动排列尺寸线。

    A. 连续标注   B. 对齐标注

    C. 角度标注   D. 基线标注

4. 多重引线命令相对应的工具按钮是( )。

    A.   B.   C.   D.

5. 标注编辑的类型共有( )种。

    A. 三   B. 四   C. 五   D. 六

二、操作题

1. 调用线性标注、半径标注命令，为办公桌图形绘制尺寸标注，结果如图 10-85 所示。

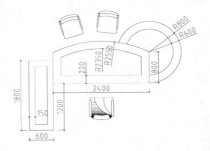

图 10-85 选项标注

2. 执行【格式】|【多重引线样式】命令，新建一个多重引线样式，设置参数如图 10-86 所示。(文字样式可以参照第 9 章中所讲的方法来进行设置)。

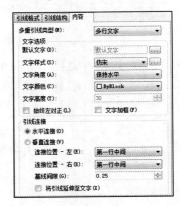

图 10-86 设置参数

3. 调用 MLD【多重引线】命令，为立面图绘制材料标注，结果如图 10-87 所示。

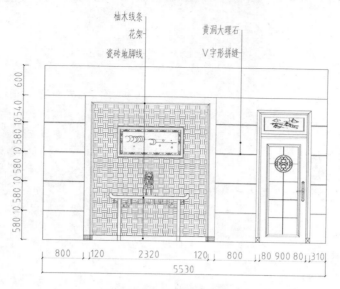

图 10-87　绘制材料标注

第 11 章

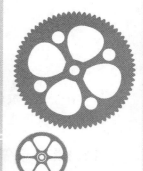

绘制建筑总平面图

➤本章导读

　　建筑总平面表明整个新建建筑物所在范围内总体布置的图样，是建筑工程设计的重要步骤和内容。通常情况下，建筑总平面包含多种功能的建筑群体。

　　本章以某住宅小区总平面图的绘制为例，详细讲述建筑总平面图的设计及其绘制方法与相关技巧，其中包括总平面图中的场地、建筑单体、小区道路以及文字尺寸的绘制和标注方法。

➤学习目标

➤ 了解建筑总平面图的形成等基础知识。

➤ 熟悉建筑总平面图的图示内容及图例。

➤ 掌握建筑总平面图的绘制方法和技巧。

11.1　建筑总平面图概述

在绘制建筑总平面图之前，用户首先必须熟悉建筑总平面图的基础知识，便于准确绘制。本节讲述建筑总平面图的形成、作用、图示方法、图示内容和识读步骤等。

11.1.1　建筑总平面图的形成和作用

总平面图是假想人站在建筑物上空，用正投影的原理，把已有的建筑物、新建的建筑物、将要拟建的建筑物以及道路、绿化等内容按照与地形图相同的比例画出来的平面地形图。

总平面图是新建房屋施工定位、土方施工以及其他专业管线总平面图和施工总平面设计布置的依据。

11.1.2　建筑总平面图的图示方法

总平面图是用正投影的原理绘制而得的图样，主要以图例的形式表示图形。总平面图采用《总图制图标准》GB/T 50103—2010 规定的图例，表 11-1 给出了部分常用的图例符号，画图时应严格执行该标准，若图中采用不是标准中的图例，应在总平面图下面加以说明。图线的宽度 b，应根据图样的复杂程度和比例，按《房屋建筑制图统一标准》GB/T 50001—2010 中图线的有关规定执行。总平面图的坐标、标高、距离以米为单位，并至少取至小数点后两位。

表 11-1　总平面图例

名　称	图　例	说　明	名　称	图　例	说　明
新建的建筑物	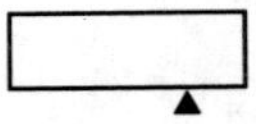	(1) 需要时可用▲表示出入口，可在图形内右上角用点或数字表示层数。(2) 建筑物外形(一般以±0.00 高度处的外墙定位轴线或外墙面线为准)用粗实线表示，需要时，地面以上的建筑用中粗实线表示，地面以下的建筑用细虚线表示	新建的道路	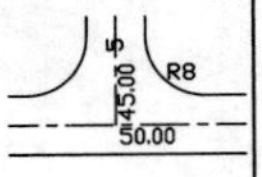	"R8"表示道路转弯半径为 8m；"50.00"为路面中线控制点标高；"5"表示 5%，为纵向坡度；"45.00"表示变坡点间距离
原有的建筑物	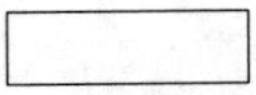	用细实线表示	原有的道路	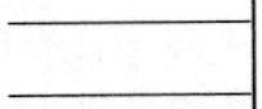	

续表

名　称	图　例	说　明	名　称	图　例	说　明
计划扩建的预留地或建筑物	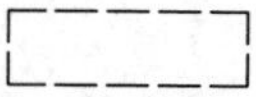	用中粗实线表示	计划扩建的道路	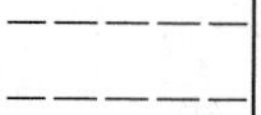	
拆除的建筑物	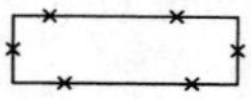	用细实线表示	拆除的道路	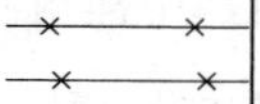	
坐标	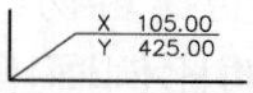 X 105.00 Y 425.00	表示测量坐标	桥梁	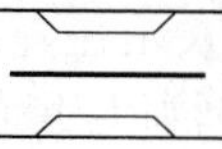	(1) 上图表示铁路桥，下图表示公路桥。(2) 用于旱桥时应注明
	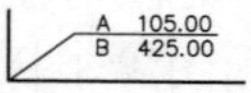 A 105.00 B 425.00	表示建筑坐标		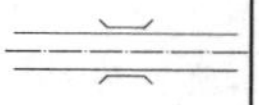	
围墙及大门	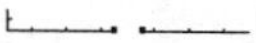	图表示实体性质的围墙，下图表示通透性质的围墙，仅表示围墙时不画大门	护坡	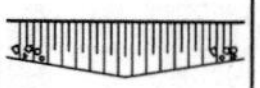	(1) 边坡较长时，可在一端或两端局部表示。(2) 下边线为虚线时表示填方
			填挖边坡	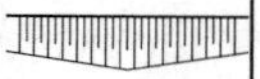	
台阶	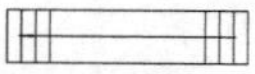	箭头指向表示向下	挡土墙	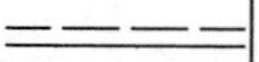	被挡的土在"突出"的一侧

11.1.3　建筑总平面图的图示内容

建筑总平面图一般包括以下内容。

1．比例与计量单位

总平面图的常用比例为：1∶500、1∶1000、1∶2000，单位为米(m)，并至少取至小数点后两位，不足时以"0"补齐。

建筑物、构筑物、铁路、道路的方位角(方向角)和铁路、道路转身角、拐角的度数，宜注写到"秒(″)"。铁路纵坡度宜以千分计，道路纵坡、场地平整坡度、排水沟沟底纵坡度值宜以百分计，并取至小数点后一位，不足以"0"补齐。

2．新建区的总体布局

用地范围、各建筑物(原有建筑、拆除建筑、新建建筑、拟建建筑)及构筑物的位置、道路、交通等总体布局。新建建筑物用粗实线表示，并在线框内表示建筑层数。

3．新建建筑物的平面位置

根据原来的房屋和道路定位新建房屋周围存在的原有建筑、道路，此时新建房屋的定位以新建房屋的外墙到原来房屋的外墙或者到道路中心线的距离为准。

修建成片住宅、规模较大的公共建筑、工厂等时，可用坐标定位。

测量坐标定位：在与总平面图采用相同比例的地形图中，绘出 100m×100m 或 50m×50m 的坐标网格，纵轴为 X 轴，代表南北方向；横轴为 Y 轴，代表东西方向。对于一般建筑物定位应标明两个墙角的坐标，若为南北朝向的建筑，可只标明一个墙角的坐标。放线时，根据现场已有的导线点的坐标，用测量仪导测出新建房屋的坐标。

建筑坐标定位：建筑坐标定位将新建房屋所在地区具有明显标志的地物定为"0"点，以水平方向为 B 轴，垂直方向 A 轴，按 100m×100m 或 50m×50m 绘制坐标网格。绘图比例与地形图相同，用建筑物墙角距"o"点的距离确定新建房屋的位置。

4．建筑物首层室内地面、室外整平地面的绝对标高

要标注室内地面的绝对标高和相对标高的相互关系，如：±0.000=48.25，室外整平地面的标高符号为涂黑的实心三角形▼，标高注写到小数点后两位，可注写在符号上方、右侧或右上角。若建筑基地的规模大，且地形有较大的起伏，总平面图除了标注必要的标高外，还要绘出建设区内的等高线，从等高线的分布可知建设区内地形的坡向，从而确定建筑物室外的排水方向及平场需开挖、填方的土石方量。

5．指北针和风玫瑰图

根据图中绘制的指北针可知新建建筑物的朝向、风玫瑰图可了解新建房屋所在地区常年的盛行风向(主导风向)以及夏季风的主导风方向。有的总平面图绘出风玫瑰图后就不绘指北针了。

11.1.4　建筑总平面图的图示特点

总平面图与建筑平面图、立面图等在绘制和表达上有不同之处，特点如下。

1．绘图比例较小

总平面图所要表示的地区范围较大，除了新建房屋外，还要表示包括原有房屋和道路、绿化等的总体布局。《建筑制图国家标准》对总平面图的绘图比例有规定：总平面图的绘图比例应选用 1∶500、1∶1000、1∶2000。在具体的工程中，由于国土局及有关施工单位提供的地形图比例常为 1∶500，因此总平面图的常用绘图比例为 1∶500。

2．使用图例表示内容

总平面图的绘图比例较小，因为图中原有的房屋、道路、绿化、桥梁边坡、围墙及新建房屋等均是使用图例来表示。在绘制较为复杂的总平面图时，假如使用了《建筑制图国家标准》中没有的图例，应在图纸的适当位置绘制新增的图例，并辅以文字说明。

3．图形单位

总平面图的尺寸单位为米，注写到小数点后的两位。

图 11-1 所示为绘制完成的总平面图(局部)。

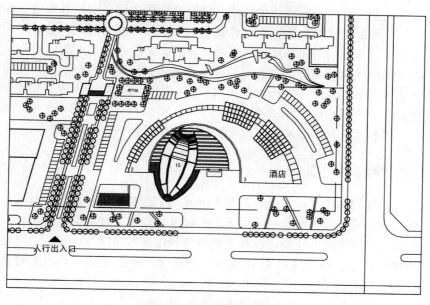

图 11-1　总平面图(局部)

11.2　建筑总平面图的绘制

本章介绍某住宅小区规划总平面图的绘制，绘制结果如图 11-2 所示。小区总建筑面积 41 000m²，由八栋小高层建筑组成，分设地上停车场和地下停车场，西边和南边紧邻主干道。

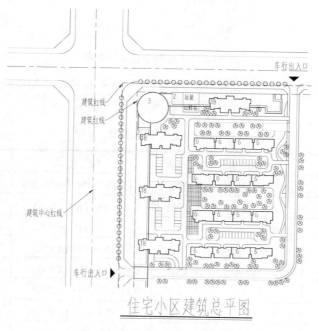

图 11-2　某小区规划总平面图

在绘制总平面图时，先绘制道路中心线，通过道路中心线来定位外围道路的位置。在小区内部，可以先绘制新建筑物图形，在建筑物的基础上绘制小区内部的道路。待道路绘制完成后，再绘制建筑物的附属群楼，通过裙楼可以确定地面停车场的位置。

对小区内部的植物进行布置。植物可以使用几种不同的图块进行区别，因为小区内不可能种植同一种类型的植物。由于植物是大量种植，因此可以使用阵列复制或者复制命令来克隆植物图块，以模拟实际的种植场景。

最后绘制文字标注，与图形配合表达设计意图，完成总平面图的绘制。

11.2.1 绘制新建筑物

在绘制小区总体规划图之前，应首先对主要建筑物的样式、位置等进行表示，以便根据建筑物来规划道路的走向、其他相关设施的布置以及绿化的种植范围等。

本节介绍小区外围道路的绘制，以及新建筑物外轮廓的绘制与编辑。

01 设置绘图环境。执行【格式】|【单位】命令，弹出【图形单位】对话框，在其中设置绘图单位为"米"，如图 11-3 所示。

图 11-3 【图形单位】对话框

02 在绘制建筑总平面图之前，应根据各类图形来创建相应的图层，比如道路、建筑物、植物等图形的图层，如表 11-2 所示。

表 11-2 图层列表

序号	图层名	描述内容	线宽	线 型	颜色	打印属性
1	中心线	道路中心线	默认	点划线(ACAD-ISO 08W100)	红色	打印
2	道路	道路轮廓线	默认	实线(CONTINUOUS)	黄色	打印
3	新建建筑物	建筑物轮廓线	默认	实线(CONTINUOUS)	洋红色	打印
4	附属裙楼	建筑物轮廓线	默认	实线(CONTINUOUS)	青色	打印
5	停车位	停车位轮廓线	默认	实线(CONTINUOUS)	13 号色	打印
6	绿地	绿地轮廓线	默认	实线(CONTINUOUS)	蓝色	打印
7	植物	植物图块	默认	实线(CONTINUOUS)	93 号色	打印
8	文字标注	图内文字、图名	默认	实线(CONTINUOUS)	绿色	打印

03 创建图层。调用 LA【图层特性管理器】命令,弹出【图层特性管理器】选项板,按照图 11-4 所示的内容来创建图层。

04 将"中心线"图层置为当前图层。

05 绘制外围道路中心线。调用 L【直线】命令,绘制水平直线和垂直直线,结果如图 11-5 所示。

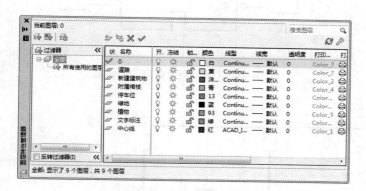

图 11-4 【图层特性管理器】对话框   图 11-5 绘制直线

06 调用 O【偏移】命令,偏移线段,结果如图 11-6 所示。

07 调用 F【圆角】命令,设置圆角半径为 15 000,对线段执行圆角操作,结果如图 11-7 所示。

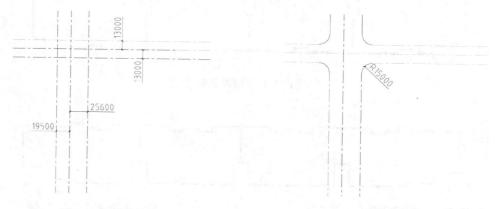

图 11-6 偏移线段   图 11-7 圆角操作

08 更改经圆角编辑后线段的线型为细实线,结果如图 11-8 所示,并将线段的图层更改为"道路"图层。

09 将"新建建筑物"图层置为当前图层。

10 调用 PL【多段线】命令,绘制新建建筑物外轮廓,结果如图 11-9 所示。

11 重复调用 PL【多段线】命令,绘制建筑物轮廓线,结果如图 11-10 所示。

12 调用 MI【镜像】命令,镜像复制轮廓线图形,结果如图 11-11 所示。

13 重复调用 PL【多段线】命令、MI【镜像】命令,绘制如图 11-12 所示的建筑轮廓图形。

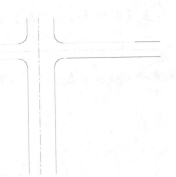

图 11-8　更改线型

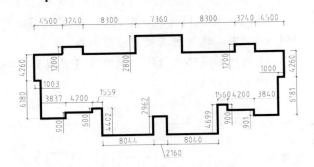

图 11-9　绘制新建建筑物外轮廓

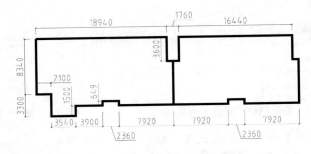

图 11-10　绘制建筑物轮廓线

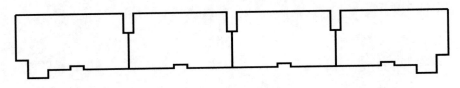

图 11-11　镜像复制

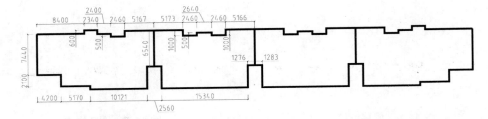

图 11-12　绘制并执行镜像的结果

14 调用 M【移动】命令，移动建筑物轮廓线图形，结果如图 11-13 所示。

15 单击【修改】工具栏中的【阵列复制】按钮，设置行数为 3，行距为-51 144，阵列复制的结果如图 11-14 所示。

16 重复执行【矩形阵列】命令，设置行数为 2，行距为-70680，阵列结果如图 11-15 所示。

17 绘制垃圾中转站。调用 REC【矩形】命令，分别绘制尺寸为 18 690×15 000、5004×2988 的矩形，结果如图 11-16 所示。

图 11-13 移动建筑物轮廓线图形

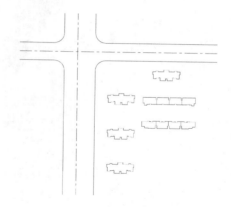

图 11-14 阵列复制

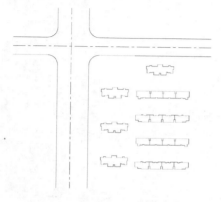

图 11-15 矩形阵列

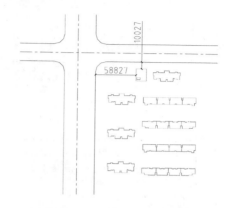

图 11-16 绘制垃圾中转站

11.2.2 绘制小区道路

通过道路，可以使小区内各部分相连，也是小区连接外部的通道。除了遵守交通便捷的规划原则外，还应在造型上下功夫，使小区的道路成为可观赏的景观内容之一。本例小区道路转角处做了圆弧处理，造型圆润大方，也便于人们行走。

01 将"道路"图层置为当前图层。

02 绘制道路辅助线。调用 O【偏移】命令、TR【修剪】命令、L【直线】命令，绘制辅助线，结果如图 11-17 所示。

03 绘制道路。调用 ML【多线】命令，根据道路的宽度设置比例。比如道路宽 3500，则设置比例为 3500，绘制道路的结果如图 11-18 所示。

04 调用 E【删除】命令，删除辅助线，结果如图 11-19 所示。

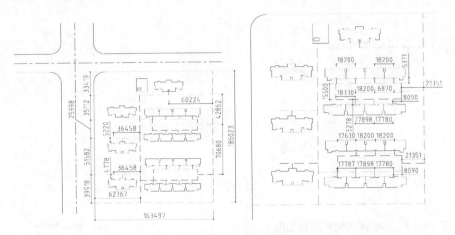

图 11-17　绘制道路辅助线

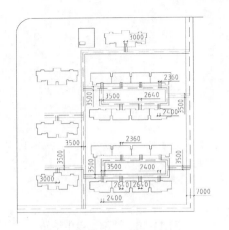

图 11-18　绘制道路

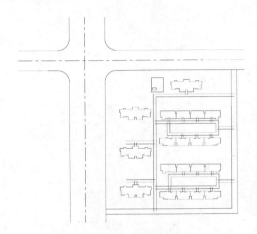

图 11-19　删除辅助线

05 双击多线，弹出图 11-20 所示的【多线编辑工具】对话框。

06 单击【T 形打开】工具按钮，在绘图区中先后单击垂直多线和水平多线，编辑结果如图 11-21 所示。

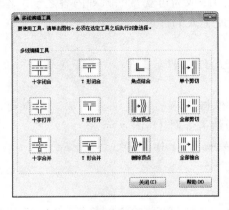

图 11-20　【多线编辑工具】对话框

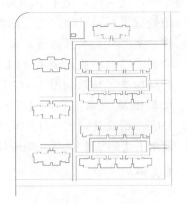

图 11-21　T 形打开

07 单击【T 形闭合】工具按钮，编辑多线的结果如图 11-22 所示。

08 调用 X【分解】命令，分解多线；调用 F【圆角】命令，对道路轮廓线执行圆角操作，结果如图 11-23 所示。

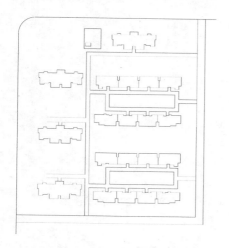

图 11-22　T 形闭合

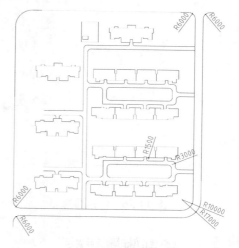

图 11-23　圆角操作

提示

　　在多线出现不能编辑的情况下，可以调用 X【分解】命令，将多线分解，然后调用 TR【修剪】命令，对其执行修剪操作。

09 调用 O【偏移】命令，偏移道路轮廓线，结果如图 11-24 所示。

10 调用 CHA【倒角】命令，设置第一、第二个倒角距离均为 15 000，对所偏移的线段执行倒角操作，结果如图 11-25 所示。

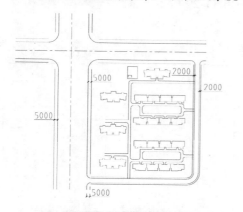

图 11-24　偏移道路轮廓线

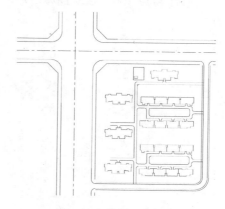

图 11-25　倒角操作

11 重复调用 CHA【倒角】命令，设置第一、第二个倒角距离均为 8000，倒角结果如图 11-26 所示。

12 更改倒角距离为 4500，对线段执行倒角操作；调用 TR【修剪】命令，修剪道路轮廓线，结果如图 11-27 所示。

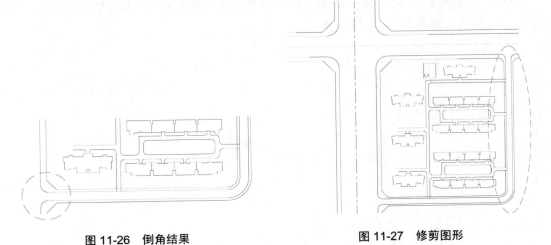

图 11-26　倒角结果　　　　　　　　　图 11-27　修剪图形

11.2.3　绘制附属裙楼

裙楼一般指在一个多层、高层、超高层建筑的主体底部，其占地面积大于建筑主体标准层面积的附属建筑体。

本节介绍附属裙楼的绘制。

01　将"附属裙楼"图层置为当前图层。

02　调用 REC【矩形】命令，绘制尺寸为 11 400×131 834 的矩形；调用 TR【修剪】命令，修剪矩形，结果如图 11-28 所示。

03　调用 C【圆】命令，绘制半径为 14 700 的圆形；调用 O【偏移】命令，设置偏移距离为 300，往外偏移圆形，结果如图 11-29 所示。

图 11-28　绘制矩形

图 11-29　绘制圆形

04　调用 X【分解】命令，分解矩形；调用 O【偏移】命令，偏移矩形边；调用 TR【修剪】命令，修剪线段，结果如图 11-30 所示。

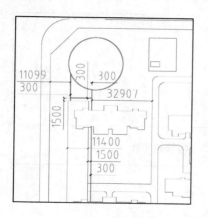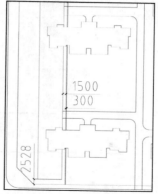

图 11-30　修剪线段

05　调用 O【偏移】命令，偏移道路轮廓线；调用 TR【修剪】命令，修剪偏移得到的线段，结果如图 11-31 所示。

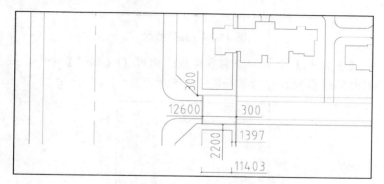

图 11-31　修剪线段

06　调用 PL【多段线】命令，绘制轮廓线(粗线显示)，结果如图 11-32 所示。

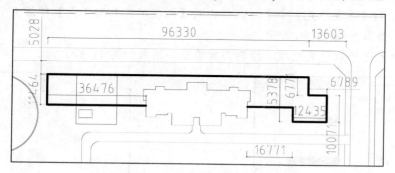

图 11-32　绘制多段线

07　调用 O【偏移】命令，设置偏移距离分别为 1500、300，往外偏移轮廓线，结果如图 11-33 所示。

08　调用 X【分解】命令，分解偏移得到的轮廓线；调用 E【删除】命令、TR【修剪】命令、L【直线】等命令，编辑线段，结果如图 11-34 所示。

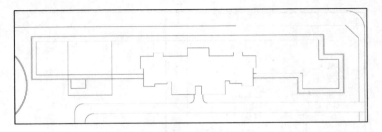

图 11-33　偏移轮廓线

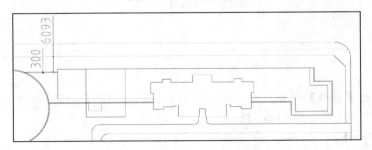

图 11-34　编辑线段

09　调用 PL【多段线】命令，绘制多段线；调用 O【偏移】命令，设置偏移距离为300，向内偏移多段线，结果如图 11-35 所示。

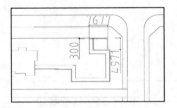

图 11-35　绘制并偏移多段线

10　调用 H【图案填充】命令，在弹出的【图案填充和渐变色】对话框中设置相关参数，结果如图 11-36 所示。

11　在绘图区拾取填充区域，绘制图案填充的结果如图 11-37 所示。

图 11-36　设置参数

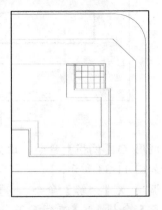

图 11-37　填充结果

11.2.4　绘制停车位

建筑物附件一般会配备停车位，为住户提供方便。停车位的尺寸较为规则，因此可以使用图案填充命令来绘制停车位。

01 将"停车位"图层置为当前图层。

02 调用 L【直线】命令，绘制道路延长线；调用 F【圆角】命令，对线段执行圆角处理，结果如图 11-38 所示。

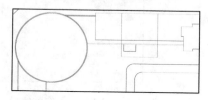
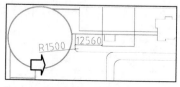

图 11-38　圆角处理

03 调用 L【直线】命令，绘制直线，结果如图 11-39 所示。

04 调用 F【圆角】命令，对线段执行圆角操作；调用 CHA【倒角】命令，设置倒角距离为 7000，对线段执行倒角操作；调用 E【删除】命令，删除多余线段，结果如图 11-40 所示。

图 11-39　绘制直线

图 11-40　编辑图形

05 调用 F【圆角】命令，对线段执行圆角操作，结果如图 11-41 所示。

06 调用 A【圆弧】命令，绘制圆弧，结果如图 11-42 所示。

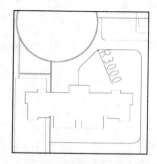

图 11-41　圆角操作

图 11-42　绘制圆弧

07 调用 E【删除】命令，删除线段，结果如图 11-43 所示。

08 绘制停车位外轮廓。调用 O【偏移】命令，偏移线段，结果如图 11-44 所示。

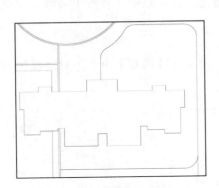

图 11-43　删除线段

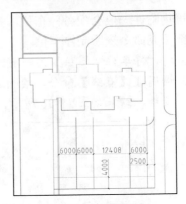

图 11-44　偏移线段

09 调用 TR【修剪】命令，修剪线段，结果如图 11-45 所示。

10 调用 F【圆角】命令，对线段执行圆角操作，结果如图 11-46 所示。

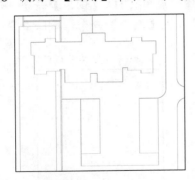

图 11-45　修剪线段

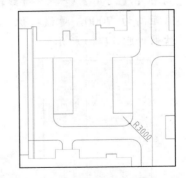

图 11-46　圆角操作

11 调用 H【图案填充】命令，在【图案填充和渐变色】对话框中设置相关参数，完成停车位的绘制，结果如图 11-47 所示。

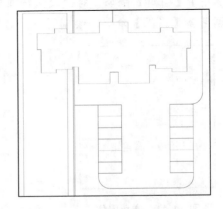

图 11-47　填充图案

12 调用 CO【复制】命令，向下移动复制前面绘制完成的图形；调用 TR【修剪】
命令、F【圆角】命令，修剪线段，结果如图 11-48 所示。

13 调用 L【直线】命令，绘制直线；调用 O【偏移】命令，偏移直线，结果如
图 11-49 所示。

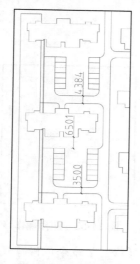

图 11-48　复制图形

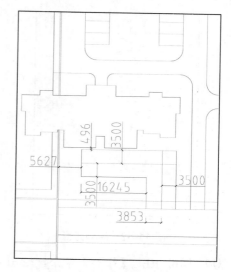

图 11-49　绘制并偏移直线

14 调用 F【圆角】命令，对线段执行圆角操作；调用 L【直线】命令，绘制直线，
结果如图 11-50 所示。

15 图形的绘制结果如图 11-51 所示。

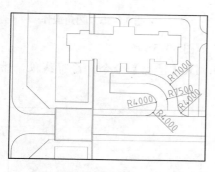

图 11-50　圆角结果

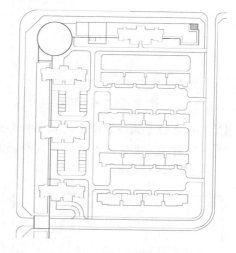

图 11-51　绘制附属设施

11.2.5　绘制绿地

小区的绿化可以美化环境，净化空气，增加观赏效果。本节介绍小区绿化带的布置，

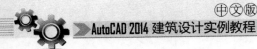
包括绿化带轮廓的绘制、植物的布置等。

01 将"绿地"图层置为当前图层。

02 调用 REC【矩形】命令，绘制矩形，结果如图 11-52 所示。

03 调用 F【圆角】命令，对矩形边执行圆角操作，结果如图 11-53 所示。

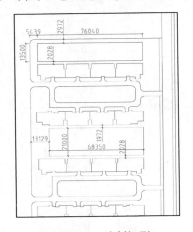

图 11-52　绘制矩形

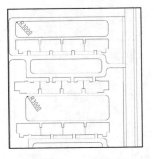

图 11-53　圆角操作

04 调用 REC【矩形】命令，绘制矩形；调用 TR【修剪】命令，修剪线段，结果如图 11-54 所示。

05 调用 X【分解】命令，分解矩形；调用 F【圆角】命令，对矩形边执行圆角操作；调用 L【直线】命令，绘制直线，结果如图 11-55 所示。

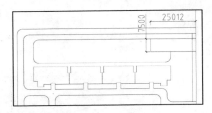

图 11-54　修剪线段

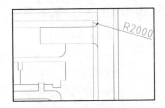

图 11-55　圆角操作

06 调用 O【偏移】命令，偏移矩形边，结果如图 11-56 所示。

07 调用 EX【延伸】命令，延伸线段；调用 TR【修剪】命令，修剪线段，结果如图 11-57 所示。

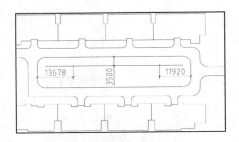

图 11-56　偏移矩形边

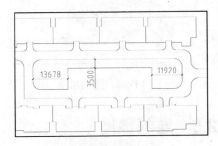

图 11-57　修剪线段

08 调用 F【圆角】命令，对线段执行圆角操作，结果如图 11-58 所示。

09 调用 O【偏移】命令，偏移线段，结果如图 11-59 所示。

图 11-58 圆角结果

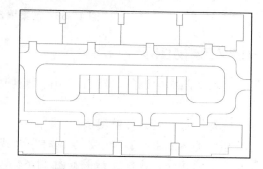

图 11-59 偏移线段

10 调用 H【图案填充】命令，对图形执行填充操作，结果如图 11-60 所示。

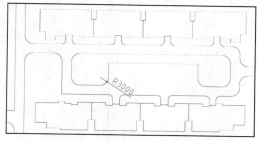

图 11-60 填充图案

11 调用 CO【复制】命令，向下移动复制前面所绘制的图形，然后根据如图 11-61 所示的尺寸来修改图形，即可完成图形的复制操作。

12 绘制地面铺装。调用 L【直线】命令，绘制填充轮廓线，结果如图 11-62 所示。

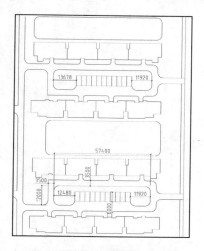

图 11-61 复制图形

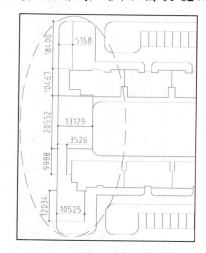

图 11-62 绘制填充轮廓线

13 调用 H【图案填充】命令，对填充区域执行图案填充操作，结果如图 11-63 所示。

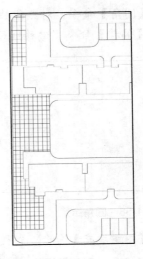

图 11-63　图案填充

11.2.6　调入植物图块

植物图块可以从图库中调入，然后调用阵列复制命令或者移动复制命令，得到植物的副本。

01　将"植物"图层置为当前图层。

02　调用 SPL【样条曲线】命令，绘制样条曲线；调用 L【直线】命令、TR【修剪】命令，绘制并修剪线段，结果如图 11-64 所示。

03　绘制建筑红线。调用 O【偏移】命令，向内偏移道路轮廓线；调用 F【圆角】命令，设置圆角半径为 0，对线段执行圆角操作。更改线段的线型和线宽，结果如图 11-65 所示。

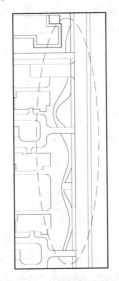

图 11-64　绘制样条曲线

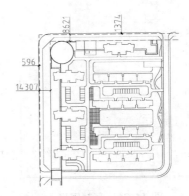

图 11-65　绘制建筑红线

04 调入植物图块。从"第 11 章\图例图块.dwg"文件中选择植物图块，复制粘贴至图中圆圈圈定的位置，结果如图 11-66 所示。

05 单击【修改】工具栏上的【路径阵列】按钮，选择道路轮廓线为路径曲线，阵列复制植物图形的结果如图 11-67 所示。

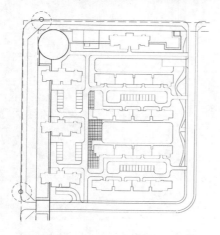

图 11-66　调入植物图块

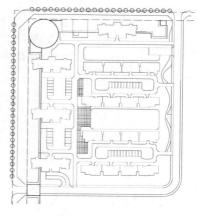

图 11-67　路径阵列

06 调入其他样式的植物图块。调用 CO【复制】命令，移动复制于平面图上，操作结果如图 11-68 所示。

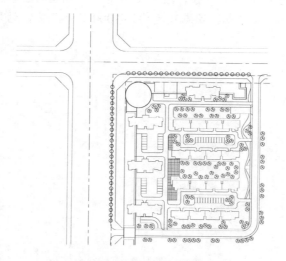

图 11-68　移动复制植物图形

11.2.7　文字标注

待建筑总平面图的所有图形绘制完毕后，需要绘制文字标注以便对图形进行进一步的说明。本节介绍文字标注的绘制方法。

01 将"文字标注"图层置为当前图层。

02 绘制路口指示箭头。调用 PL【多段线】命令，绘制起点宽度为 10 000，端点宽度为 0 的箭头，结果如图 11-69 所示。

03 调用 MT【多行文字】命令，绘制文字标注，结果如图 11-70 所示。

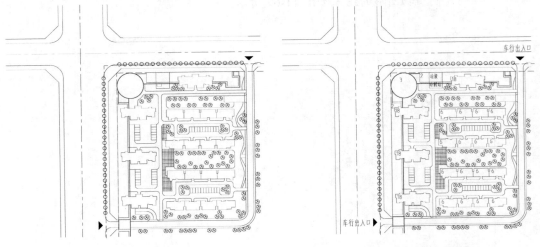

图 11-69　绘制路口指示箭头　　　　　图 11-70　绘制文字标注

04 调用 MLD【多重引线】命令，绘制引线标注，结果如图 11-71 所示。

05 调用 MT【多行文字】命令，绘制图名标注；调用 PL【多段线】命令，分别绘制宽度为 0，以及起点、端点宽度均为 1000 的多段线，结果如图 11-72 所示。

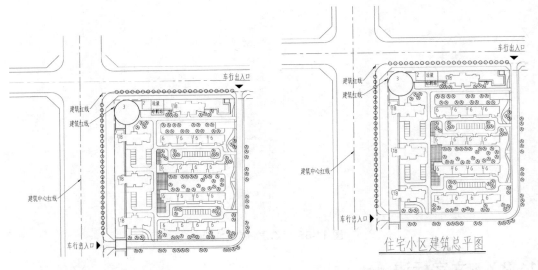

图 11-71　绘制引线标注　　　　　　图 11-72　图名和比例标注

06 选择建筑物轮廓线，更改其线宽，结果如图 11-73 所示。

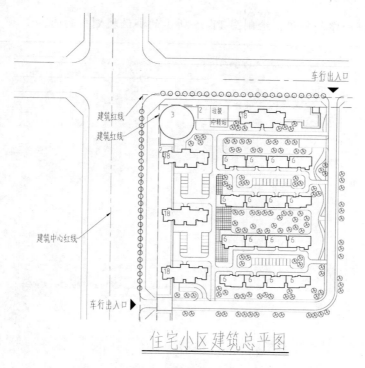

图 11-73　更改线宽

11.3　思考与练习

1. 沿用本章介绍的方法，绘制图 11-74 所示的小区总平面图。

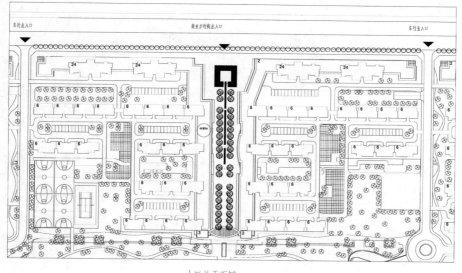

图 11-74　小区总平面

2. 结合本书所学的知识，绘制图 11-75 所示的小区规划平面图。

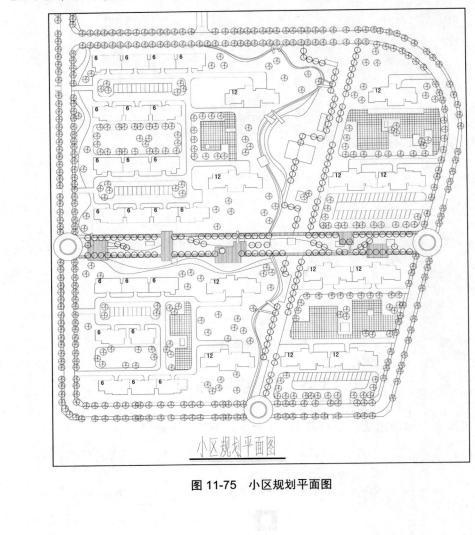

图 11-75　小区规划平面图

 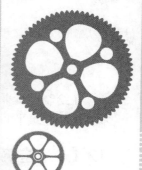

第 12 章

绘制建筑平面图

　　建筑平面图是反映房屋的平面形状、大小和布置的图样。本章首先介绍建筑平面图的基础知识，然后以某住宅平面图为例，详细讲解建筑平面图的绘制步骤及方法技巧。

➢ 了解建筑平面图的形成原理和作用。

➢ 熟悉建筑平面图的分类及特点。

➢ 熟悉建筑平面图的绘制内容。

➢ 掌握建筑平面图的绘制方法和技巧。

12.1　建筑平面图概述

在绘制建筑平面图之前，用户首先必须熟悉建筑平面图的基础知识，便于准确绘制。本节讲述建筑平面图的形成、作用、绘制要点等。

12.1.1　建筑平面图的形成

建筑平面图实际上是建筑物的水平剖面图(除屋顶平面图外，屋顶平面图应在屋面以上俯视)，是用假想的水平剖切平面在窗台以上、窗过梁以下把整栋建筑物剖开，然后移去上面部分，将剩余部分向水平投影面作投影得到的正投影图，如图 12-1 所示。它是施工图中应用较广的图样，是放线、砌墙和安装门窗的重要依据。

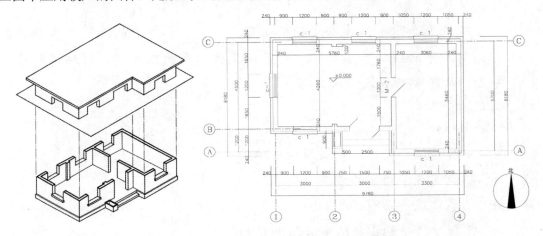

图 12-1　建筑平面图形成原理

建筑平面图中的主要图形包括剖切到的墙、柱、门窗、楼梯以及俯视看到的地面、台阶、楼梯等剖切面以下部分的构建轮廓。因此，从平面图中可以看到建筑的平面大小、形状、空间平面布局、内外交通及联系、建筑构配件大小及材料等内容，除了按制图知识和规范绘制建筑构配件的平面图形外，还需标注尺寸及文字说明，设置图面比例等。

由于建筑平面图能突出地表达建筑的组成和功能关系等方面的内容，因此一般建筑设计都由平面设计入手。在平面设计中应从建筑整体出发，考虑建筑空间组合的效果，照顾建筑剖面和立面的效果及体型关系。在设计的各个阶段，都应有建筑平面图样，但表达的深度不同。

建筑平面图一般可使用粗、中、细三种线宽来绘制。被剖切到的墙、柱断面的轮廓线用粗线来绘制；被剖切到次要部分的轮廓线，如墙面抹灰、轻质隔墙以及没有剖切到的可见部分的轮廓如窗台、墙身、阳台、楼梯段等，均用中实线绘制；没有剖切到的高窗、墙洞和不可见部分的轮廓线都用中虚线绘制；引出线、尺寸标注线等用细实线绘制；定位墙线、中心线和对称线等用细点划线绘制。

12.1.2　建筑平面图的作用

建筑平面图是指用来表达房屋建筑的平面形状、房间布置、尺寸、材料和做法等内容的图样。平面图是建筑施工的重要图样之一，是施工过程中房屋定位放线、砌墙、设备安装、装修及编制概预算、备料的重要依据。

12.1.3　建筑平面图分类及特点

依据剖切位置的不同，建筑平面图可分为如下几类。

1. 地下室平面图

地下室平面图表示房屋地下室的平面形状、各房间的平面布置以及楼梯布置情况等，图 12-2 所示为绘制完成的地下室平面图。

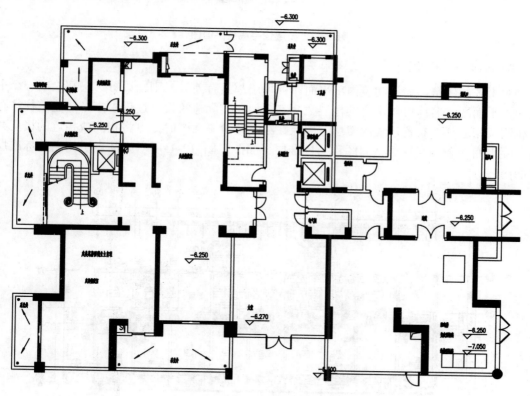

图 12-2　地下室平面图

2. 底层平面图

底层平面图又称首层平面图或一层平面图。底层平面图的形成，是将剖切平面的剖切位置放在建筑物的一层地面与从一楼通向二楼的休息平台(即一楼到二楼的第一个梯段)之间，尽量通过该层上所有的门窗洞，剖切之后进行投影得到的。图 12-3 所示为某住宅一层平面图。

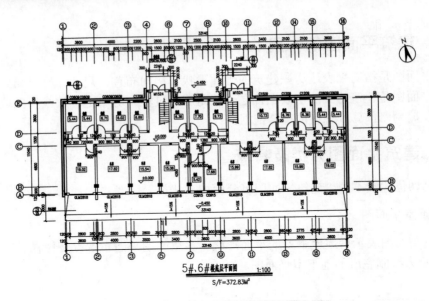

图 12-3　多层住宅底层平面图

3. 标准层平面图

对于多层建筑，如果建筑内部平面布置每层都具有差异，则应该每一层都绘制一个平面图，平面图的名称可以本身的楼层数命名。但在实际建筑设计过程中，多层建筑往往存在相同或相近平面布置形式的楼层，因此在绘制建筑平面图时，可将相同或相近的楼层共用一幅平面图表示，这个平面图称为标准层平面图。图 12-4 所示为某多层住宅的标准层平面图。

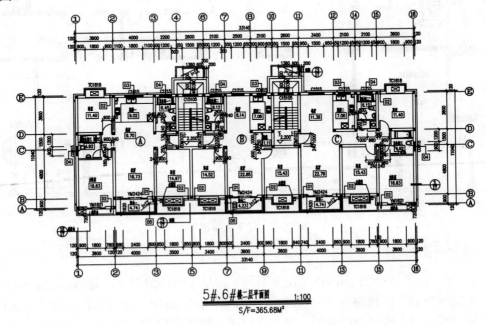

图 12-4　某住宅标准层平面图

4. 顶层平面图

顶层平面图是位于建筑物最上面一层的平面图，具有与其他层相同的功用，它也可用相应的楼层数来命名，图 12-5 所示为某多层住宅的顶层平面图。

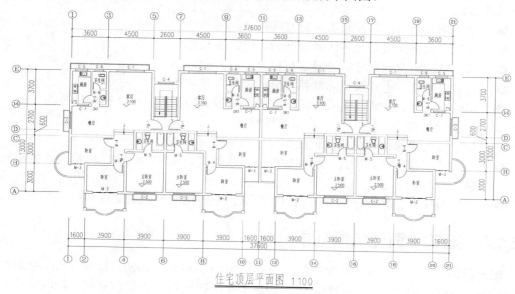

图 12-5 多层住宅顶层平面图

5. 屋顶平面图

屋顶平面图是指从屋顶上方向下所作的俯视图，主要用来描述屋顶的平面布置，如图 12-6 所示。

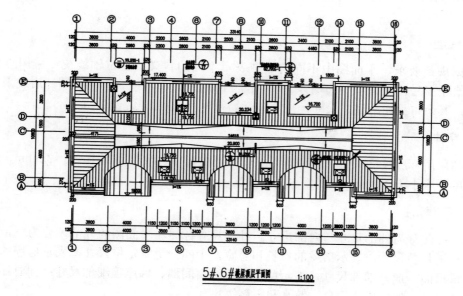

图 12-6 多层住宅屋顶平面图

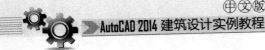
12.1.4　建筑平面图绘制内容

建筑平面图虽然类型和剖切位置都有所不同，但绘制的具体内容基本相同，主要包括如下几个方面。

- 建筑物平面的形状及总长、总宽等尺寸。
- 建筑平面房间组合和各房间的开间、进深等尺寸。
- 墙、柱、门窗的尺寸、位置、材料及开启方向。
- 走廊、楼梯、电梯等交通联系部分的位置、尺寸和方向。
- 阳台、雨篷、台阶、散水和雨水管等附属设施的位置、尺寸和材料等。
- 未剖切到的门窗洞口等(一般用虚线表示)。
- 楼层、楼梯的标高，定位轴线的尺寸和细部尺寸等。
- 屋顶的形状、坡面形式、屋面做法、排水坡度、雨水口位置、电梯间、水箱间等的构造和尺寸等。
- 建筑说明、具体做法、详图索引、图名、绘图比例等详细信息。

12.1.5　建筑平面图绘制要求

根据我国《房屋建筑 CAD 制图统一规则》GB/T 18112—2000，以及《房屋建筑制图统一标准》GB/T 50001—2010 的要求，建筑平面图在比例、线型、字体、轴线标注、详图索引符号等方面有如下规定。

1. 比例

根据建筑物不同大小，建筑平面图可采用 1∶50、1∶100、1∶200 等比例绘图。为了绘图计算方便，一般建筑平面图采用 1∶100 比例尺，个别平面详图采用 1∶20 或 1∶50 绘制。

2. 线型

根据规范要求，平面图中不同的线型表示不同的含义。定位轴线统一采用点划线表示，并给予编号；被剖切到的墙体、柱子的轮廓线采用粗实线表示；门的开启线采用中实线绘制；其余可见轮廓线、尺寸标注线和标高符号等采用细实线表示。

3. 字体

字体采用标准汉字矢量字库字体，一般采用仿宋体。汉字字高不小于 2.5mm，数字和字母高度不应小于 1.8mm。

4. 尺寸标注

尺寸标注分为外部尺寸与内部尺寸。外部尺寸标注在平面图的外部，分为三道标注。最外面一道是总尺寸，表示房屋的总长和总宽；中间一道是定位尺寸，表示房屋的开间和进深；最里面一道是细部尺寸，表示门窗洞口、窗间墙、墙厚等细部尺寸；同时还应注写室外附属设施，如台阶、阳台、散水和雨篷等尺寸。

内部尺寸一般应标注室内门窗洞、墙厚、柱、砖垛和固定设备(如厕所、盥洗室等)的大小位置及其他需要详细标注的尺寸。

5. 轴线标注

定位轴线必须在端部按规定标注编号。水平方向从左至右采用阿拉伯数字编号，竖直方向采用大写英文字母编号(其中 I、O、Z 不能使用)。建筑内部局部定位轴线可采用分数标注轴线编号。

6. 详图索引符号

为配合平面图表示，建筑平面图中常需引用标准图集或其他详图上的节点图样作为说明，这些引用图集或节点详图均应在平面图上以详图索引符号表示出来。

12.1.6 建筑平面图尺寸标注

建筑平面图的标注尺寸有外部尺寸和内部尺寸。

外部尺寸：在水平方向和垂直方向各标注三道尺寸。最外一道尺寸标注房屋水平方向的总长、总宽，称为总尺寸；中间一道尺寸标注房屋的进深、开间，称为轴线尺寸；最里面的尺寸标注房屋外墙的墙段尺寸和门窗洞口的尺寸，称为细部尺寸。

内部尺寸：标注房间长、宽的净空尺寸，墙厚及轴线的关系，柱子截面、房屋内部门窗洞口、门垛等细部尺寸。

标高、门窗的编号：平面图中应标注不同楼地面高度房间及室外地坪等标高。为编制概预算的统计及施工备料，平面图上所有的门窗都应进行编号。门常用"M1""M2"或"M—1""M—2"来表示，窗常用"C1""C2"或"C—1""C—2"来表示。

12.1.7 建筑平面图的识读

以图 12-3 所示的建筑底层平面图为例，说明平面图的图示内容和识读步骤。

(1) 了解图名和比例以及文字说明。由图 12-3 可以知道，该图为某多层住宅楼一层平面图，绘图比例为 1：100。

(2) 了解平面图的总长、总宽的尺寸以及内部房间的功能关系、布置方式等。该住宅楼，平面基本形状为矩形。总长为 33.14m，总宽为 11.04m，一层三户。每户在南向设有卧室、厨房、餐厅；在北向设有阳台、主卧室、客厅，在 B 户型的左右设置了内部楼梯。

(3) 了解纵横定位轴线及其编号，主要房间的开间、进深尺寸、墙(柱)的平面布置。相邻定位轴线之间的距离，横向的称为开间，纵向的称为进深。从定位轴线可以看出墙(柱)的布置情况，该住宅楼有 14 道纵墙，纵向轴线编号为①～⑯，5 道横墙，横向轴线编号为Ⓐ～Ⓔ。

客厅开间为 4m，进深为 4.8m；主卧室开间为 3.6m，进深为 7.2m(连同主卫进深)；餐厅、厨房开间为 4m，进深为 3.6m。

该楼所有外墙厚 240mm，定位轴线为中轴线线(外 120mm，内 120mm)；所有内墙厚 120mm，定位轴线为中轴线(轴线居中)。

(4) 了解平面各部分的尺寸。平面图尺寸以毫米为单位，标高以米为单位。平面图的尺寸分为外部尺寸和内部尺寸两部分。

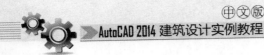

① 外部尺寸。建筑平面图的下方及侧向一般标注三道尺寸。最外一道是外包尺寸，表示房屋外轮廓的总尺寸，即从一端的外墙边到另一端的外墙总长和总宽的尺寸；中间一道是轴线间的尺寸，表示各房间的开间和进深的大小；最里面的一道是细部尺寸，表示门窗洞口和窗间墙等水平方向的定型和定位尺寸。

底层平面图应该标注室外台阶、散水等的尺寸。

② 内部尺寸。内部尺寸应注明门窗洞口宽度、墙体厚度、设备大小以及定位尺寸。内部尺寸应就近标注。

建筑图中的标高，除了特殊说明之外，一般都采用相对标高，并将底层室内主要房间定位为±0.000。

③ 了解门窗的布置、数量。在建筑平面图中，应了解各个门窗的尺寸以及数量。

④ 了解房屋室内设备配备的情况。如该住宅楼卫生间设有马桶、浴缸等。

⑤ 了解房屋外部设施，比如散水、雨水管、台阶等的位置和尺寸。

⑥ 了解房屋的朝向以及剖面图的剖切位置、索引符号等。底层平面图应绘制指北针，以表明建筑物的朝向。在底层平面图中，还应绘制剖面图的剖切位置，以便与剖面图相对照查阅。

12.2　建筑平面图的绘制

建筑平面图是绘制立面图、剖面图以及详图等图样的依据，应根据国标的有关规定进行绘制，本节介绍绘制建筑平面图的操作方法。

图 12-7 所示为住宅楼建筑平面图的绘制结果。该住宅楼一层两户，对称布置。因此在绘制图形的时候，可以预先绘制左边的户型，待绘制完成后，再执行镜像复制命令，得到右边的户型。

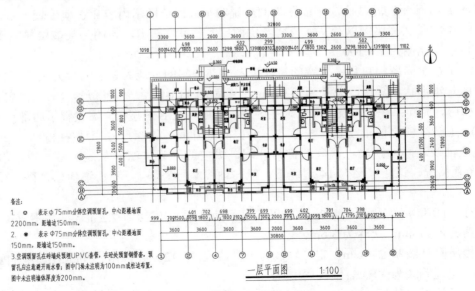

图 12-7　住宅楼建筑平面图

12.2.1　绘制轴网

轴网轴线为绘制墙体、标准柱图形提供定位，也可作为编辑墙体等的依据，还可为绘制轴号标注、尺寸标注提供标准。

01 在绘制建筑平面图之前，要先设置各类图形相对应的图层，比如轴线、墙体、门窗等图形的图层，如表 12-1 所示。

表 12-1　图层属性表

序号	图层名	描述内容	线宽	线　型	颜色	打印属性
1	轴线	定位轴线	默认	细实线	红色	不打印
2	墙体	墙体	默认	实线(CONTINUOUS)	黄色	打印
3	柱子	墙柱	默认	实线(CONTINUOUS)	黄色	打印
4	轴线编号	轴线圆	默认	实线(CONTINUOUS)	绿色	打印
5	散水	散水	默认	实线(CONTINUOUS)	洋红色	打印
6	门窗	门窗	默认	实线(CONTINUOUS)	8 号色	打印
7	尺寸标注	尺寸标注	默认	实线(CONTINUOUS)	绿色	打印
8	文字标注	图内文字、图名、比例	默认	实线(CONTINUOUS)	绿色	打印
9	标高	标高文字及符号	默认	实线(CONTINUOUS)	青色	打印
10	设施	布置的设施	默认	实线(CONTINUOUS)	黄色	打印
11	楼梯	楼梯间	默认	实线(CONTINUOUS)	青色	打印
12	剖切符号	剖切符号	默认	实线(CONTINUOUS)	蓝色	打印
13	其他	附属构件	默认	实线(CONTINUOUS)	白色	打印

02 创建图层。调用 LA【图层特性管理器】命令，在弹出的【图层特性管理器】选项板中创建图层并更改其属性，结果如图 12-8 所示。

03 执行【格式】|【单位】命令，在弹出的【图形单位】对话框中设置绘图单位为毫米，结果如图 12-9 所示。

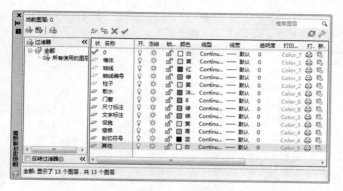

图 12-8　【图层特性管理器】选项板

图 12-9　【图形单位】对话框

04 将"轴线"图层置为当前正在使用的图层。调用 L【直线】命令，绘制相交的垂

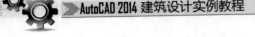
直轴线和水平轴线，如图 12-10 所示。

图 12-10　绘制轴线

05 调用 O【偏移】命令，偏移轴线，完成轴网的绘制结果如图 12-11 所示。

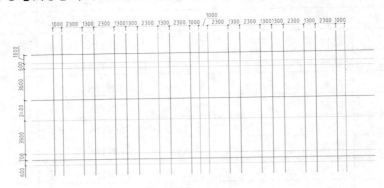

图 12-11　绘制轴网

12.2.2　绘制墙体

墙体是最重要的建筑构件，为房屋提供维护作用，还可作为房屋的承重构件，接受来自屋顶、楼层传来的各种荷载。

01 将"墙体"图层置为当前图层。

02 绘制外墙。调用 ML【多线】命令，设置比例为 200，对正类型为"无"，绘制住宅楼左边的外墙体，如图 12-12 所示。

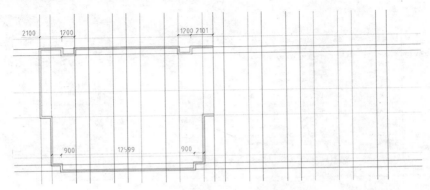

图 12-12　绘制外墙

03 按 Enter 键，继续使用 ML【多线】命令，绘制内墙体，结果如图 12-13 所示。

04 关闭"轴线"图层。调用 ML【多线】命令，设置比例为 120，对正类型为 "无"，绘制住宅楼左边的内部隔墙，如图 12-14 所示。

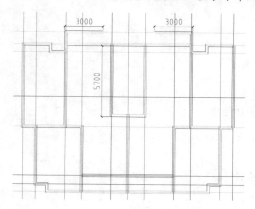

图 12-13　绘制内墙体

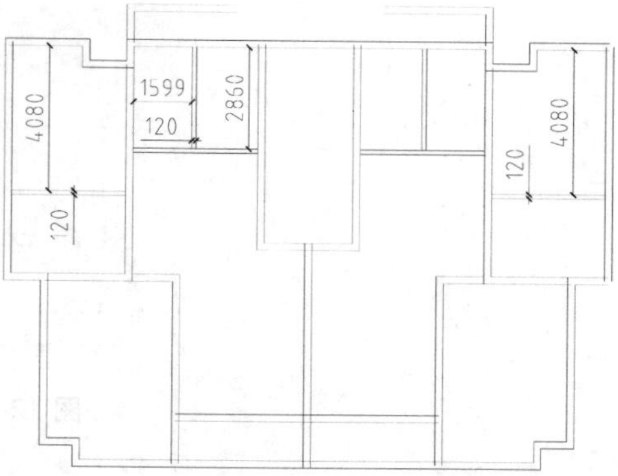

图 12-14　绘制隔墙

05 双击墙体，弹出图 12-15 所示的【多线编辑工具】对话框。

06 单击【十字打开】按钮，在平面图中单击垂直墙体和水平墙体，完成编辑操作的 结果如图 12-16 所示。

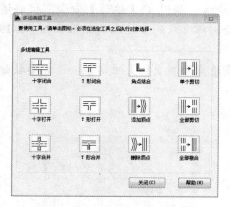

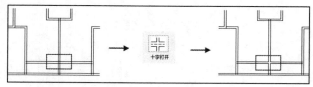

图 12-15　【多线编辑工具】对话框

图 12-16　十字打开

07 单击【T 形打开】按钮，修剪墙体的结果如图 12-17 所示。

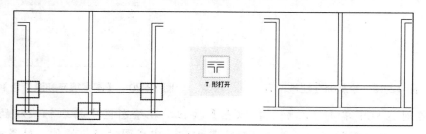

图 12-17　T 形打开

08 继续使用【十字打开】、【T 形打开】、【角点结合】等工具，对墙体进行编辑；调用 L【直线】命令，绘制墙体的闭合直线，结果如图 12-18 所示。

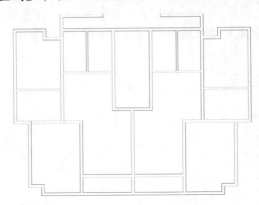

图 12-18　编辑墙体

注意

在使用多线编辑工具对墙体执行编辑操作时，应先单击垂直墙体，然后再单击水平墙体，以完成墙体的编辑操作。

09 将"柱子"图层置为当前图层。

10 绘制标准柱。调用 X【分解】命令，分解墙线；调用 O【偏移】命令，偏移墙线；调用 TR【修剪】命令，修剪墙线，绘制标准柱的外轮廓的结果如图 12-19 所示。

11 调用 H【图案填充】命令，系统弹出【图案填充和渐变色】对话框，设置参数如图 12-20 所示。

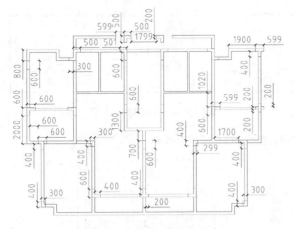

图 12-19　绘制标准柱外轮廓

图 12-20　【图案填充和渐变色】对话框

12 在对话框中单击【添加：拾取点】按钮，在绘图区中拾取标准柱的轮廓；按 Enter 键返回对话框，单击【确定】按钮，完成图案填充操作，结果如图 12-21 所示。

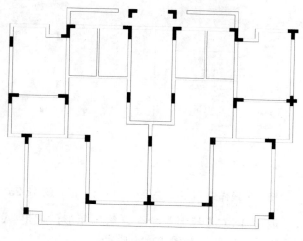

图 12-21 填充图案

12.2.3 绘制门窗

门窗为建筑物提供通风、采光的作用，是重要的建筑构件。在绘制门窗图形之前，首先应定位门窗洞口的位置，然后在该基础上绘制门窗。

01 将"门窗"图层置为当前图层。

02 绘制门窗洞口。调用 L【直线】命令，绘制直线；调用 O【偏移】命令，偏移线段，结果如图 12-22 所示。

03 调用 TR【修剪】命令，修剪墙线，结果如图 12-23 所示。

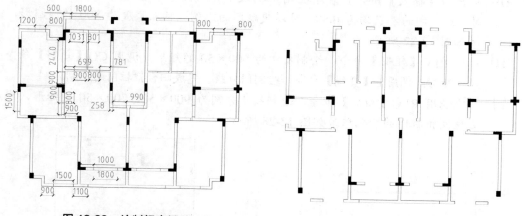

图 12-22 绘制门窗洞口

图 12-23 修剪墙线

04 执行【格式】|【多线样式】命令，在弹出的【多线样式】对话框中新建名称为"平开窗"的新样式；单击【继续】按钮，在随后弹出的对话框中设置多线样式参数，如图 12-24 所示。

05 将"窗"多线样式置为当前正在使用的样式。

06 绘制平开窗。调用 ML【多线】命令，设置比例为 200/240，绘制窗图形的结果如图 12-25 所示。

图 12-24 "窗"多线样式

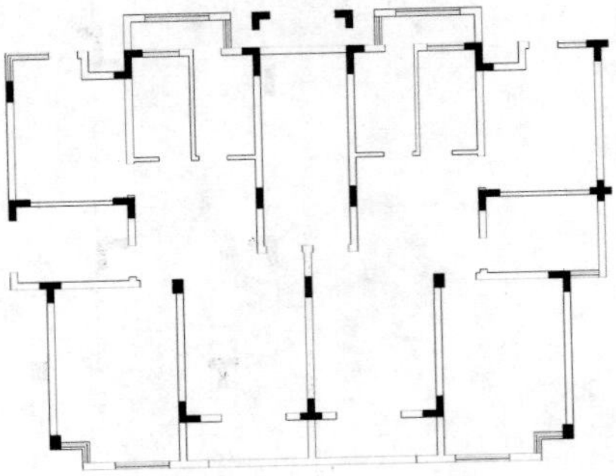

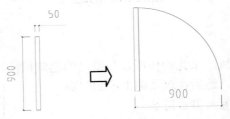

图 12-25 绘制平开窗

07 绘制平开门。调用 REC【矩形】命令，绘制矩形；调用 A【圆弧】命令，绘制圆弧，完成平开门的绘制，如图 12-26 所示。

图 12-26 绘制平开门

08 调用 B【创建块】命令，选择上一步所创建的门图形，将其创建成块。

09 调用 I【插入】命令，在平面图中插入平开门图形；在【比例】选项组下更改 X、Y 方向的参数均为 0.89，可以更改门的比例，插入宽度为 800 的门图形，结果如图 12-27 所示。

10 调用 REC【矩形】命令，绘制尺寸为 900×50 的矩形；调用 CO【复制】命令，复制矩形；调用 L【直线】命令，绘制门口线，完成阳台推拉门的绘制。

11 再次调用 REC【矩形】命令，绘制尺寸分别为 900×50、700×50 的矩形，完成卫生间推拉门的绘制结果如图 12-28 所示。

图 12-27 绘制平开门

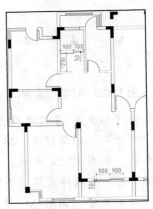

图 12-28 绘制推拉门

12 重复上述操作，完成平开门和推拉门的绘制，结果如图 12-29 所示。

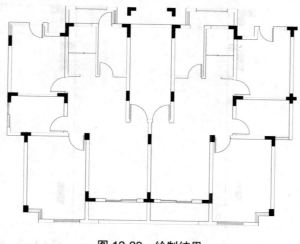

图 12-29 绘制结果

12.2.4 绘制室内设施

室内设施主要指楼梯、卫生间以及厨房的基本设施等，室内设施的绘制，可以帮助鉴别室内各功能区域的划分。

01 将"楼梯"图层置为当前图层。

02 绘制楼梯。调用 L【直线】命令，在标准柱之间绘制连接直线，结果如图 12-30 所示。

03 调用 TR【修剪】命令，修剪墙线；调用 L【直线】命令、O【偏移】命令，绘制图形的结果如图 12-31 所示。

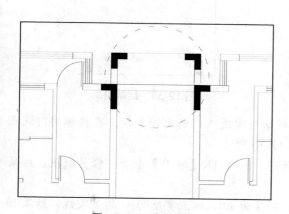

图 12-30 绘制直线

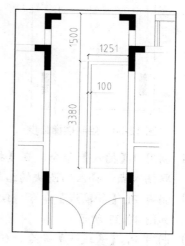

图 12-31 绘制结果

04 调用 O【偏移】命令，偏移直线以绘制楼梯扶手，结果如图 12-32 所示。

05 调用 L【直线】命令、TR【修剪】命令，绘制并修剪直线，完成扶手的绘制结果如图 12-33 所示。

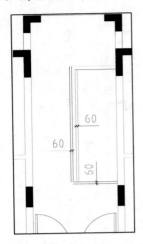

图 12-32　绘制楼梯扶手

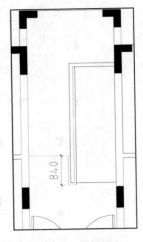

图 12-33　绘制结果

06 调用 O【偏移】命令，偏移直线，完成楼梯踏步的绘制，结果如图 12-34 所示。

07 绘制门洞。调用 L【直线】命令，绘制直线；调用 TR【修剪】线段，完成图形的绘制，结果如图 12-35 所示。

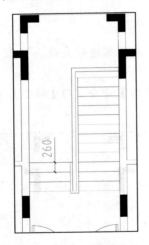

图 12-34　绘制楼梯踏步

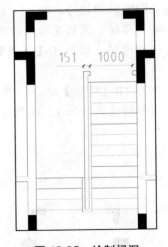

图 12-35　绘制门洞

08 调用 I【插入】命令，在【插入】对话框中更改门的比例参数；在楼梯间门洞点取插入点，插入门图块的结果如图 12-36 所示。

09 调用 PL【多段线】命令，绘制折断线；调用 TR【修剪】命令，修剪线段，结果如图 12-37 所示。

10 调用 PL【多段线】命令，绘制起始宽度为 60，端点宽度为 0 的多段线，结果如图 12-38 所示。

11 调用 MT【多行文字】命令，绘制上楼方向文字标注，结果如图 12-39 所示。

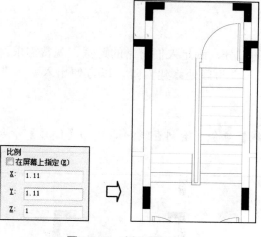

图 12-36　插入平开门

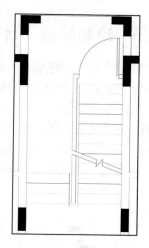

图 12-37　修剪线段

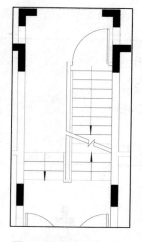

图 12-38　绘制多段线

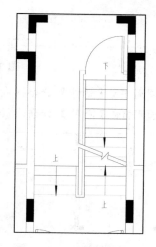

图 12-39　绘制文字标注

12 调用 O【偏移】命令，设置偏移距离为 600，往外偏移墙线，完成洗手台面线、橱柜台面线的绘制，结果如图 12-40 所示。

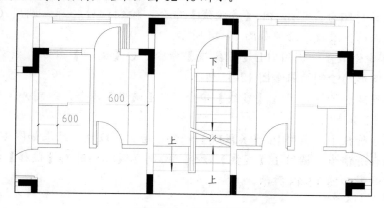

图 12-40　绘制台面线

12.2.5 绘制阳台、台阶图形

建筑物的阳台是建筑面积向外延伸的部分，满足人们日常的贮藏、观赏需求。建筑物平面与地平面存在高度落差时，需要在入户门口处修建台阶，以方便出入。本节介绍阳台、台阶图形的绘制。

01 将"设施"图层置为当前图层。

02 绘制空调百叶窗。调用 L【直线】命令，绘制直线；调用 O【偏移】命令，偏移直线，绘制结果如图 12-41 所示。

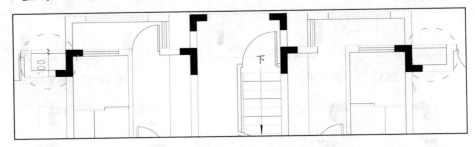

图 12-41　绘制空调挡板栏杆

03 调用 EX【延伸】命令，向下延伸墙线，如图 12-42 所示。

04 调用 TR【修剪】命令，修剪墙线，结果如图 12-43 所示。

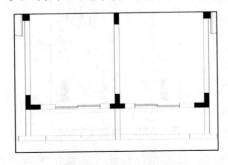

图 12-42　向下延伸墙线

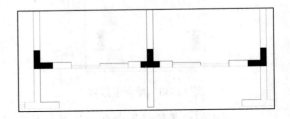

图 12-43　修剪墙线

05 绘制客厅阳台。调用 PL【多段线】命令，绘制阳台轮廓；调用 O【偏移】命令，偏移多段线，结果如图 12-44 所示。

06 绘制书房阳台。调用 PL【多段线】命令、O【偏移】命令，绘制并偏移多段线，图形的绘制结果如图 12-45 所示。

07 绘制庭院台阶。调用 L【直线】命令、O【偏移】命令，绘制并偏移直线，结果如图 12-46 所示。

08 绘制台阶扶手。调用 PL【多段线】命令，绘制多段线，结果如图 12-47 所示。

09 绘制台阶踏步。调用 L【直线】命令，绘制直线；调用 O【偏移】命令，偏移直线，结果如图 12-48 所示。

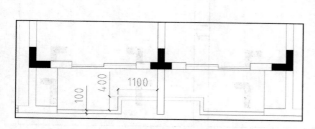

图 12-44 绘制客厅阳台

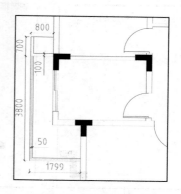

图 12-45 绘制书房阳台

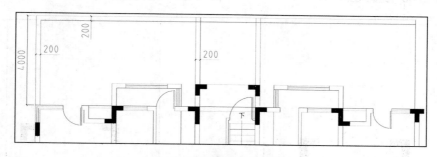

图 12-46 绘制并偏移直线

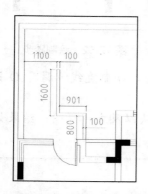

图 12-47 绘制台阶扶手

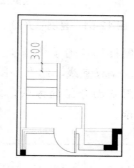

图 12-48 绘制台阶踏步

10 调用 PL【多段线】命令、MT【多行文字】命令，绘制上楼方向指示箭头以及文字说明，结果如图 12-49 所示。

11 调用 TR【修剪】命令，修剪线段，结果如图 12-50 所示。

12 调用 L【直线】命令、TR【修剪】命令，绘制门洞；调用 I【插入】命令，在【插入】对话框中修改比例参数，插入宽度为 800 的平开门，结果如图 12-51 所示。

13 绘制楼梯口台阶踏步。调用 L【直线】命令、O【偏移】命令，绘制并偏移直线，完成踏步的绘制，结果如图 12-52 所示。

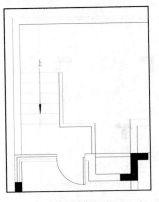

图 12-49 绘制结果

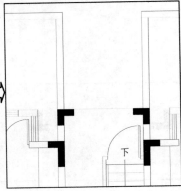

图 12-50 修剪线段

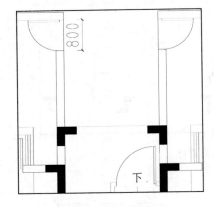

图 12-51 复制平开门

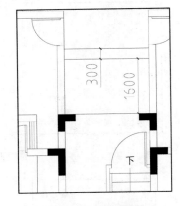

图 12-52 绘制踏步

14 绘制楼梯口踏步及挡墙。调用 L【直线】命令，绘制直线；调用 O【偏移】命令，偏移直线，结果如图 12-53 所示。

15 沿用前面介绍的方法，绘制上楼方向指示箭头以及文字说明，结果如图 12-54 所示。

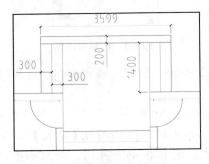

图 12-53 绘制踏步及挡墙

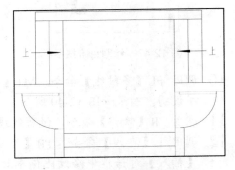

图 12-54 绘制结果

16 调用 MI【镜像】命令，镜像复制台阶图形至右边，结果如图 12-55 所示。

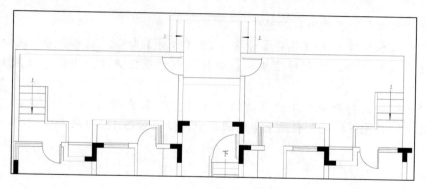

图 12-55　镜像复制

12.2.6　绘制散水、排水沟

散水是在建筑周围敷设的用以防止两水(雨水及生产、生活用水)渗入的保护层，排水沟则可以排尽雨水以及生产、生活用水。本节介绍散水、排水沟图形的绘制。

01 绘制排水沟。调用 O【偏移】命令，偏移线段；调用 L【直线】命令、TR【修剪】命令，绘制并修剪直线，结果如图 12-56 所示。

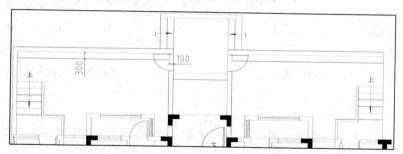

图 12-56　绘制排水沟

02 调用 H【图案填充】命令，系统弹出【图案填充和渐变色】对话框，设置参数如图 12-57 所示。

03 填充图案的结果如图 12-58 所示。

图 12-57　【图案填充和渐变色】对话框

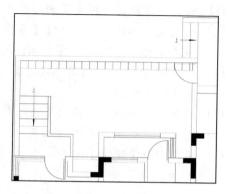

图 12-58　图案填充

04 将"散水"图层置为当前图层。

05 绘制散水。调用 O【偏移】命令、TR【修剪】命令，偏移并修剪墙线；调用 L 【直线】命令，绘制对角线，最后将散水的线型更改为虚线，结果如图 12-59 所示。

06 调入图块。打开配套光盘提供的"第 12 章\家具图例.dwg"文件，将其的中厨具、洁具等图块复制粘贴至当前图形中，结果如图 12-60 所示。

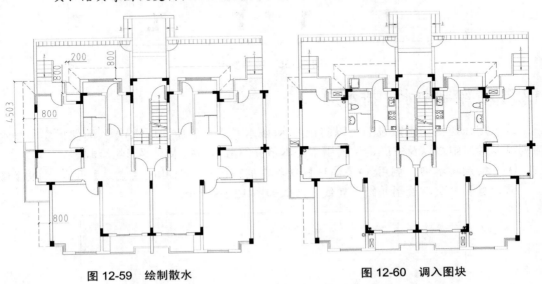

图 12-59　绘制散水　　　　　　　　　　图 12-60　调入图块

提示

　　一层的下面还有一层架空层，散水位于架空层上，所以在绘制一层平面图时，散水图形的线型应为虚线，为映射的效果。

12.2.7　绘制图形标注

　　图形标注包括各功能区域的文字标注、标高标注，坡道的坡度标注以及轴号标注和图名比例标注等。图形标注是绘制设计图纸不可缺少的内容，有助于读图。

01 将"文字标注"图层置为当前图层。

02 绘制文字标注。调用 MT【多行文字】命令、MLD【多重引线】命令，绘制各区域文字标注，结果如图 12-61 所示。

03 绘制坡度标注。调用 MLD【多重引线】命令，绘制阳台的坡度标注，结果如图 12-62 所示。

04 绘制标高标注。调用 I【插入】命令，在弹出的【插入】对话框中选择"标高"图块；在绘图区点取插入点，并更改标高值，标高标注的结果如图 12-63 所示。

05 调用 MI【镜像】命令，将左边的平面图形镜像复制至右边，结果如图 12-64 所示。

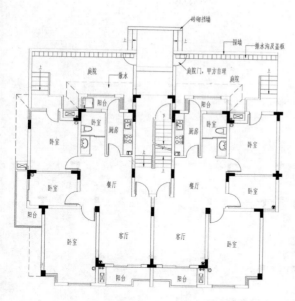

图 12-61 绘制文字标注

图 12-62 绘制坡度标注

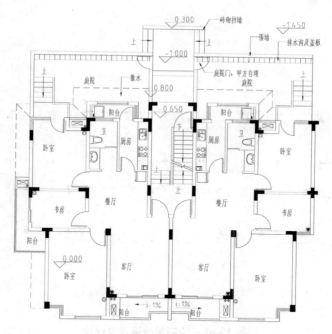

图 12-63 绘制标高标注

06 将"轴线"图层打开。

07 将"尺寸标注"图层置为当前图层。

08 调用 DLI【线性标注】命令、DCO【连续标注】命令,绘制第一道尺寸标注,即门窗洞口和窗间墙的尺寸,标注结果如图 12-65 所示。

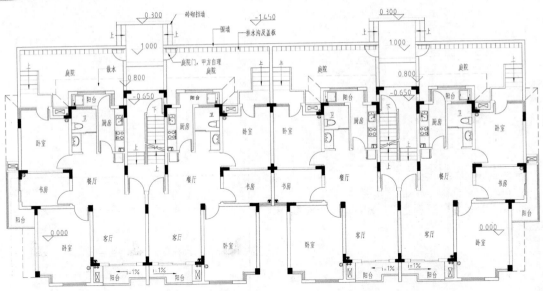

图 12-64　镜像复制

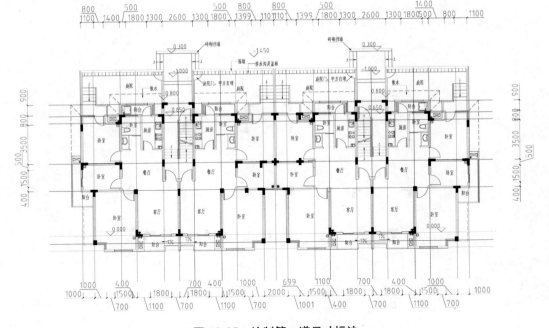

图 12-65　绘制第一道尺寸标注

09 调用 DLI【线性标注】命令、DCO【连续标注】命令，绘制第二道尺寸标注，即轴线间的尺寸，表明房间的开间及进深的大小，标注结果如图 12-66 所示。

10 调用 DLI【线性标注】命令、DCO【连续标注】命令，绘制第三道尺寸标注，即外包尺寸，表示房屋外轮廓总尺寸，标注结果如图 12-67 所示。

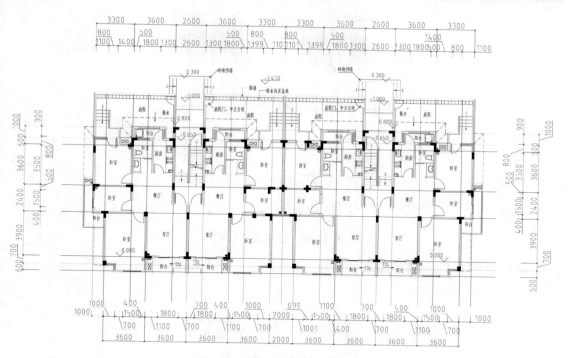

图 12-66　绘制第二道尺寸标注

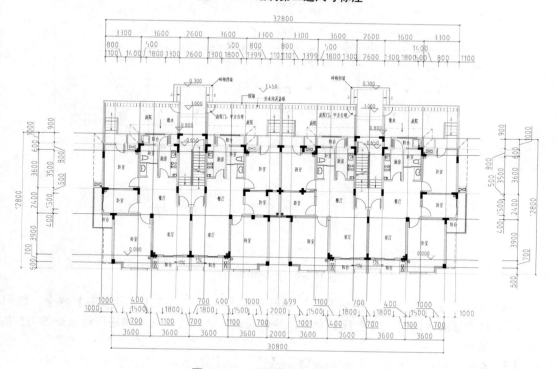

图 12-67　绘制第三道尺寸标注

11　将"文字标注"图层置为当前图层。

12　调用 MT【多行文字】命令，绘制施工说明，结果如图 12-68 所示。

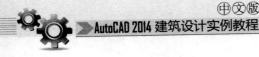
备注:

1. ⊖ 表示Φ75mm分体空调预留孔,中心距楼地面 2200mm,距墙边150mm。

2. ⊗ 表示Φ75mm分体空调预留孔,中心距楼地面 150mm,距墙边150mm。

3. 空调预留孔在砖墙处预埋UPVC套管,在砼处预留钢管套,预留孔应注意避开雨水管;图中门垛未注明为100mm或柱边布置,图中未注明墙体厚度为200mm。

图 12-68　绘制施工说明

13　调用 L【直线】命令,绘制轴号引线,结果如图 12-69 所示。

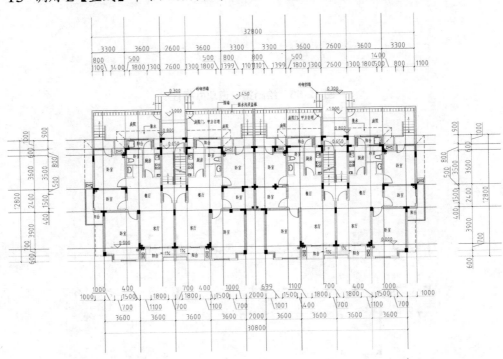

图 12-69　绘制轴号引线

14　调用 C【圆】命令,绘制半径为 400 的圆形;调用 MT【多行文字】命令,绘制轴号标注;调用 L【直线】命令,绘制斜线,使轴线与轴号相连,结果如图 12-70 所示。

15　关闭"轴线"图层。

16　调用 PL【多段线】命令,分别绘制起始宽度和端点宽度均为 200 的多段线,以及起始宽度和端点宽度为 0 的多段线;调用 MT【多行文字】命令,绘制图名和比例标注。

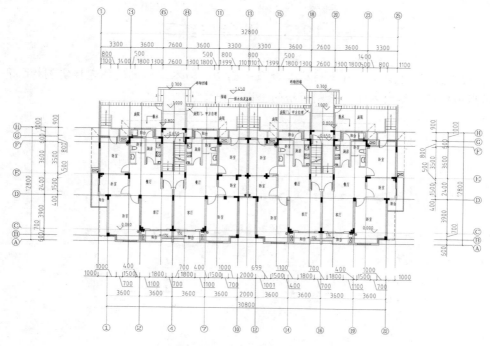

图 12-70　绘制轴号标注

17 绘制指北针。调用 C【圆】命令，绘制半径为 800 的圆形；调用 L【直线】命令，绘制直线；调用 H【图案填充】命令，为图形填充 SOLID 的图案；调用 MT【多行文字】命令，绘制文字标注，绘制结果如图 12-71 所示。

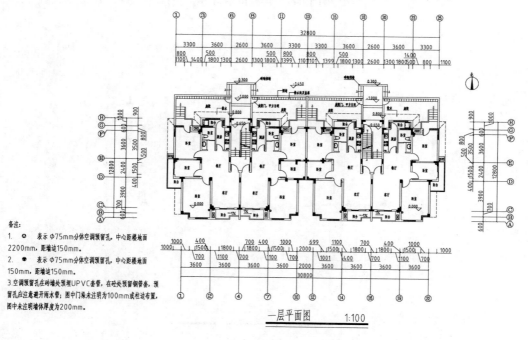

备注：

1. ⊙ 表示 Φ75mm分体空调预留孔，中心距楼地面 2200mm，距墙边150mm。

2. ● 表示 Φ75mm分体空调预留孔，中心距楼地面 150mm，距墙边150mm。

3 空调预留孔在砖墙处预埋UPVC套管，在砼处预留钢管套，预留孔应注意避开雨水管；图中门窗未注明为100mm或柱边布置，图中未注明墙体厚度为200mm。

一层平面图　　1:100

图 12-71　绘制图名和比例标注

12.3　思考与练习

　　图 12-72、图 12-73 所示为住宅楼建筑平面图，与本章所选的住宅楼实例相配套；请读者沿用书中所介绍的方法，绘制所给的平面图。

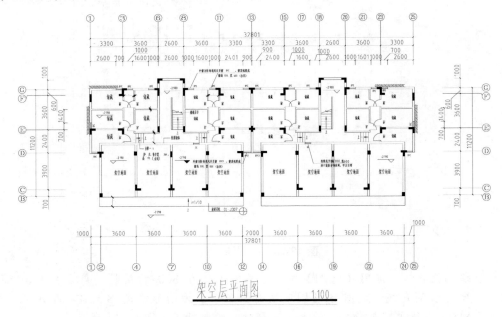

图 12-72　架空层平面图

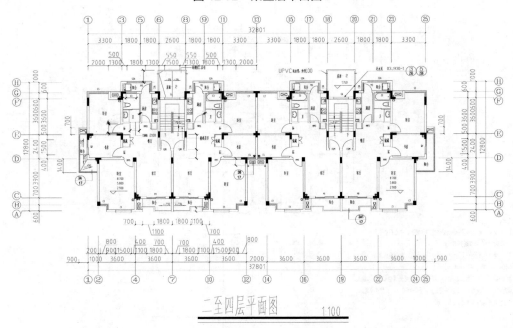

图 12-73　二至四层平面图

第 13 章

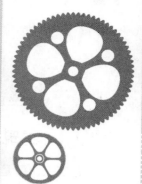

绘制建筑立面图

➤ 本章导读

　　建筑立面图是反映建筑设计方案、门窗立面位置、样式与朝向、室外装饰造型及建筑结构样式等的最直观的手段，是三维模型和透视图的基础。一栋建筑的外形美观与否，主要取决于建筑的立面设计。

　　本章以某单元式住宅北立面图为例，介绍建筑立面图的基本知识、绘制步骤、方法和技巧。

➤ 学习目标

➢ 了解建筑立面图的形成和命令。

➢ 熟悉建筑立面图的绘制内容和要求。

➢ 掌握建筑立面图的绘制方法和技巧。

13.1 建筑立面图概述

使用 AutoCAD 绘制建筑立面图，首先必须对建筑立面图的基本知识有所了解。

13.1.1 建筑立面图的形成

建筑立面图是用直接正投影法将建筑各个墙面进行投影所得到的正投影图，简称立面图。它主要反映房屋的外貌、各部分配件的形状和相互关系以及立面装修做法等，是建筑及装饰施工的重要图样。

建筑立面图是建筑物在与建筑物立面相平行的投影面上投影所得的正投影图，其形成原理如图 13-1 所示。建筑立面图是建筑施工中控制高度和外墙装饰效果的技术依据，主要用来表达建筑物的外部造型、门窗位置及形式、墙面装饰材料、阳台、雨篷等部分的材料和做法。

一般来说，一栋建筑物每一个立面都要画出其立面图，但当各侧立面图比较简单或者有相同的立面时，可以只绘出主要的立面图。当建筑物有曲线或折线形立面的侧面时，绘制立面图时可将曲线或折线形的侧面绘制成展开立面图，以使各个部分反映实际形状。另外，对于较简单的对称式建筑物或构配件等，在不影响构造处理和施工的情况下，立面图可绘制一半，另一半在对称轴线处用对称符号表示即可。

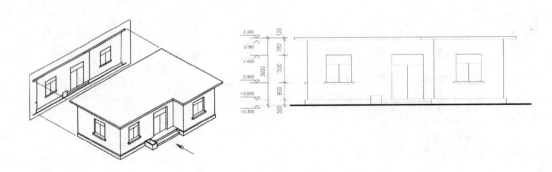

图 13-1　建筑立面图形成原理

13.1.2 建筑立面图的命名

建筑立面图命名的目的是使读者一目了然地识别其立面的位置。因此，各种命名方式都围绕"明确位置"的主题进行。图 13-2 标出了建筑立面图的投影方向和名称。

下面对建筑立面图的命名方式进行介绍。

以相对主入口的位置特征来命名：当以相对主入口的位置特征来命名时，则建筑立面图称为正立面图、背立面图和左右两侧立面图。这种方式一般适用于建筑平面方正、简单且入口位置明确的情况。

以相对地理方位的特征来命名：当以相对地理方位的特征来命名时，则建筑立面图称为南立面图、北立面图、东立面图和西立面图，图 13-3 所示为建筑的北立面图。这种方式一般适用于建筑平面图规整、简单且朝向相对正南、正北偏转不大的情况。

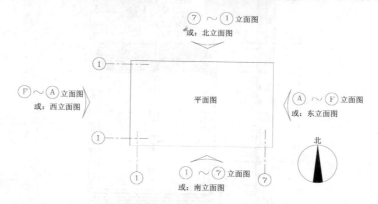

图 13-2　建筑立面图的投影方向和名称

图 13-3　以建筑朝向命名

以轴线编号来命名：是指用立面图的起止定位轴线来命令名，例如 1～12 立面图、A～F 立面图等。这种命名方式准确，便于查对，特别适用于平面较复杂的情况。根据《建筑制图标准》GB/T 50104—2010 规定，有定位轴线的建筑物，宜根据两端定位轴线号来编注立面图名称。无定位轴线的建筑物可按平面图各面的朝向来确定名称，如图 13-4 所示的①～⑨立面图。

三种命名方式各有特点，在绘图时应根据实际情况灵活选用，其中以轴线编号的命名方式最为常用。

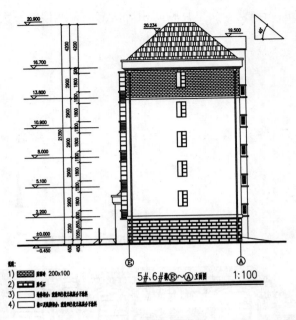

图 13-4   以轴号命名

13.1.3   建筑立面图绘制内容

绘制好的建筑立面图应包含以下 4 个内容。

- 室外地面线及房屋的勒脚、台阶、花台、门、窗、雨篷、阳台；室外楼梯、墙、柱；外墙的预留孔洞、檐口、屋顶女儿墙或隔热层、雨水管，墙面分格线或其他装饰构件等。
- 外墙各主要部位的标高，如室外地面、台阶、窗台、门窗顶、阳台、雨篷、檐口标高、屋顶等完成面。一般立面图上可不标注高度方向尺寸，但对于外墙留洞除注明标高外，还应注明其大小尺寸及定位尺寸。
- 建筑物两端或分段的轴线及编号。
- 各部分构造、装饰节点详图的索引符号。用图例、文字或列表说明外墙面的装修材料及做法。

13.1.4   建筑立面图绘制要求

在绘制建筑立面图时，应遵循相应的规定和要求。

- 比例：国家标准《建筑制图标准》GB/T 5014—2010 规定立面图宜采用 1∶50、1∶100、1∶150、1∶200 和 1∶300 等比例绘制。在绘制建筑立面图时，应根据建筑物的大小采用不同的比例，通常采用 1∶100 的比例。
- 定位轴线：一般立面图只画出两端的轴线及编号以便与平面图对照，其编号应与平面图一致。
- 图线：为增加图面层次，画图时常采用不同的线型。立面图最外边的外形轮廓用粗实线表示；室外地坪线用 1.4 倍的加粗实线(线宽为粗实线的 1.4 倍左右)表示；门窗洞口、檐口、阳台、雨篷、台阶等用中实线表示，其余的如墙面分隔线、门窗格子、雨水管以及引出线等均用细实线表示。

- 投影要求：建筑立面图中，只画出按投影方向可见的部分，不可见的部分一律不表示。
- 图例：由于比例小，按投影很难将所有细部都表达清楚，如门、窗等都是用图例来绘制的，且只画出主要轮廓线及分格线。但要注意的是，门窗框需用双线画。
- 尺寸注法：高度尺寸用标高的形式标注，主要包括建筑物室内外地坪、出入口地面、窗台、门窗洞顶部、檐口、阳台底部、女儿墙压顶及水箱顶部、进口平台面及雨篷底面等处的标高。各标高注写在立面图的左侧或右侧且排列整齐。
- 外墙装修做法：外墙面根据设计要求可选用不同的材料及做法，在图面上，多选用带有指引线的文字说明。

13.1.5 建筑立面图绘制方法

立面图一般应按投影关系画在平面图上方，且与平面图轴线对齐，以便识读。侧立面图或剖面图可放在所画立面图的一侧。

立面图所采用的比例一般和平面图相同。由于比例较小，所以门窗、阳台、栏杆及墙面复杂的装修可按图例绘制。为简化作图步骤，对立面图上同一类型的门窗，可详细地画一个作为代表，其余均用简单图例来表示。此外，在立面图的两端应画出定位轴线符号及其编号。

具体绘图步骤如下。

- 画室外地坪线、两端定位辅助线、外墙轮廓线、屋顶轮廓线等。
- 根据层高、各部分的标高和平面图中门窗洞口的尺寸，画出立面图中的门窗洞、檐口、雨篷等细部的外形轮廓。
- 画出门扇、墙面分格线、雨水管等细部。对于相同的构造、做法(如门窗立面和开启形式)，可以只详细画出其中的一个，其余的只画外轮廓。

检查无误后加深图线，并注写标高、图名、比例及有关文字说明。

13.1.6 建筑立面图的识读

本节以图 13-3 所示的立面图为例，介绍其图示内容及识读步骤。

(1) 了解图名及比例。从图名或轴号可得知，该图示表示房屋北向的立面图(①~⑯立面图)，比例为 1：100。

(2) 了解立面图与平面图的对应关系。对照图 13-3 底层平面图上的指北针和定位轴线编号，可以得知北立面图的左端轴线编号为①，右端轴线编号为⑯，与底层平面图相对应。

(3) 了解房屋的体形和外貌特征。由图 13-3 可知，该住宅楼为六层，立面造型对称布置，局部为斜坡屋顶。底层为架空层，其他位置门洞处设有阳台，墙面有雨水管。

(4) 了解房屋各部分的高度尺寸及标高数值。立面图上一般应在室外地坪、阳台、檐口、门、窗、台阶等处标注标高，并沿高度方向注写某些部位的高度尺寸。从图 13-3 中

所注的标高可知，房屋室外地坪比室内地面低 0.450m，屋顶最高处标高 20.900m，由此可推算出房屋外墙的总高度为 21.350m。其他主要部位的标高已在图中标出。

(5) 了解门窗的形式、位置及数量。该楼底层为卷帘门，窗户以及门均为塑钢推拉窗，阳台安装铁艺栏杆。

(6) 了解房屋外墙面及装修做法。从立面材料文字标注可知，六层外墙面贴面砖，底层石材饰面，其他墙面刷涂料。

13.2 建筑立面图的绘制

本节介绍建筑立面图的绘制方法，包括立面构件、立面屋顶以及立面图的各类标注的绘制。在绘制建筑立面图之前，应先创建各图层。主要有"轴线"图层、"墙体"图层、"门窗"图层、"阳台"图层、"填充"图层、"标注"图层等。

13.2.1 绘制立面图轮廓

在绘制住宅楼立面图前，应先定义立面图的范围。在平面图的一侧，绘制引出线，以定义该平面方向所对应的立面轮廓，然后在所定义的范围内绘制建筑立面的内容，比如墙体、门窗、屋顶等。

01 在绘制建筑立面图之前，要先设置各图形图层，比如立面轮廓、门窗、标注等图形的图层，如表 13-1 所示。

表 13-1 图层属性

序号	图层名	描述内容	线宽	线 型	颜色	打印属性
1	轴线	定位轴线	默认	点划线(ACAD_ISO 04W100)	红色	不打印
2	立面轮廓	立面图外轮廓	0.30mm	实线(CONTINUOUS)	青色	打印
3	立面构件	门窗	默认	实线(CONTINUOUS)	绿色	打印
4	填充	图案填充	默认	实线(CONTINUOUS)	8号色	打印
5	尺寸标注	尺寸标注	默认	实线(CONTINUOUS)	黄色	打印
6	文字标注	图内文字、图名、比例	默认	实线(CONTINUOUS)	绿色	打印

02 创建图层。调用 LA【图层特性管理器】命令，在弹出的【图层特性管理器】选项板中创建图层，结果如图 13-5 所示。

03 设置单位。执行【格式】|【单位】命令，弹出【图形单位】对话框，设置绘图单位为毫米，结果如图 13-6 所示。

04 调用 CO【复制】命令，移动复制一份建筑平面图至一旁；调用 L【直线】命令，在平面图中间绘制直线；调用 TR【修剪】命令，修剪线段，结果如图 13-7 所示。

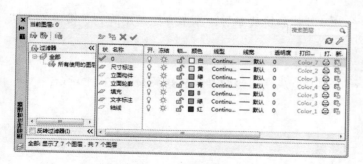

图 13-5 【图层特性管理器】选项板　　　　图 13-6 【图形单位】对话框

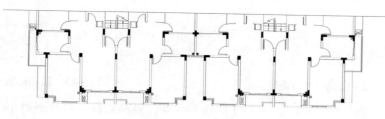

图 13-7 整理图形

05 将"轴线"图层置为当前图层。

06 绘制辅助线。调用 XL【构造线】命令，分别绘制水平的和垂直的构造线；调用 TR【修剪】命令，修剪线段，结果如图 13-8 所示。

07 暂时关闭"轴线"图层。

08 将"立面轮廓"图层置为当前图层。

09 调用 O【偏移】命令，偏移辅助线；调用 TR【修剪】命令，修剪线段，绘制立面轮廓，结果如图 13-9 所示。

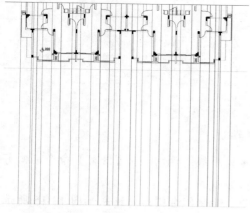

图 13-8 绘制辅助线

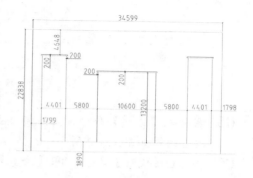

图 13-9 绘制立面轮廓

10 调用 REC【矩形】命令，绘制屋顶立面轮廓，结果如图 13-10 所示。

13.2.2 绘制立面构件

建筑立面构件包括门窗、阳台以及其他装饰线条等，本节介绍调用阵列、镜像等方法来复制参数相同的立面构件图形。

01 将"立面构件"图层置为当前图层。

02 调用 O【偏移】命令，向上偏移轮廓线，绘制层线的结果如图 13-11 所示。

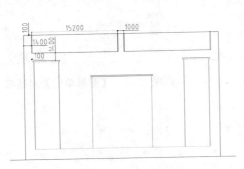

图 13-10 绘制屋顶立面轮廓

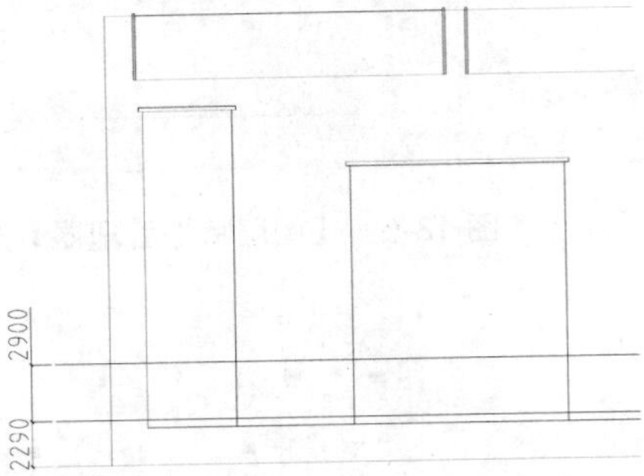

图 13-11 绘制层线

03 打开"轴线"图层。调用 O【偏移】命令，偏移层线，结果如图 13-12 所示。

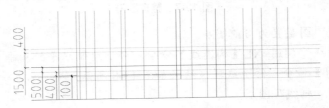

图 13-12 偏移层线

04 调用 TR【修剪】命令，修剪线段(层线预留)，结果如图 13-13 所示。

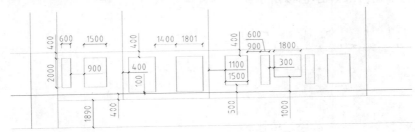

图 13-13 修剪线段

05 调用 O【偏移】命令，向内偏移立面窗轮廓线；调用 TR【修剪】命令，修剪线段，结果如图 13-14 所示。

06 调用 O【偏移】命令、TR【修剪】命令，绘制阳台图形，结果如图 13-15 所示。

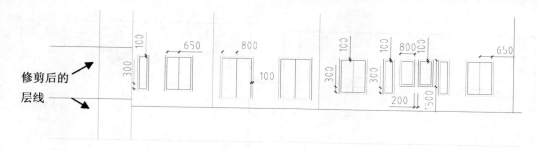

图 13-14　修剪线段

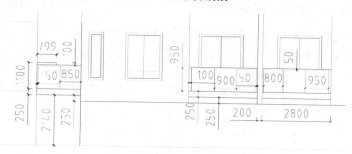

图 13-15　绘制阳台图形

07 单击【修改】工具栏上的【矩形阵列】按钮，设置阵列列数为 1，行数为 6，行间距为 2900，阵列结果如图 13-16 所示。

08 调用 X【分解】命令，分解阵列图形；调用 E【删除】命令，删除多余图形，结果如图 13-17 所示。

图 13-16　阵列复制　　　　　　　　图 13-17　删除多余图形

09 绘制住宅楼中部六层的立面装饰线条。调用 L【直线】命令、O【偏移】命令及 TR【修剪】命令，绘制立面造型，结果如图 13-18 所示。

10 调用 REC【矩形】命令、O【偏移】命令及 L【直线】命令，绘制立面窗，结果如图 13-19 所示。

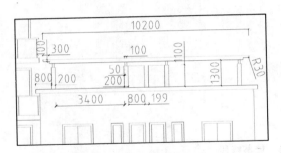

图 13-18 绘制立面造型

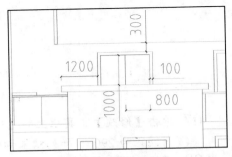

图 13-19 绘制立面窗

11 调用 MI【镜像】命令，向右镜像复制立面窗图形，结果如图 13-20 所示。

12 调用 PL【多段线】命令，绘制立面窗图形，结果如图 13-21 所示。

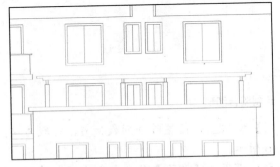

图 13-20 镜像复制

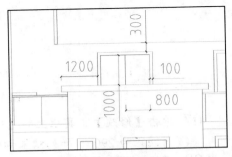

图 13-21 绘制立面窗图形

13 调用 MI【镜像】命令，将左边的立面窗图形镜像复制到右边，结果如图 13-22 所示。

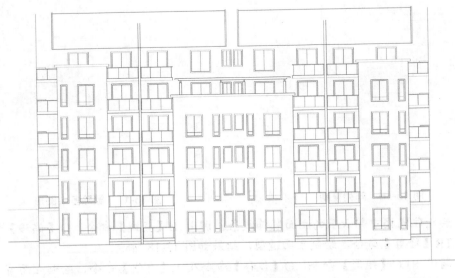

图 13-22 镜像复制

14 调用 O【偏移】命令，偏移线段；调用 TR【修剪】命令，修剪线段；调用 E

【删除】命令，删除线段，结果如图 13-23 所示。

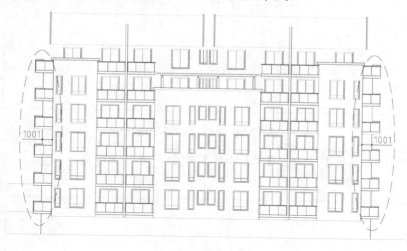

图 13-23　修剪线段

15 调用 L【直线】命令、O【偏移】命令及 TR【修剪】命令，绘制屋顶立面造型，结果如图 13-24 所示。

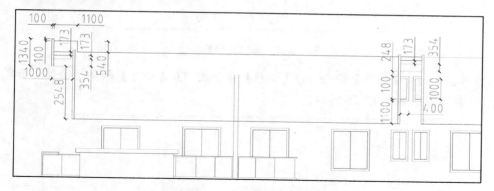

图 13-24　绘制屋顶立面造型

16 调用 MI【镜像】命令，镜像复制上一步所绘制的立面屋顶造型，结果如图 13-25 所示。

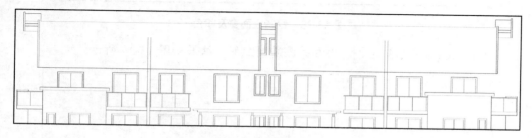

图 13-25　镜像复制

17 调用 REC【矩形】命令、O【偏移】命令，绘制屋顶造型线，结果如图 13-26 所示。

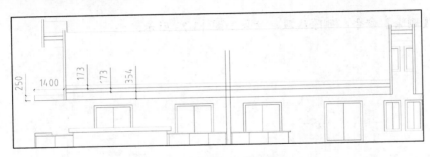

图 13-26　绘制屋顶造型线

18 调用 O【偏移】命令、TR【修剪】命令，偏移并修剪线段，结果如图 13-27 所示。

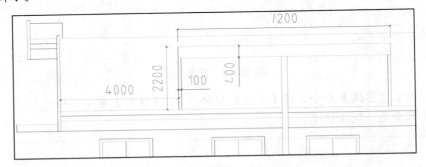

图 13-27　偏移并修剪线段

19 调用 REC【矩形】命令、O【偏移】命令及 TR【修剪】命令，绘制立面窗及阳台，结果如图 13-28 所示。

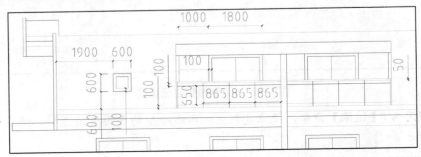

图 13-28　绘制立面窗及阳台

20 调用 MI【镜像】命令，向右镜像复制图形，结果如图 13-29 所示。

图 13-29　镜像复制

21 调用 L【直线】命令，绘制立面装饰线，结果如图 13-30 所示。

图 13-30　绘制立面装饰线

22 调用 O【偏移】命令、TR【修剪】命令，绘制如图 13-31 所示的图形。

23 调用 L【直线】命令，绘制立面窗上方线条造型，结果如图 13-32 所示。

图 13-31　偏移并修剪线段

图 13-32　绘制立面窗造型

24 调用 PL【多段线】命令，绘制起点宽度为 100，端点宽度为 100 的多段线作为地坪线，结果如图 13-33 所示。

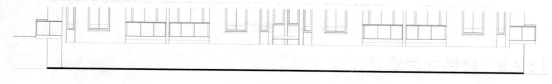

图 13-33　绘制地坪线

25 调用 L【直线】命令、O【偏移】命令，绘制架空层立面装饰线，结果如图 13-34 所示。

26 调用 MI【镜像】命令，向右镜像复制立面装饰线，结果如图 13-35 所示。

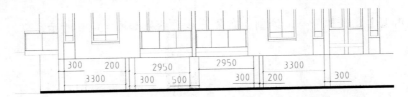

图 13-34　绘制架空层立面装饰线

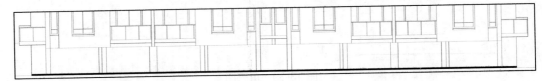

图 13-35　镜像复制

27 调用 REC【矩形】命令，绘制矩形；调用 O【偏移】命令，向内偏移矩形，绘制立面通风口，结果如图 13-36 所示。

28 调用 H【图案填充】命令，在【图案填充和渐变色】对话框中设置参数，填充结果如图 13-37 所示。

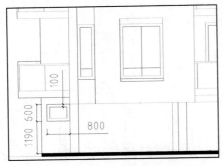

图 13-36　绘制立面通风口

图 13-37　图案填充

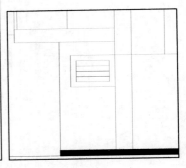

29 调用 CO【复制】命令，移动复制立面通风口图形，结果如图 13-38 所示。

图 13-38　移动复制

13.2.3　绘制立面填充

在表示住宅楼外立面各类装饰瓷砖、涂料时，可以通过【图案填充】命令来实现。该命令通过定义各种不同图案的填充比例以及角度，能较好地表现建筑立面装饰。

01 将"填充"图层置为当前图层。

02 调用 H【图案填充】命令，填充参数的设置以及填充图案的结果如图 13-39 所示。

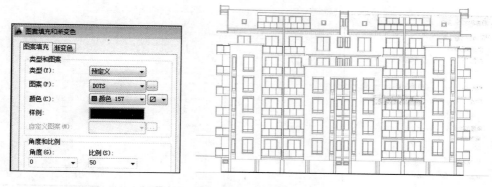

图 13-39 填充图案

03 按 Enter 键，再次对立面执行图案填充操作，参数设置及填充结果如图 13-40 所示。

图 13-40 填充结果

04 在【图案填充和渐变色】对话框中设置外墙砖的参数，填充结果如图 13-41 所示。

图 13-41 填充外墙砖装饰图案

05 在【图案填充和渐变色】对话框中设置屋顶装饰材料的填充参数，填充屋顶图案的结果如图 13-42 所示。

图 13-42　填充屋顶装饰材料

13.2.4　立面图标注

立面图的标注包括尺寸标注、标高标注以及其他类型的标注。其中标高标注是绘制立面图必不可少的标注，因为通过标高标注可以查看建筑物的总体标高与局部标高。

01　将"尺寸标注"图层置为当前图层。

02　调用 DLI【线性标注】命令，为立面图绘制第一道尺寸标注，结果如图 13-43 所示。

图 13-43　绘制第一道尺寸标注

03　调用 L【直线】命令，绘制层线；调用 DLI【线性标注】命令，绘制第二道尺寸标注，结果如图 13-44 所示。

04　按 Enter 键，继续绘制第三道尺寸标注，结果如图 13-45 所示。

05　调用 I【插入】命令，在弹出的【插入】对话框中选择标高图块。定义标高值以及标高点，完成标高标注的结果如图 13-46 所示。

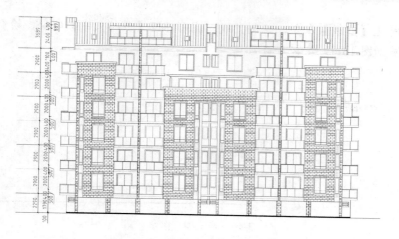

图 13-44 绘制第二道尺寸标注

图 13-45 绘制第三道尺寸标注

图 13-46 绘制标高标注

06 调用 L【直线】命令，绘制直线；调用 MT【多行文字】命令，绘制层数标注，
结果如图 13-47 所示。

图 13-47　绘制层数标注

07 调用 L【直线】命令，绘制轴号引线；调用 C【圆】命令，绘制半径为 400 的圆
形；调用 MT【多行文字】命令，绘制轴号标注，结果如图 13-48 所示。

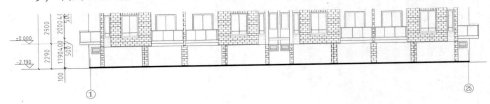

图 13-48　轴号标注

08 调用 DLI【线性标注】命令，绘制尺寸标注，结果如图 13-49 所示。

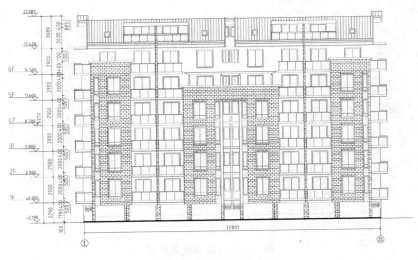

图 13-49　尺寸标注

09 将"文字标注"图层置为当前图层。

10 调用 MLD【多重引线】命令，绘制立面图的材料标注，结果如图 13-50 所示。

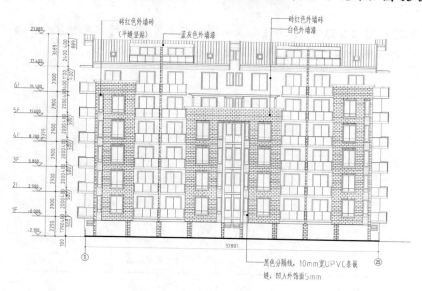

图 13-50 材料标注

11 调用 PL【多段线】命令，绘制宽度为 200 以及宽度为 0 的多段线；调用 MT 【多行文字】命令，绘制图名和比例标注。

12 调用 L【直线】命令，绘制墙线，结果如图 13-51 所示。

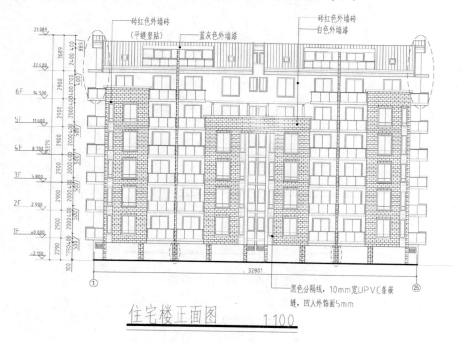

图 13-51 图名标注

13.3 思考与练习

如图 13-52、图 13-53 所示的住宅立面图，与本章所选的住宅楼实例相配套。通过本章的学习，读者参照所学的方法，绘制其他住宅楼立面图。

图 13-52 25—1 立面图

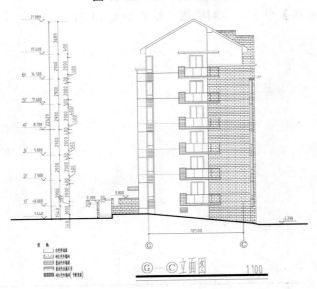

图 13-53 G—C 立面图

第 14 章

绘制建筑剖面图

⊙ 本章导读

  建筑剖面图是反映建筑内部构造的图样。本章首先介绍建筑剖面图的基础知识，然后以某住宅剖面图为例，详细讲解建筑剖面图的绘制方法和技巧。

⊙ 学习目标

➢ 了解建筑剖面图的形成原理。

➢ 熟悉剖面图的绘制内容和要求。

➢ 掌握建筑剖面图的绘制方法和技巧。

14.1 建筑剖面图概述

在绘制建筑剖面图之前，用户首先必须熟悉建筑剖面图的基础知识，便于准确绘制。本节讲述建筑剖面图的形成及其相关知识点。

14.1.1 剖面图的形成

建筑剖面图是用一个假想的平行于正立投影面或侧立投影面的竖直剖切面剖开房屋，并移动剖切面与观察者之间的部分，然后将剩余的部分作正投影所得到的投影图，即为剖面图，如图 14-1 所示。

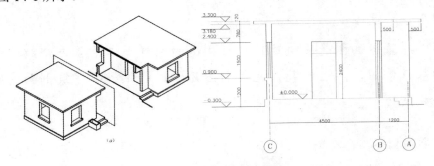

图 14-1　剖面图形成原理

建筑剖面图是建筑物的垂直剖视图。在建筑施工过程中，建筑剖面图是进行分层、砌筑内墙、铺设楼板、屋面楼、楼梯和内部装修等工程的依据。建筑剖面图与建筑平面图、建筑立面图互相配套，都是表达建筑物整体概况的基本图样。

建筑剖面图的剖切位置一般选择在内部构造复杂或具有代表性的位置，使之能够反映建筑物内部的构造特征。剖切平面一般应平行于建筑物的长度方向或者宽度方向，并且通过门、窗洞。剖切面的数量应根据建筑物的实际复杂程度和建筑物自身的特点来确定。

对于建筑剖面图，当建筑物两边对称时，可以在剖面图中只绘制一半。当建筑物在某一轴线之间具有不同的布置时，可以在同一个剖面图上绘制不同位置剖切的剖面图，只需要给出说明就行了。

14.1.2 剖面图的剖切位置和方向

剖面图的剖切位置标注在同一建筑物的底层平面图上。剖面图的剖切位置应根据图纸的用途或设计深度，在平面图上选择能反映建筑物全貌、构造特征及有代表性的位置剖切，实际工程中的剖切位置常常选择在楼梯间并通过需要剖切的门、窗洞口位置。

建筑平面图上的剖切符号的剖视方向宜向左、向前，看剖面图应与平面图相结合并对照立面图一起看。

剖面图的图名应与平面图上所标注的剖切符号的编号一致，比如 A—A 剖面图、1—1剖面图等。

14.1.3 建筑剖面图绘制要求

根据《房屋建筑制图统一标准》GB/T 50001—2010 规定，绘制建筑剖面图有如下要求。

- 定位轴线：在建筑剖面图中，除了需要绘制两端轴线及其编号外，还要与平面图的轴线对照在被剖切到的墙体处绘制轴线及其编号。
- 图线：在建筑剖面图中，凡是被剖切到的建筑构件的轮廓线一般采用粗实线(b)或中实线($0.5b$)来绘制，没有被剖切到的可见构配件采用细实线($0.25b$)来绘制。绘制较简单的图样时，可采用两种线宽的线宽组，其线宽比宜为 $b：0.25b$。被剖切到的构件一般应表示出该构件的材质。
- 尺寸标注：建筑剖面图应标注建筑物外部、内部的尺寸和标高。外部尺寸一般应标注出室外地坪、窗台等处的标高和尺寸，应与立面图一致，若建筑物两侧对称，可只在一边标注。内部尺寸应标注出底层地面、各层楼面与楼梯平台面的标高，室内其余部分(如门窗和设备等)标注出其位置和大小的尺寸，楼梯一般另有详图。
- 图例：建筑剖面图中的门窗都是采用图例来绘制的，具体的门窗等尺寸可查看有关建筑标准。
- 详图索引符号：一般在屋顶平面图附近有檐口、女儿墙和雨水口等构造详图，凡是需要绘制详图的地方都要标注详图符号。
- 比例：国家标准《建筑制图标准》GB/T 50001—2010 规定，剖面图中宜采用 1：50、1：100、1：150、1：200 和 1：300 等的比例绘制。在绘制建筑物剖面图时，应根据建筑物的大小采用不同的比例，一般采用 1：100 的比例，这样绘制起来比较方便。
- 材料说明：建筑物的楼地面、屋面等用多层材料构成，一般应在剖面图中加以说明。

14.1.4 建筑剖面图绘制步骤

(1) 绘制墙、柱及其定位轴线。

(2) 绘制室内底层地面、地坑、各层楼面、顶棚、屋顶(包括檐口、女儿墙、隔热层或者保温层、天窗、烟囱、水池等)、门、窗、楼梯、阳台、雨篷、流动、墙裙、踢脚板、防潮层、室外地面、散水、排水沟及其他装饰等剖切或能见到的内容。

(3) 标注各部位的完成面的标高和高度方向尺寸。

① 标高内容。室内外地面、各层楼地面与楼梯平台、檐口或女儿墙顶面、高出屋面的水池顶面、烟囱顶面、楼梯间地面、电梯间顶面等处的标高。

② 高度尺寸内容。门、窗洞口(包括洞口上部和窗台)高度，层间高度及总高度(室外地面至檐口或女儿墙顶)；后两部分可以酌情绘制尺寸标注。

③ 内部尺寸。地坑深度和隔断、搁板、平台、墙裙以及室内门、窗等的高度。在绘制尺寸标注时，要注意与平面图和立面图保持一致。

(4) 表示楼、地面各层构造。一般可以使用引出线说明。引出线指向所说明的部位，并按其构造层次顺序，逐层加以文字说明。

(5) 在需要绘制详图的地方绘制索引符号。

图 14-2 所示为绘制完成的建筑剖面图。

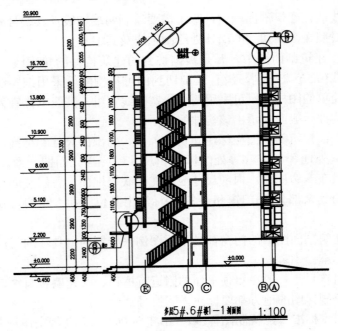

图 14-2　建筑剖面图

14.1.5　建筑剖面图的识读

本节以图 14-2 所示的剖面图为例，说明建筑剖面图的识图步骤。

(1) 了解图名和比例。由图可知，该图为 1—1 剖面图，绘制比例为 1：100。

(2) 了解剖面图与平面图的对应关系。将图名和轴线编号与底层平面图(图 12-2)相对比，可知 1—1 剖面图是通过横向剖切室内楼梯后，向西投影得到的剖面图。

(3) 了解房屋的结构形式。从 1—1 剖面图上的材料图例可以看出，该房屋的楼板、屋面板、楼梯等承重构件均采用钢筋混凝土材料，墙体用砖砌筑，为砖混结构房屋。

(4) 了解屋顶、楼地面的构造层次及做法。在绘制剖面图时，经常用多层结构引出线和文字注明屋顶、楼地面的构造层次及做法。在 1—1 剖面图中，楼面为七层构造，由上而下分别为：面层为 20mm 厚 1：2.5 水泥砂浆抹面，找平层为 20mm 厚 1：2.5 水泥砂浆；下面为钢筋混凝土楼板结构；板底腻子刮平刷白。

(5) 了解房屋各部位的尺寸和标高情况。1—1 剖面图在竖直方向注出了房屋主要部位即室内外地坪、楼层、门窗洞口上下、阳台、檐口或者女儿墙顶面等处的标高及高度方向的尺寸。在外侧竖向一般标注细部尺寸、层高以及总高三道尺寸。

(6) 了解楼梯的形式和构造。从该剖面图可以了解楼梯的形式：有两个楼梯段，为双跑楼梯，钢筋混凝土结构。

（7）了解索引详图所在的位置及编号。1—1 剖面图中，檐口、屋顶天窗等的详细形式和构造另见详图。

14.2　建筑剖面图的绘制

本节介绍建筑剖面图的绘制方法，指建筑构件、台阶、屋顶的剖面图形的绘制方法，以及绘制剖面图的标注的操作方法。

14.2.1　绘制剖切符号

在绘制剖面图之前，应先在建筑平面图上绘制剖切符号。剖切符号可以调用【多段线】命令和【多行文字】命令来绘制。

01　按 Ctrl+O 快捷键，打开第 12 章绘制的建筑平面图.dwg 文件。

02　调用 PL【多段线】命令，绘制宽度为 20 的多段线，如图 14-3 所示。

03　调用 MT【多行文字】命令，绘制文字标注，结果如图 14-4 所示。

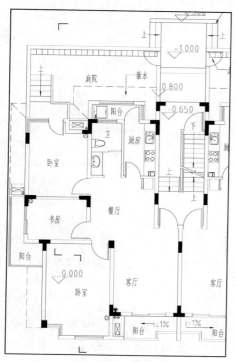

图 14-3　绘制多段线

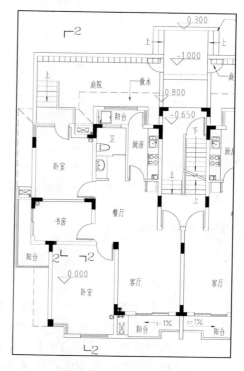

图 14-4　绘制文字标注

14.2.2　设置绘图环境

本节介绍设置绘图环境的操作，如绘图单位的设定、创建图层以及修改图层属性等。

01　在绘制建筑剖面图之前，应先创建各图形的图层，比如剖面构件、屋顶、台阶等图形的图层,如表 14-1 所示。

表 14-1　图层属性

序号	图层名	描述内容	线宽	线　型	颜色	打印属性
1	剖面构件	剖面楼面、梁	默认	实线(CONTINUOUS)	青色	打印
2	屋顶	屋顶轮廓、构件	默认	实线(CONTINUOUS)	青色	打印
3	台阶	踏步、挡墙	默认	实线(CONTINUOUS)	蓝色	打印
4	尺寸标注	尺寸标注	默认	实线(CONTINUOUS)	黄色	打印
5	文字标注	图内文字、图名、比例	默认	实线(CONTINUOUS)	绿色	打印

02 调用 LA【图层特性管理器】命令,在弹出的【图层特性管理器】选项板中创建图层,结果如图 14-5 所示。

03 设置单位。执行【格式】|【单位】命令,弹出【图形单位】对话框,设置绘图单位为毫米,结果如图 14-6 所示。

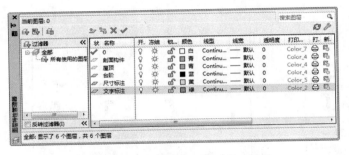

图 14-5　【图层特性管理器】选项板

图 14-6　【图形单位】对话框

14.2.3　绘制剖面轮廓

剖面外轮廓可以通过从建筑平面图中引出辅助线来得到,再通过调用【偏移】命令、【修剪】命令,绘制剖面内轮廓。

01 将"剖面构件"图层置为当前图层。

02 调用 CO【复制】命令,移动复制一份建筑平面图至一旁;调用 L【直线】命令,绘制直线;调用 TR【修剪】命令,修剪图形;调用 RO【旋转】命令,将修剪后的图形旋转90°,结果如图 14-7 所示。

03 调用 XL【构造线】命令,绘制构造线;调用 TR【修剪】命令,修剪线段,结果如图 14-8 所示。

04 调用 O【偏移】命令,偏移轮廓线,结果如图 14-9 所示。

05 调用 L【直线】命令,绘制屋顶轮廓线,结果如图 14-10 所示。

06 调用 TR【修剪】命令,修剪线段,结果如图 14-11 所示。

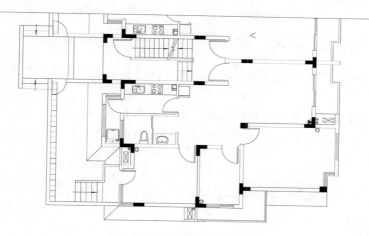

图 14-7　修剪图形

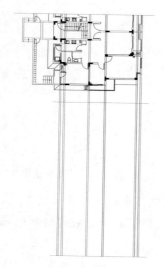

图 14-8　修剪线段

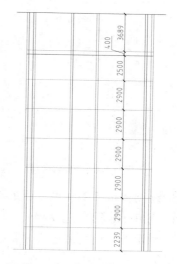

图 14-9　偏移轮廓线

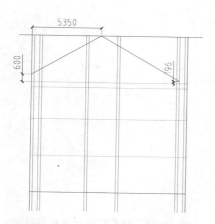

图 14-10　绘制屋顶轮廓线

图 14-11　修剪线段

14.2.4 绘制楼板及剖断梁

本节介绍楼板和剖断梁的绘制，通过调用【偏移】命令、【修剪】命令，得到图形的外轮廓。

01 调用 O【偏移】命令，偏移线段，结果如图 14-12 所示。

02 调用 EX【延伸】命令，延伸线段；调用 TR【修剪】命令，修剪线段，结果如图 14-13 所示。

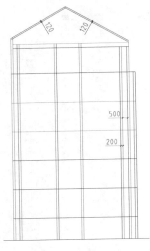

图 14-12　偏移线段

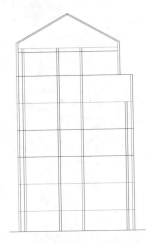

图 14-13　修剪结果

03 绘制楼板及剖断梁。调用 O【偏移】命令，偏移线段，结果如图 14-14 所示。

04 调用 TR【修剪】命令，修剪线段，完成双线楼板和剖断梁的绘制结果如图 14-15 所示。

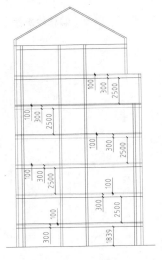

图 14-14　偏移线段

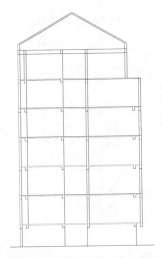

图 14-15　绘制双线楼板和剖断梁

14.2.5　绘制剖面门窗

剖面门窗是剖面图上的重要构件，由于每层门窗的尺寸相同，因此可以先绘制其中一层的门窗图形，再使用【复制】命令来复制图形，以完成全部门窗图形的绘制。

01 调用 O【偏移】命令，设置偏移距离为 67，向内偏移墙线；调用 TR【修剪】命令，修剪线段，完成窗图形的绘制，结果如图 14-16 所示。

02 调用 O【偏移】命令，偏移线段，结果如图 14-17 所示。

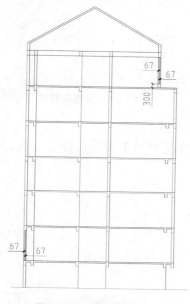

图 14-16　绘制剖面窗

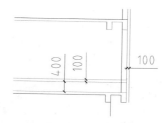

图 14-17　偏移线段

03 调用 EX【延伸】命令，延伸线段；调用 TR【修剪】命令，修剪线段，完成窗台的绘制，结果如图 14-18 所示。

04 调用 CO【复制】命令，向上移动复制窗图形，结果如图 14-19 所示。

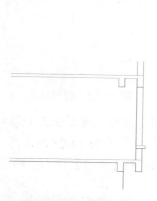

图 14-18　绘制窗台

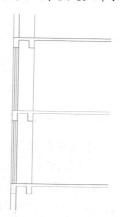

图 14-19　移动复制窗图形

05　调用 S【拉伸】命令，调整窗的高度，结果如图 14-20 所示。

06　调用 O【偏移】命令，偏移楼板线，结果如图 14-21 所示。

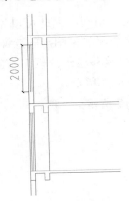

图 14-20　调整窗的高度

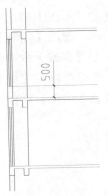

图 14-21　偏移楼板线

07　调用 TR【修剪】命令，修剪线段，结果如图 14-22 所示。

08　调用 O【偏移】命令，偏移墙线；调用 TR【修剪】命令，修剪墙线，结果如图 14-23 所示。

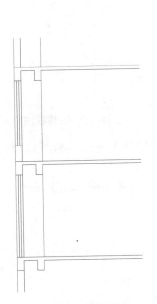

图 14-22　修剪线段

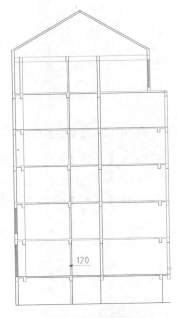

图 14-23　修剪墙线

09　调用 O【偏移】命令、TR【修剪】命令，绘制窗图形，结果如图 14-24 所示。

10　调用 CO【复制】命令，移动复制剖面窗图形，结果如图 14-25 所示。

11　调用 PL【多段线】命令，绘制门轮廓线；调用 O【偏移】命令，向内偏移多段线，完成剖面门的绘制，结果如图 14-26 所示。

12　调用 CO【复制】命令，移动复制剖面门图形，结果如图 14-27 所示。

图 14-24 绘制窗图形

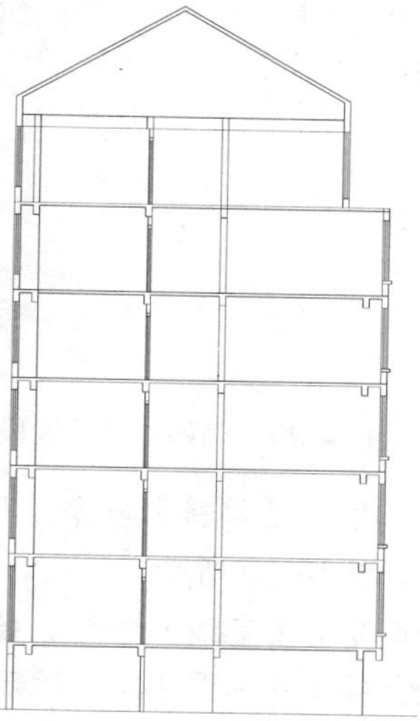

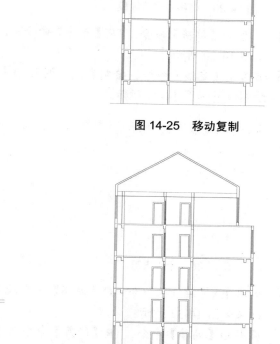

图 14-25 移动复制

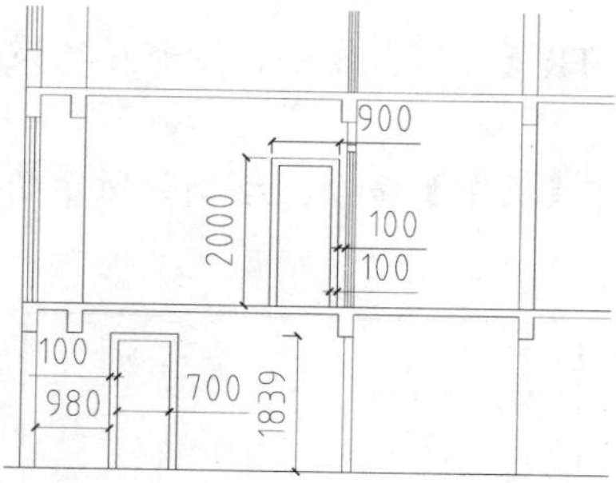

图 14-26 绘制剖面门

图 14-27 移动复制剖面门图形

14.2.6 绘制屋顶

屋顶也属于被剖切的范围，因此必须对其进行绘制并标注。本节介绍绘制屋顶檐口、遮盖以及天窗等图形的绘制。

01 将"屋顶"图层置为当前图层。

02 调用 O【偏移】命令、TR【修剪】命令，绘制如图 14-28 所示的图形。

03 调用 O【偏移】命令，偏移线段；调用 EX【延伸】命令，延伸线段；调用 TR 【修剪】命令，修剪线段，结果如图 14-29 所示。

图 14-28　偏移并修剪线段

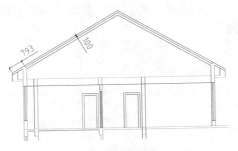

图 14-29　修剪线段

04 调用 O【偏移】命令、TR【修剪】命令、L【直线】命令，绘制天窗图形，结果
如图 14-30 所示。

05 调用 L【直线】命令，绘制直线；调用 O【偏移】命令，偏移直线，天窗玻璃的
绘制结果如图 14-31 所示。

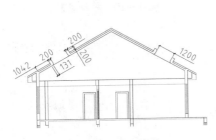

图 14-30　绘制天窗

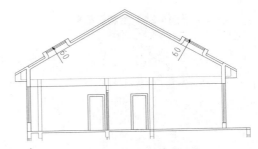

图 14-31　绘制天窗玻璃

06 调用 EX【延伸】命令、O【偏移】命令及 TR【修剪】命令，绘制屋顶梁图形，
结果如图 14-32 所示。

07 调用 O【偏移】命令、TR【修剪】命令及 F【圆角】命令，绘制如所示的檐口的
图形，结果如图 14-33 所示。

图 14-32　绘制屋顶梁图形

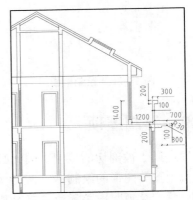

图 14-33　绘制檐口

08 调用 O【偏移】命令，偏移线段；调用 TR【修剪】命令，修剪线段，结果如
图 14-34 所示。

09 沿用前面讲述的方法，继续绘制檐口图形，结果如图 14-35 所示。

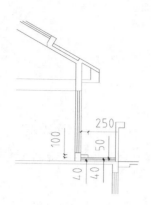

图 14-34　修剪线段

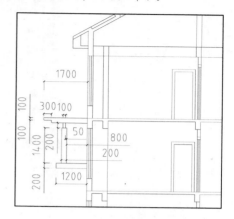

图 14-35　绘制檐口

14.2.7　绘制台阶

一般建筑物都设置了台阶，有台阶就会有相配套的雨篷。在绘制剖面图的时候，需要对这两个建筑构件进行表示。

01 将"台阶"图层置为当前图层。

02 调用 REC【矩形】命令，绘制矩形；调用 X【分解】命令，分解矩形；调用 O【偏移】命令，偏移矩形边，结果如图 14-36 所示。

03 调用 O【偏移】命令，偏移线段，结果如图 14-37 所示。

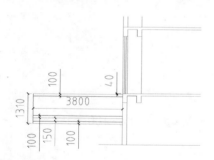

图 14-36　偏移矩形边

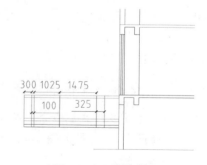

图 14-37　偏移线段

04 调用 L【直线】命令，绘制直线；调用 TR【修剪】命令，修剪线段，结果如图 14-38 所示。

05 调用 L【直线】命令、TR【修剪】命令，绘制如图 14-39 所示的踏步图形。

06 调用 REC【矩形】命令，绘制矩形；调用 L【直线】命令，绘制直线，完成扶手图形的绘制，结果如图 14-40 所示。

07 调用 L【直线】命令、O【偏移】命令及 TR【修剪】命令，绘制挡墙图形，结果如图 14-41 所示。

08 沿用上述的绘制方法，绘制台阶等图形，结果如图 14-42 所示。

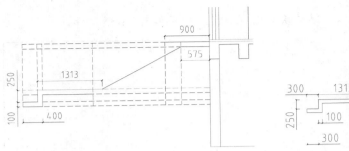
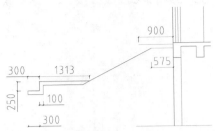

图 14-38　修剪线段

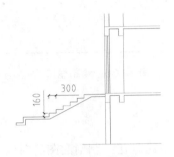

图 14-39　绘制踏步

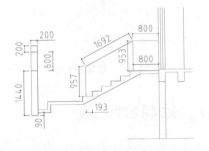

图 14-40　绘制扶手

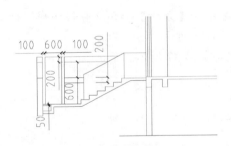

图 14-41　绘制挡墙

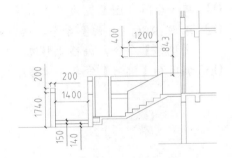

图 14-42　绘制台阶

09 调用 PL【多段线】命令，绘制起点宽度和端点宽度均为 100 的多段线，完成地平线的绘制，结果如图 14-43 所示。

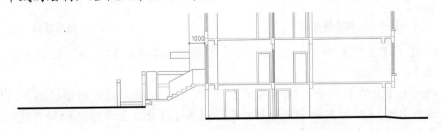

图 14-43　绘制地平线

10 调用 H【图案填充】命令，在【图案填充和渐变色】对话框中设置参数，填充楼板和剖断梁的结果如图 14-44 所示。

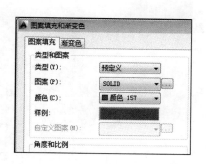
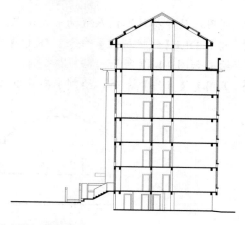

图 14-44　填充楼板和剖断梁

11 调用 H【图案填充】命令，绘制挡墙的图案填充，参数设置及填充结果如图 14-45 所示。

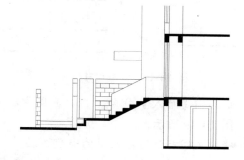

图 14-45　绘制挡墙的图案填充

12 绘制雨篷等图案填充，参数设置及填充结果，如图 14-46 所示。

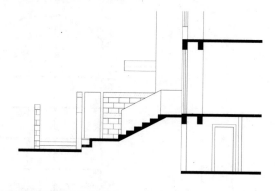

图 14-46　绘制雨篷等图案填充

14.2.8　绘制剖面图标注

　　剖面图的标注包括尺寸标注、标高标注以及必要的文字标注。剖面图的图名标注应与剖切编号相符，不要忘记绘制比例标注。

01 调用 "尺寸标注" 图层置为当前图层。

02 调用 DLI【线性标注】命令、DCO【连续标注】命令，为剖面图绘制尺寸标注，结果如图 14-47 所示。

03 调用 L【直线】命令，绘制标高基准线，结果如图 14-48 所示。

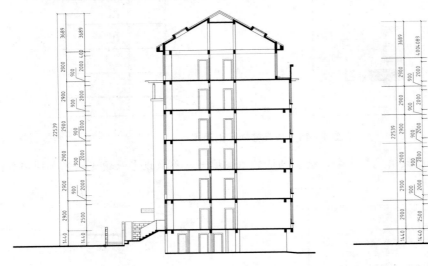

图 14-47　绘制尺寸标注　　　　　　　　图 14-48　绘制标高基准线

04 调用 I【插入】命令，在剖面图中插入标高图块，并更改标高值，标注结果如图 14-49 所示。

05 将 "文字标注" 图层置为当前图层。

06 调用 L【直线】命令、MT【多行文字】命令，绘制层数标注，结果如图 14-50 所示。

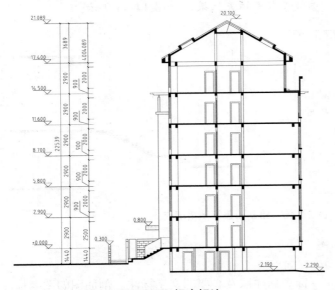

图 14-49　标高标注　　　　　　　　　　图 14-50　绘制层数标注

07 调用 L【直线】命令，绘制轴线，结果如图 14-51 所示。

08 调用 L【直线】命令、C【圆】命令及 MT【多行文字】命令，绘制轴号标注，结果如图 14-52 所示。

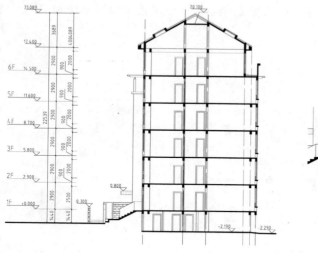

图 14-51　绘制轴线

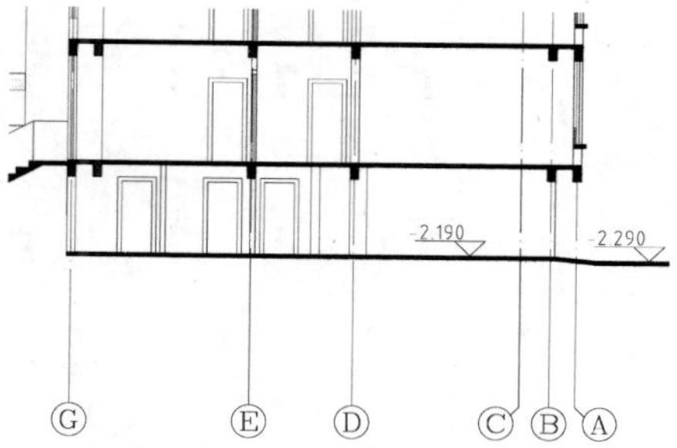

图 14-52　绘制轴号标注

09 调用 DLI【线性标注】命令、DCO【连续标注】命令，绘制尺寸标注，结果如图 14-53 所示。

10 将"文字标注"图层置为当前图层。

11 调用 PL【多段线】命令，绘制宽度为 0 和 200 的线段；调用 MT【多行文字】命令，绘制图名和文字标注，结果如图 14-54 所示。

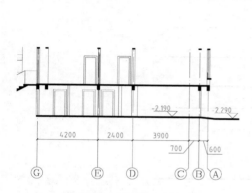

图 14-53　绘制尺寸标注

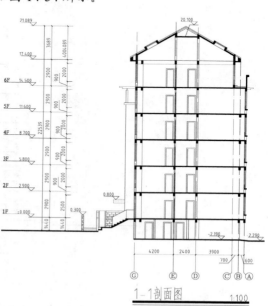

图 14-54　绘制图名和文字标注

14.3 思考与练习

1. 调用 PL【多段线】命令、MT【多行文字】命令，在住宅楼平面图中绘制 2—2 剖面剖切符号，结果如图 14-55 所示。

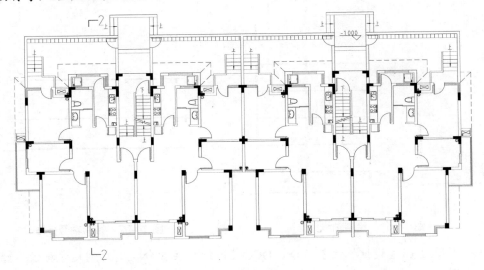

图 14-55 绘制剖切符号

2. 沿用本章介绍的方法，绘制住宅楼 2—2 剖面图，结果如图 14-56 所示。

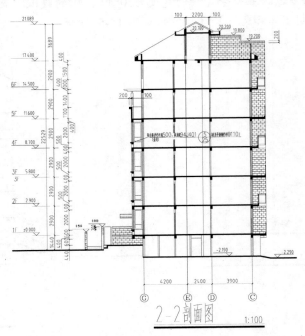

图 14-56 2—2 剖面图

第 15 章

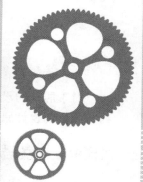

绘制室内装潢施工图

➲ 本章导读

　　室内设计是建筑设计的延伸和继续，是建筑表情的一部分，室内设计的目的在于，为置于建筑空间的人和物提供最完美的背景，创造一个最舒适的空间环境。

　　本章首先介绍室内家装设计的基本知识，然后以某别墅室内设计为例，详细讲解室内平面图、地材图、顶棚图和立面图的绘制方法。

➲ 学习目标

➢ 了解和熟悉室内设计的原则和风格。

➢ 了解室内设计的内容和要求。

➢ 掌握室内平面图的绘制方法。

➢ 掌握室内地材图的绘制方法。

➢ 掌握室内立面图的绘制方法。

15.1 家装设计概述

对于居室的设计，应遵循一定的形式法则以及风俗习惯。随着装饰行业的发展，一些约定成俗的设计原则逐渐传播并得到广泛的认同。本节介绍家装设计的一些相关知识。

15.1.1 家居空间设计原则

室内空间设计是室内设计的重要组成部分，优秀的室内空间设计需要遵循一定的形式法则，才能创造出优美的空间环境。

室内空间设计作为室内设计的一部分，其设计的形式法则主要表现在：体量与尺度、组织和对比、对称和均衡、节奏与韵律等。

合理地运用室内空间设计的形式法则，实现设计以人为本的理念，以探寻室内设计最本质的艺术美。同时也要具有一定的开拓创新精神，不流于形式，才能使得室内设计有新的发展，更好地为人类服务。

1. 体量与尺度

空间是一个具有三维维度的实体，空间的体量尺度不仅存在于平面的大小当中，也存在于高度中，室内空间的高度对空间的体量尺度有极大的影响。

现代室内空间设计不仅仅需要满足人们正常使用功能的体量尺度，而且还可能在特定的空间当中进行特定的体量与尺度的处理，比如提升空间的高度来获得一种独特的心理感受。教堂就是通过增加空间的高度以增添庄严感和神圣感。

相同的道理，佛教的寺庙也是通过高高的佛像衬托出人类的渺小，借此使人产生敬畏的心理。高而窄的空间则会使人产生向上的感觉，可以营造出宗教的神秘感。

相反，低而宽的空间则让人产生开阔舒展的感觉。细而窄的空间可以让人感觉有种深远的气氛。室内设计师就是根据人们相同的文化认识、心理因素等对空间的体量尺度进行某些特定的设计处理。

2. 组织和对比

空间因为使用功能的不同，会存在大小、高矮、形状的不同，所以组织与对比就显得非常的重要。室内空间设计不是简单的空间拼凑，而是要组织成一个统一完整的空间群体。一个完整的室内空间是很多空间的组合体，室内空间设计要组织协调好各个空间的关系，有目的、有意识地突出重点空间，淡化次要空间，把主要空间用组织和对比的手法形成趣味中心，吸引人的注意，创造独特的空间环境。

室内空间设计的对比主要体现在大小与高低的对比、开敞与封闭的对比、曲直变化的对比、空间的衔接过渡、空间的引导呼应等。

3. 对称与均衡

现代的室内空间设计，空间的对称与均衡不会导致过多的视觉冲突，让空间处于一种自然协调的状态，所以对称与均衡多用于图书馆、会议厅、政府会客厅等静态空间当中，会给人以端庄严肃的空间效果。

　　假如在一些另类时尚的空间中使用这一形式法则，则会导致空间的呆板，缺少一定的变化。现代室内功能日趋复杂，很难做到完全对称，所以基本对称、适当均衡是主流的设计形式。要充分利用前后左右各方面的要素综合处理，才能达到对称均衡的效果。

4．节奏和韵律

　　在室内空间设计中，节奏和韵律的运用是十分普遍的，因为不同的节奏和韵律会带给人们不同的生理以及心理感受。

　　在室内空间设计中，节奏与韵律的表现形式有：要素的连续重复、要素秩序的变化、不同要素规律性的组织协调等。

　　其中要素的连续重复使组织空间产生的韵律节奏丰富了空间的形式，增强了空间的美感，给人以规整、有气势的感觉。把要素的连续重复按照一定的秩序缩放、疏密，就能产生出一种有规律的节奏韵律，使得空间如同跳跃的音符，给人们带来活泼而具有运动气息的感觉。

15.1.2　家装设计风格

　　家装设计有多种多样的风格，常见的风格有以下一些。

　　(1) 新中式风格：通过对传统文化的认识，将现代元素和传统元素结合在一起，以现代人的审美需求来打造富有传统韵味的事物，让传统艺术的脉络传承下去，如图 15-1所示。

　　(2) 简约风格：也称为极简主义。极简主义以塑造唯美的、高品位的风格为目的，摒弃一切无用的细节，保留生活最原本、最纯粹的部分，如图 15-2 所示。

图 15-1　新中式风格　　　　　　　　　　图 15-2　简约风格

　　(3) 欧式古典风格：欧式古典风格中体现着一种向往传统、怀念古老珍品、珍爱有艺术价值的传统风格的情节，是人们在以现代物质生活不断得到满足的同时所萌发出来的，如图 15-3 所示。欧式古典风格作为欧洲文艺复兴时代的产物，设计风格中继承了巴洛克风格中豪华、动感、多变的视觉效果，也汲取了洛可可风格中唯美、律动的处理元素，受到了社会上层人士的青睐。

　　(4) 美式乡村风格：美式乡村风格带着浓浓的乡村气息，摒弃了烦琐和奢华，以享受为最高原则，将不同风格中的优秀元素汇集融合，强调"回归自然"。在面料、沙发的皮质上，强调它的舒适度，感觉起来宽松柔软，突出了生活的舒适和自由，如图 15-4 所示。美式风格起源于 18 世纪拓荒者居住的房子，具有刻苦创新的开垦精神，体现了一路拼搏之后的释然，激起人们对大自然的无限向往。

图 15-3　欧式古典风格　　　　　　　　　　　图 15-4　美式乡村风格

（5）东南亚风格：东南亚风格崇尚自然，原汁原味，注重手工工艺而拒绝同质精神，其风格家居设计实质上是对生活的设计，比较符合时下人们追求时尚环保、人性化及个性化的价值理念，于是迅速深入人心。色彩主要采用冷暖色搭配，装饰注重吸纳阳光气息，如图 15-5 所示。

（6）日式风格：日式风格有浓郁的日本特色，以淡雅、简洁为主要特点，采用清晰的线条，注重实际功能。居室有较强的几何感，布置优雅、清洁，半透明樟子纸、木格拉门和榻榻米木地板是其主要风格特征，如图 15-6 所示。日式风格不推崇豪华奢侈、金碧辉煌，以淡雅节制、深邃禅意为境界的设计哲学，将大自然的材质大量运用于居室的装饰装修中。

图 15-5　东南亚风格　　　　　　　　　　　图 15-6　日式风格

15.2　绘制别墅建筑平面图

建筑平面图包含墙体、门窗、楼梯、台阶等建筑构件，在绘制建筑平面图时需要对这些构件图形逐一绘制。建筑图形绘制完成后，需要绘制各类标注以丰富和完善图形，这些标注包括尺寸标注及文字标注。本节介绍各类建筑构件图形和图形标注的绘制。

15.2.1　绘制墙体、门窗构件

墙体是建筑物的重要组成部分，它的作用是承重、围护或分隔空间。门具有联系室内、室内外交通以及交通疏散的功能，窗的功能为通风、采光。本节介绍墙体、门窗图形的绘制。

01 绘制外墙体。调用 PL【多段线】命令，绘制多段线，结果如图 15-7 所示。

02 调用 O【偏移】命令，设置偏移距离为 240，向内偏移多段线，结果如图 15-8 所示。

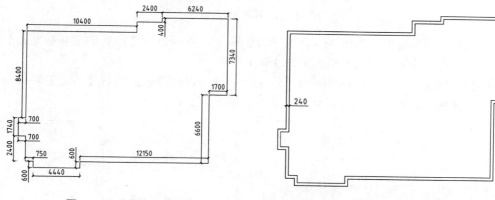

图 15-7　绘制多段线　　　　　　　　　　　图 15-8　偏移多段线

03 绘制内墙体。调用 X【分解】命令，分解多段线；调用 O【偏移】命令，偏移多段线；调用 TR【修剪】命令，修剪线段，结果如图 15-9 所示。

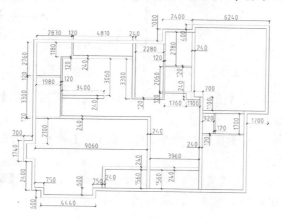

图 15-9　绘制内墙体

04 绘制标准柱。调用 REC【矩形】命令、L【直线】命令及 TR【修剪】命令，绘制标注标准柱图形，结果如图 15-10 所示。

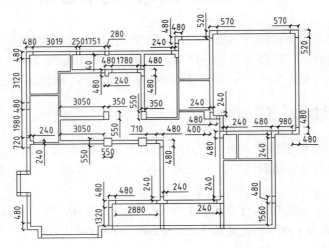

图 15-10 绘制标准柱

05 填充标准柱图案。调用 H【图案填充】命令，在弹出的【图案填充和渐变色】对话框中选择填充图案，结果如图 15-11 所示。

06 在绘图区拾取标准柱的外轮廓，按 Enter 键返回对话框；单击【确定】按钮关闭对话框，完成图案填充的操作，结果如图 15-12 所示。

图 15-11 【图案填充和渐变色】对话框　　　　图 15-12 图案填充

07 绘制门洞。调用 L【直线】命令，绘制直线；调用 TR【修剪】命令，修剪线段，结果如图 15-13 所示。

08 绘制窗洞。调用 L【直线】命令、TR【修剪】命令，绘制并修剪线段，结果如图 15-14 所示。

09 绘制平开窗。调用 L【直线】命令，绘制窗线；调用 O【偏移】命令，设置偏移距离为 80，向下偏移窗线，结果如图 15-15 所示。

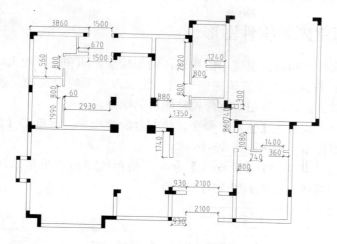

图 15-13　绘制门洞

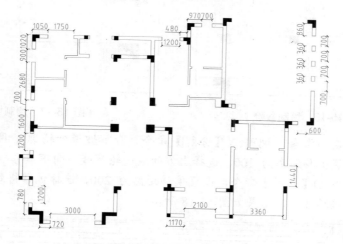

图 15-14　绘制窗洞

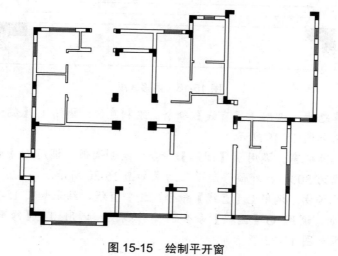

图 15-15　绘制平开窗

15.2.2 绘制室内外构件图形

室内楼梯作为楼层间垂直交通用的构件，用于楼层之间和高差较大时的交通联系。台阶一般是指用砖、石、混凝土等筑成的一级一级供人上下的建筑物，多在大门前或坡道上。本节介绍楼梯、台阶、坡道等室外构件图形的绘制。

01 绘制台阶。调用 L【直线】命令，绘制台阶外轮廓；调用 O【偏移】命令，偏移线段绘制踏步，结果如图 15-16 所示。

02 绘制坡道。调用 PL【多段线】命令，绘制坡道的外轮廓；调用 L【直线】命令，绘制斜线，结果如图 15-17 所示。

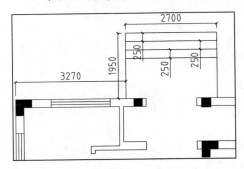

图 15-16　绘制台阶　　　　　　　图 15-17　绘制坡道

03 绘制坡道防滑条。调用 X【分解】命令，分解坡道外轮廓；调用 O【偏移】命令，设置偏移距离为 100，选择上方的坡道轮廓线，向下偏移 4 次；按 Enter 键重复调用 O【偏移】命令，设置偏移距离为 200，选择偏移得到的线段继续往下偏移，偏移 3 次，结果如图 15-18 所示。

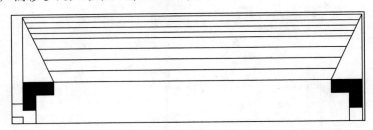

图 15-18　偏移线段

04 绘制车库踏步。调用 L【直线】命令，绘制直线；调用 O【偏移】命令，偏移直线，结果如图 15-19 所示。

05 绘制弧形落地窗。调用 A【圆弧】命令，绘制圆弧；调用 O【偏移】命令，设置偏移距离为 300，往外偏移圆弧，结果如图 15-20 所示。

06 绘制双跑楼梯。调用 L【直线】命令，绘制直线，结果如图 15-21 所示。

07 绘制踏步。调用 O【偏移】命令，偏移线段；调用 TR【修剪】命令，修剪线段，结果如图 15-22 所示。

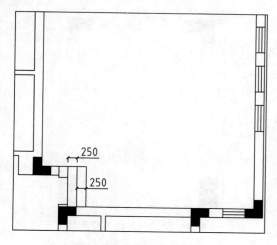

图 15-19 绘制车库踏步

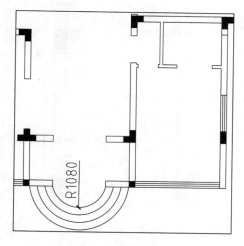

图 15-20 绘制弧形落地窗

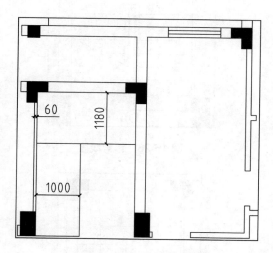

图 15-21 绘制双跑楼梯

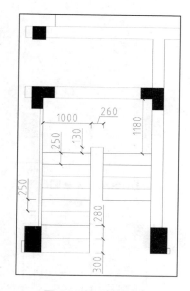

图 15-22 绘制踏步

08 绘制楼梯剖断。调用 PL【多段线】命令，绘制折断线；调用 TR【修剪】命令，修剪线段，结果如图 15-23 所示。

09 绘制扶手。调用 O【偏移】命令，向内偏移扶手轮廓线，结果如图 15-24 所示。

10 调用 C【圆】命令，绘制半径为 150 的圆形；调用 O【偏移】命令，设置偏移距离为 70，向内偏移圆形，结果如图 15-25 所示。

11 调用 TR【修剪】命令，修剪线段，结果如图 15-26 所示。

12 绘制上楼方向指示箭头。调用 PL【多段线】命令，绘制起点宽度为 60，终点宽度为 0 的箭头，结果如图 15-27 所示。

13 调用 MT【多行文字】命令，绘制文字标注，结果如图 15-28 所示。

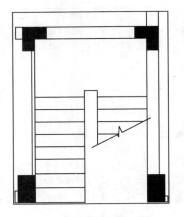

图 15-23　绘制楼梯剖断

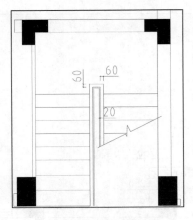

图 15-24　绘制扶手轮廓线

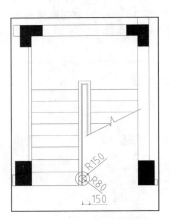

图 15-25　偏移圆形

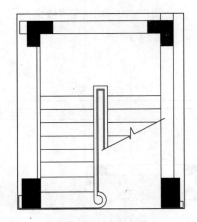

图 15-26　修剪线段

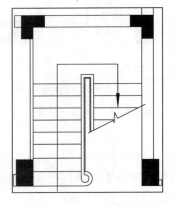

图 15-27　绘制指示箭头

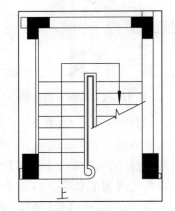

图 15-28　绘制文字标注

14 尺寸标注。调用 DLI【线性标注】命令，绘制别墅原始建筑图的开间和进深标注，结果如图 15-29 所示。

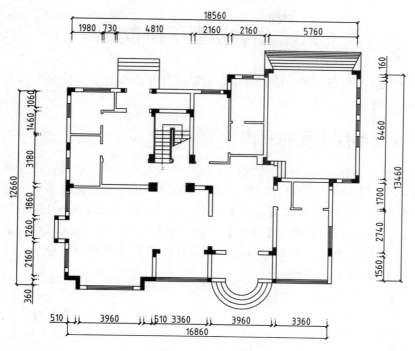

图 15-29　绘制尺寸标注

15 图名标注。调用 MT【多行文字】命令，绘制图名和比例标注；调用 PL【多段线】命令，分别绘制宽度为 200 和 0 的下划线，结果如图 15-30 所示。

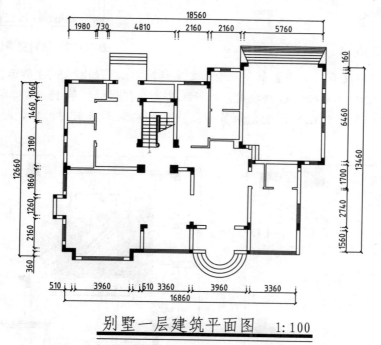

别墅一层建筑平面图　1:100

图 15-30　绘制图名标注

15.3 绘制别墅平面布置图

本节介绍别墅平面布置图的绘制方法，包括客厅平面布置图、卧室平面布置图以及书房和厨房平面布置图的绘制。

15.3.1 绘制客厅平面布置图

客厅是家庭的主要活动场所，因此除了需提供较大的活动空间外，在装饰上还需彰显居室的设计风格。本例客厅中设计制作了壁炉，可以看出该别墅的装饰风格为欧式风格。

01 绘制壁炉位。调用 REC【矩形】命令，绘制矩形，结果如图 15-31 所示。

02 绘制空调位。调用 REC【矩形】命令，绘制矩形；调用 RO【旋转】命令，设置旋转角度为 45°，对矩形执行旋转操作；调用 L【执行】命令，绘制对角线，结果如图 15-32 所示。

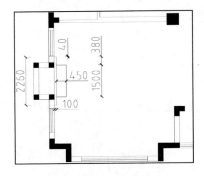

图 15-31 绘制壁炉位

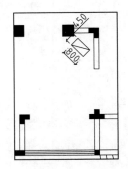

图 15-32 绘制空调位

03 调用 MT【多行文字】命令，绘制文字标注，结果如图 15-33 所示。

04 调入图块。按 Ctrl+O 快捷键，打开配套光盘提供的"第 15 章\家具图例.dwg"文件；将其中的组合沙发、钢琴等图块复制粘贴至当前图形中，结果如图 15-34 所示。

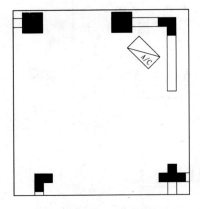

图 15-33 绘制文字标注

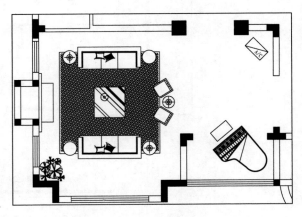

图 15-34 调入图块

15.3.2　绘制卧室平面布置图

　　本节介绍别墅二层主人房的绘制方法。主人房的功能区包括起居室、卫生间、卧室以及衣帽间。在绘制平面布置图的过程中，需要表达清楚各功能区之间的关系以及功能区本身的设置。

01　调用别墅二层原始建筑平面图。按 Ctrl+O 快捷键，打开配套光盘提供的"第 15 章\别墅二层原始建筑平面图.dwg"文件，结果如图 15-35 所示。

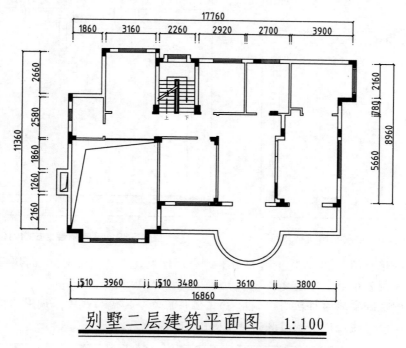

图 15-35　别墅二层原始建筑平面图

02　绘制起居室双扇平开门。调用 REC【矩形】命令，分别绘制尺寸为 800×40、540×40 的矩形，结果如图 15-36 所示。

03　调用 A【圆弧】命令，绘制圆弧，结果如图 15-37 所示。

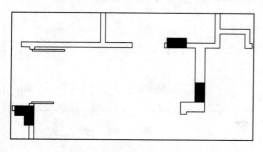

图 15-36　绘制矩形

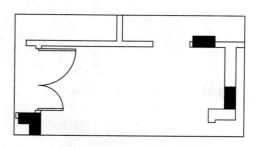

图 15-37　绘制圆弧

提示

圆弧起点与端点的距离与矩形的长度相等。

04 绘制衣帽间平开门。调用 REC【矩形】命令，绘制尺寸为 800×40 的矩形；调用 A【圆弧】命令，绘制圆弧，结果如图 15-38 所示。

05 绘制阳台推拉门门口线。调用 L【直线】命令，在门洞处绘制闭合直线，结果如图 15-39 所示。

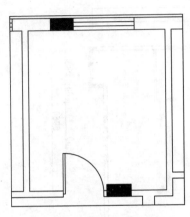

图 15-38　绘制衣帽间平开门

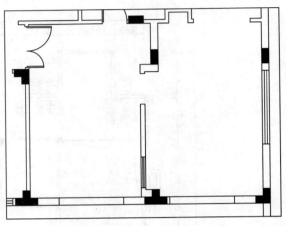

图 15-39　绘制阳台推拉门门口线

06 绘制推拉门。调用 REC【矩形】命令，绘制尺寸为 700×30 的矩形；调用 CO【复制】命令，移动复制矩形，结果如图 15-40 所示。

07 绘制主卧室墙内推拉门。调用 O【偏移】命令，偏移线段；调用 TR【修剪】命令，修剪线段，绘制门洞的结果如图 15-41 所示。

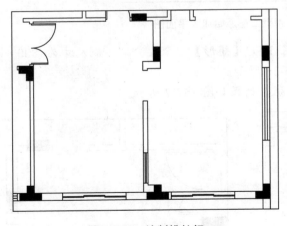

图 15-40　绘制推拉门

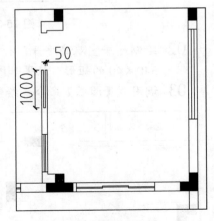

图 15-41　绘制门洞

提示

推拉门矩形长度的和等于门洞的长度。

08　调用 REC【矩形】命令，绘制尺寸为 1000×40 的矩形，结果如图 15-42 所示。

09　绘制矮柜。调用 REC【矩形】命令，绘制尺寸为 1200×450 的矩形；调用 O 【偏移】命令，分别设置偏移距离为 50、30，向内偏移矩形，结果如图 15-43 所示。

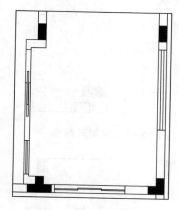

图 15-42　绘制矩形

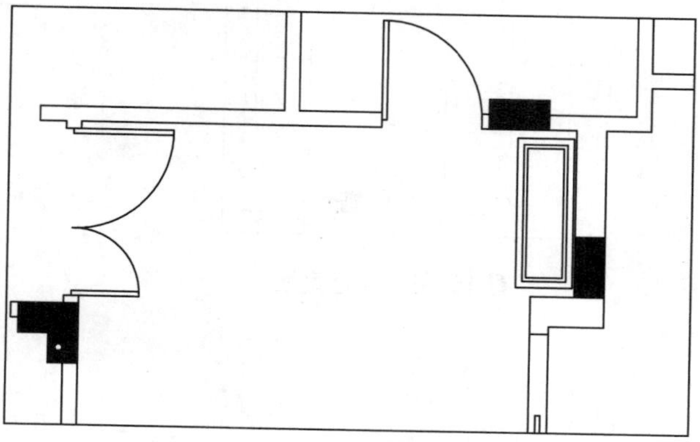

图 15-43　偏移矩形

10　调用 H【图案填充】命令，在弹出的【图案填充和渐变色】对话框中选择名称为 SOLID 的图案。为柜面绘制装饰图案的结果如图 15-44 所示。

11　绘制衣柜。调用 O【偏移】命令，偏移墙线；调用 TR【修剪】命令，修剪线段，结果如图 15-45 所示。

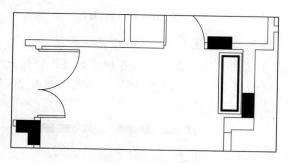

图 15-44　图案填充

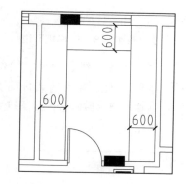

图 15-45　修剪线段

12　调用 L【直线】命令，绘制直线；调用 O【偏移】命令，偏移直线，结果如图 15-46 所示。

13　调用 L【直线】命令，绘制对角线，结果如图 15-47 所示。

14　绘制主卧电视背景墙墙面装饰。调用 REC【矩形】命令，绘制矩形，调用 X 【分解】命令，分解矩形；调用 O【偏移】命令，偏移矩形边，结果如图 15-48 所示。

15　调用 CO【复制】命令，移动复制绘制完成的图形，结果如图 15-49 所示。

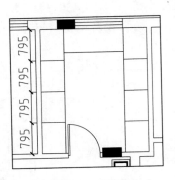

图 15-46　偏移直线

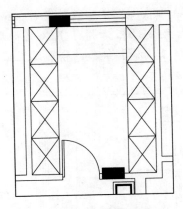

图 15-47　绘制对角线

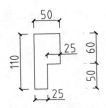

图 15-48　偏移矩形边

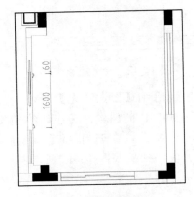

图 15-49　移动复制

16 调用 L【直线】命令，绘制墙纸装饰部分，结果如图 15-50 所示。

17 绘制双人床背景墙装饰图案。调用 H【图案填充】命令，在弹出的【图案填充和渐变色】对话框中选择填充图案，并设置其填充角度为 45°，填充比例为 2，结果如图 15-51 所示。

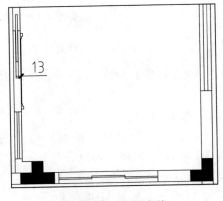

图 15-50　绘制直线

图 15-51　【图案填充和渐变色】对话框

18 在绘图区拾取填充区域，绘制图案填充的结果如图 15-52 所示。

19　绘制主卫入口处嵌入柜。调用 L【直线】命令，绘制闭合直线以及对角线，结果如图 15-53 所示。

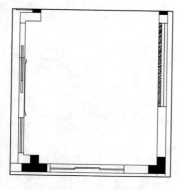

图 15-52　图案填充

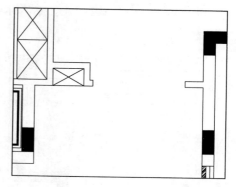

图 15-53　绘制主卫入口处嵌入柜

20　绘制主卫推拉门。调用 L【直线】命令，绘制门口线；调用 REC【矩形】命令，绘制尺寸为 920×30 的矩形，结果如图 15-54 所示。

21　绘制主卫各洁具轮廓。调用 L【直线】命令，绘制轮廓线，结果如图 15-55 所示。

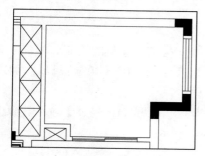

图 15-54　绘制主卫推拉门

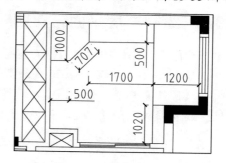

图 15-55　绘制主卫各洁具轮廓

22　绘制吊柜。调用 L【直线】命令，绘制柜子分隔线及对角线，结果如图 15-56 所示。

23　绘制浴缸轮廓。调用 EL【椭圆】命令，绘制长轴为 1800，短轴为 400 的椭圆，结果如图 15-57 所示。

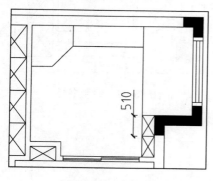

图 15-56　绘制结果

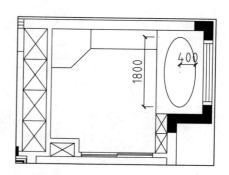

图 15-57　绘制浴缸轮廓

24 绘制流水孔。调用 C【圆】命令，绘制圆形，结果如图 15-58 所示。

25 调入图块。按 Ctrl+O 快捷键，打开配套光盘提供的"第 15 章\家具图例.dwg"文件；将其中的组合沙发、双人床等图块复制粘贴至当前图形中，结果如图 15-59 所示。

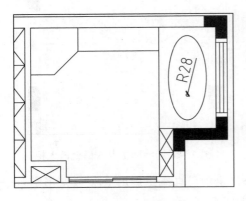

图 15-58　绘制流水孔

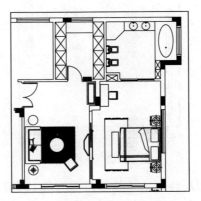

图 15-59　调入图块

15.3.3　绘制书房平面布置图

本节介绍二层书房的绘制方法，包括书柜、书桌等书房重要家具的绘制。

01 绘制平开门。调用 REC【矩形】命令，绘制尺寸为 800×40 的矩形；调用 A【圆弧】命令，绘制圆弧，结果如图 15-60 所示。

02 绘制书柜。调用 REC【矩形】命令，绘制矩形；调用 O【偏移】命令，设置偏移距离为 30，向内偏移矩形，结果如图 15-61 所示。

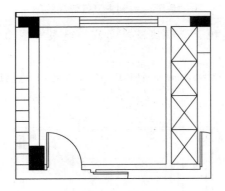

图 15-60　绘制平开门

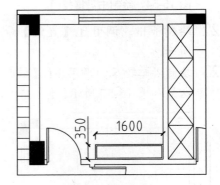

图 15-61　绘制书柜

03 调用 L【直线】命令，绘制对角线，结果如图 15-62 所示。

04 绘制书桌。调用 PL【多段线】命令，命令行提示如下。

```
命令：PLINE↙
指定起点：              //指定多段线的起点
当前线宽为 0
```

指定下一个点或 ［圆弧(A)/半宽(H)/长度(L)/放弃(U)/宽度(W)］：600
>　　　　　　　　//向下移动鼠标，输入距离参数

指定下一点或 ［圆弧(A)/闭合(C)/半宽(H)/长度(L)/放弃(U)/宽度(W)］：300
>　　　　　　　　//向右移动鼠标，输入距离参数

指定下一点或 ［圆弧(A)/闭合(C)/半宽(H)/长度(L)/放弃(U)/宽度(W)］：50
>　　　　　　　　//向上移动鼠标，输入距离参数

指定下一点或 ［圆弧(A)/闭合(C)/半宽(H)/长度(L)/放弃(U)/宽度(W)］：1000
>　　　　　　　　//向右移动鼠标，输入距离参数

指定下一点或 ［圆弧(A)/闭合(C)/半宽(H)/长度(L)/放弃(U)/宽度(W)］：50
>　　　　　　　　//向下移动鼠标，输入距离参数

指定下一点或 ［圆弧(A)/闭合(C)/半宽(H)/长度(L)/放弃(U)/宽度(W)］：300
>　　　　　　　　//向右移动鼠标，输入距离参数

指定下一点或 ［圆弧(A)/闭合(C)/半宽(H)/长度(L)/放弃(U)/宽度(W)］：600
>　　　　　　　　//向上移动鼠标，输入距离参数

指定下一点或 ［圆弧(A)/闭合(C)/半宽(H)/长度(L)/放弃(U)/宽度(W)］：A
>　　　　　　　　//输入 A，选择【圆弧(A)】选项

指定圆弧的端点或
［角度(A)/圆心(CE)/闭合(CL)/方向(D)/半宽(H)/直线(L)/半径(R)/第二个点(S)/放弃(U)/宽度(W)］:R
>　　　　　　　　//输入 R，选择【半径(R)】选项

指定圆弧的半径：6100
指定圆弧的端点或 ［角度(A)］：
指定圆弧的端点或
［角度(A)/圆心(CE)/闭合(CL)/方向(D)/半宽(H)/直线(L)/半径(R)/第二个点(S)/放弃(U)/宽度(W)］:
>　　　　　　　　//指定圆弧端点，完成书桌外轮廓的绘制结果如图 15-63 所示

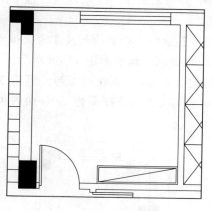

图 15-62　绘制对角线

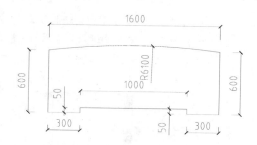

图 15-63　绘制书桌外轮廓

05 调用 O【偏移】命令，设置偏移距离为 30，向内偏移轮廓线，结果如图 15-64 所示。

06 调用 F【圆角】命令，设置圆角半径为 65，对图形执行圆角处理操作，结果如图 15-65 所示。

07 重复调用 F【圆角】命令，设置圆角半径为 10，对图形执行圆角处理操作，结果如图 15-66 所示。

08 调用 RO【旋转】命令，设置旋转角度为 90°，对书桌执行旋转操作。

09 调入图块。按 Ctrl+O 快捷键，打开配套光盘提供的 "第 15 章\家具图例.dwg" 文

件，将其中的盆栽、办公椅图块复制粘贴至当前图形中，结果如图 15-67 所示。

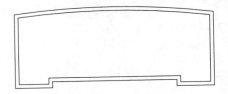

图 15-64　偏移轮廓线

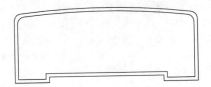

图 15-65　圆角处理

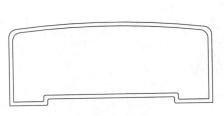

图 15-66　偏移轮廓线

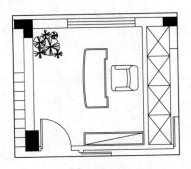

图 15-67　调入图块

15.3.4　绘制厨房平面布置图

厨房是家庭烹饪食材的场所，一般由专业的橱柜公司来制作。在室内装饰施工图纸中仅提供一个最初的设想，最后还要以安装事实为准。

01 绘制厨房、洗衣间平开门。调用 REC【矩形】命令，分别绘制尺寸为 880×40、800×40 的矩形；调用 A【圆弧】命令，绘制圆弧，结果如图 15-68 所示。

02 绘制烟道。调用 REC【矩形】命令，绘制尺寸为 300×300 的矩形；调用 X【分解】命令，分解矩形；调用 O【偏移】命令，设置偏移距离为 50，向内偏移矩形边，结果如图 15-69 所示。

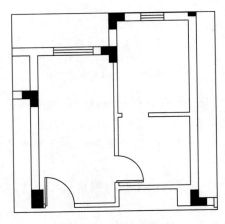

图 15-68　绘制平开门

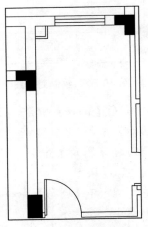

图 15-69　偏移矩形边

03 调用 PL【多段线】命令，绘制折断线，结果如图 15-70 所示。

04 绘制橱柜台面。调用 O【偏移】命令，向内偏移墙线；调用 F【圆角】命令，设置圆角半径为 0，对所偏移的线段执行圆角操作，结果如图 15-71 所示。

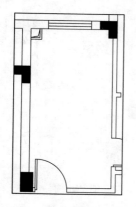

图 15-70　绘制折断线

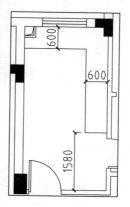

图 15-71　圆角操作

05 绘制早餐台。调用 REC【矩形】命令，绘制尺寸为 800×600 的矩形；调用 O【偏移】命令，向内偏移矩形，结果如图 15-72 所示。

06 填充台面图案。调用 H【图案填充】命令，在弹出的【图案填充和渐变色】对话框中选择填充图案并定义其填充参数，结果如图 15-73 所示。

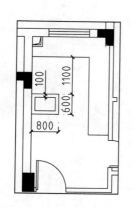

图 15-72　绘制早餐台

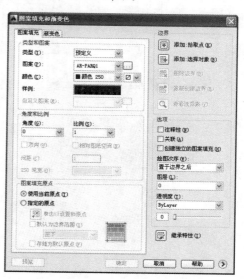

图 15-73　【图案填充和渐变色】对话框

07 在绘图区拾取填充区域，绘制图案填充的结果如图 15-74 所示。

08 调入图块。按 Ctrl+O 快捷键，打开配套光盘提供的"第 15 章\家具图例.dwg"文件，将其中的冰箱、厨具图块复制粘贴至当前图形中，结果如图 15-75 所示。

09 沿用上述的操作方法，继续绘制别墅各区域的平面布置图。一层平面布置图的绘制结果如图 15-76 所示。

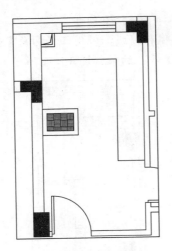

图 15-74　填充台面图案

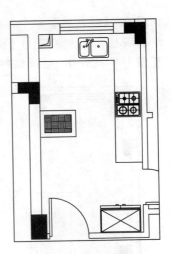

图 15-75　调入图块

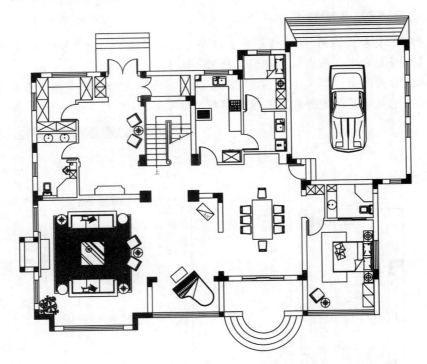

图 15-76　一层平面布置图

15.3.5　绘制图形标注

本节介绍文字标注、图名标注的绘制。文字标注以文字说明的方式表达图形的意义，图名标注包括图名和比例标注，需绘制指定图形的名称和绘制比例。

01　文字标注。调用 MT【多行文字】命令，为别墅各功能区域绘制文字标注，结果如图 15-77 所示。

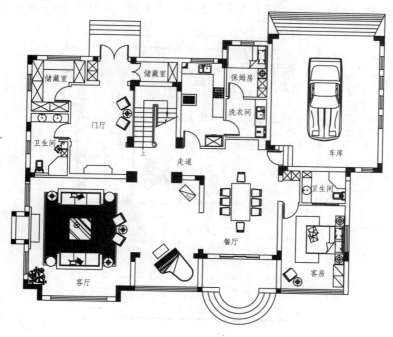

图 15-77　文字标注

02 图名标注。调用 MT【多行文字】命令，绘制图名和比例标注；调用 PL【多段线】命令，分别绘制宽度为 200 和 0 的下划线，结果如图 15-78 所示。

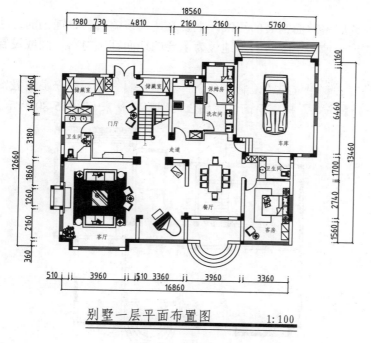

别墅一层平面布置图　　1:100

图 15-78　图名标注

03 重复操作，绘制别墅二层平面布置图的结果如图 15-79 所示。

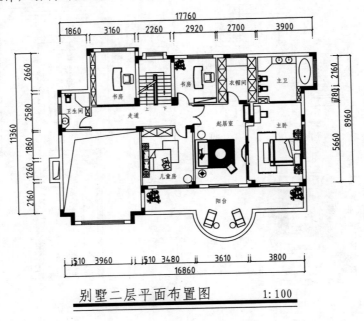

别墅二层平面布置图　　　　1:100

图 15-79　别墅二层平面布置图

15.4　绘制别墅地材图

地材图是表达居室地面铺装的图纸，主要表达铺装的材料、铺砌的方法以及材料的规格。本例别墅的地面使用了瓷砖和木地板为主要的地面铺装材料，间或设置石材走边作为点缀。

01 整理图形。调用 CO【复制】命令，移动复制一份别墅一层布置图至一旁；调用 E【删除】命令，删除平面布置图上的图形，结果如图 15-80 所示。

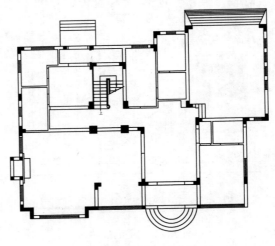

图 15-80　整理图形

02 绘制客厅走边轮廓。调用 O【偏移】命令，偏移线段；调用 F【圆角】命令，设置圆角半径为 0，对线段执行圆角操作，结果如图 15-81 所示。

03 调用 REC【矩形】命令，绘制矩形；调用 O【偏移】命令，向内偏移矩形，结果如图 15-82 所示。

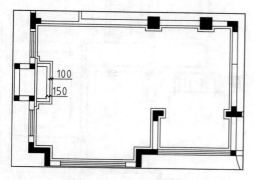

图 15-81　圆角操作

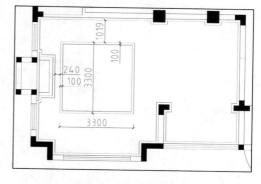

图 15-82　偏移矩形

04 重复操作，继续绘制走边轮廓，结果如图 15-83 所示。

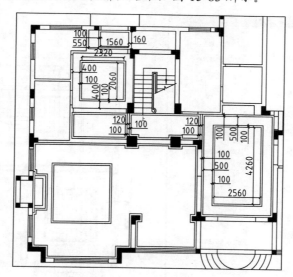

图 15-83　绘制结果

05 填充走边图案。调用 H【图案填充】命令，在弹出的【图案填充和渐变色】对话框中设置填充图案的参数，结果如图 15-84 所示。

06 在绘图区拾取走边的轮廓，绘制图案填充的结果如图 15-85 所示。

07 填充规格为 300×300 的仿古砖图案。执行【绘图】|【图案填充】命令，系统弹出【图案填充和渐变色】对话框，定义填充图案的参数，结果如图 15-86 所示。

08 在绘图区拾取装饰轮廓线，按 Enter 键返回对话框。单击【确定】按钮关闭对话框，完成图案填充的结果如图 15-87 所示。

图 15-84　【图案填充和渐变色】对话框

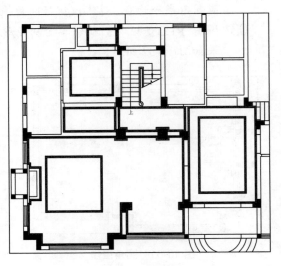

图 15-85　图案填充

图 15-86　设置参数

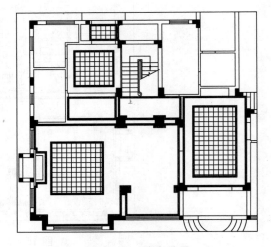

图 15-87　填充结果

09 填充规格为 600×600 的仿古砖图案。单击【绘图】工具栏中的【图案填充】按钮 ，在弹出的【图案填充和渐变色】对话框中定义斜铺仿古砖图案的参数，结果如图 15-88 所示。

10 在绘图区单击【添加：拾取点】按钮，在绘图区拾取填充轮廓，按 Enter 键返回对话框。单击【确定】按钮关闭对话框，完成图案填充的操作结果如图 15-89 所示。

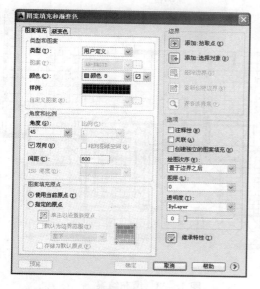

图 15-88 【图案填充和渐变色】对话框

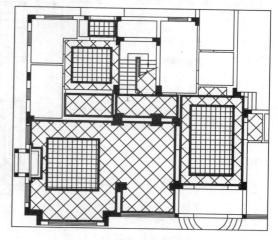

图 15-89 操作结果

11 填充规格为 500×500 的仿古砖图案。在弹出的【图案填充和渐变色】对话框中设置填充图案的参数,结果如图 15-90 所示。

12 在绘图区拾取填充轮廓,绘制图案填充的结果如图 15-91 所示。

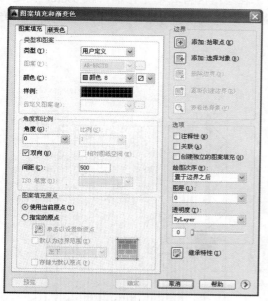

图 15-90 设置参数

图 15-91 图案填充

13 填充防滑瓷砖图案。执行【绘图】|【图案填充】命令,系统弹出【图案填充和渐变色】对话框定义填充图案的参数,结果如图 15-92 所示。

14 在绘图区拾取装饰轮廓线,按 Enter 键返回对话框。单击【确定】按钮关闭对话框,完成图案填充的结果如图 15-93 所示。

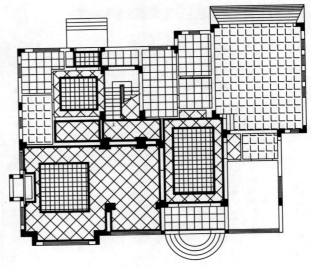

图 15-92 【图案填充和渐变色】对话框   图 15-93 填充结果

15 填充实木地板图案。单击【绘图】工具栏上的【图案填充】按钮，在弹出的【图案填充和渐变色】对话框中定义斜铺仿古砖图案的参数，结果如图 15-94 所示。

16 在绘图区单击【添加：拾取点】按钮，在绘图区拾取填充轮廓，按 Enter 键返回对话框。单击【确定】按钮关闭对话框，完成图案填充的操作结果如图 15-95 所示。

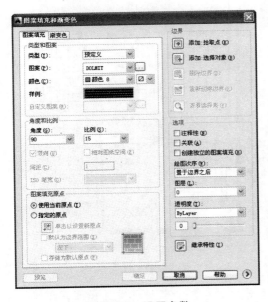

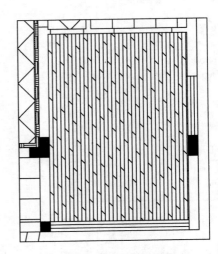

图 15-94 设置参数   图 15-95 图案填充

17 别墅一层地材图的绘制结果如图 15-96 所示。

18 绘制图例。调用 REC【矩形】命令，绘制尺寸为 3163×1715 的矩形，结果如

图 15-97 所示。

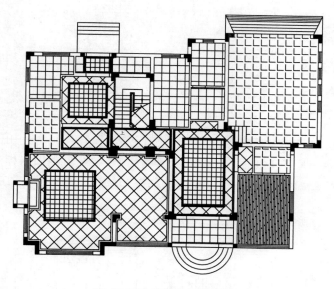

图 15-96　别墅一层地材图

图 15-97　绘制矩形

19 调用 H【图案填充】命令，为矩形绘制图案填充，结果如图 15-98 所示。

图 15-98　绘制图案填充

20 调用 MT【多行文字】命令，为图例绘制文字标注，结果如图 15-99 所示。

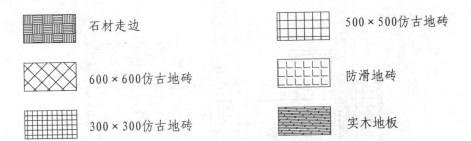

图 15-99　绘制文字标注

21 图名标注。调用 MT【多行文字】命令，绘制图名和比例标注；调用 PL【直线】命令，分别绘制宽度为 200 和 0 的下划线，结果如图 15-100 所示。

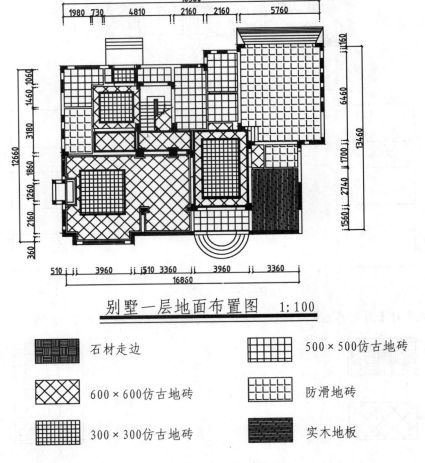

别墅一层地面布置图　　1：100

图 15-100　绘制图名标注

22 沿用上述的操作方法，绘制别墅的二层地材图，结果如图 15-101 所示。

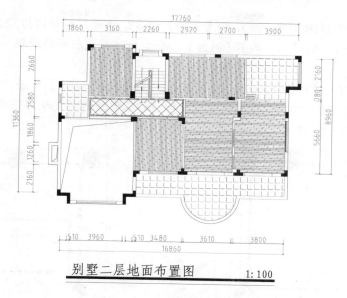

别墅二层地面布置图　　　　　1:100

图 15-101　别墅的二层地材图

15.5　绘制别墅顶棚图

顶棚图表现居室顶面的做法，需表达顶面的设计造型、使用材料、设计标高等信息。本例别墅顶棚的主要制作材料为石膏板以及铝扣板，辅以石膏角线做装饰。

01 整理图形。调用 CO【复制】命令，移动复制一份别墅一层布置图至一旁；调用 E【删除】命令，删除平面布置图上的图形，结果如图 15-102 所示。

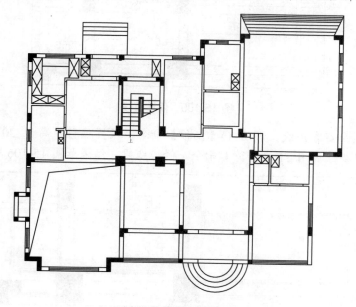

图 15-102　整理图形

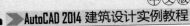
02 绘制客厅右侧吊顶。调用 O【偏移】命令，设置偏移距离为 20、20、40，选择内墙线向内偏移；调用 F【圆角】命令，对线段执行圆角处理，结果如图 15-103 所示。

03 调用 REC【矩形】命令，绘制矩形；调用 O【偏移】命令，设置偏移距离为 20、20、20、20，并将偏移第三次得到的矩形的线型更改为虚线，表示吊顶暗藏的灯带，结果如图 15-104 所示。

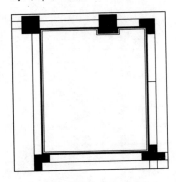

图 15-103　圆角处理

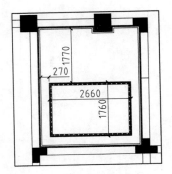

图 15-104　绘制结果

提示

客厅左侧吊顶位挑空设计，故其顶面装饰布置会在别墅的二层顶面图中表示。

04 绘制过道顶面。调用 L【直线】命令，绘制直线；调用 O【偏移】命令，偏移直线，结果如图 15-105 所示。

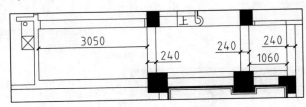

图 15-105　偏移直线

05 绘制顶面石膏角线。调用 O【偏移】命令，设置偏移距离为 20、20、40，向内偏移线段；调用 TR【修剪】命令，修剪线段，结果如图 15-106 所示。

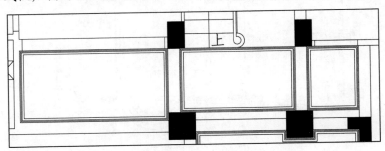

图 15-106　绘制顶面石膏角线

06 绘制厨房铝扣板吊顶图案。调用 H【图案填充】命令，在弹出的【图案填充和渐变色】对话框中设置填充图案的参数，结果如图 15-107 所示。

07 在绘图区拾取填充轮廓，绘制图案填充的结果如图 15-108 所示。

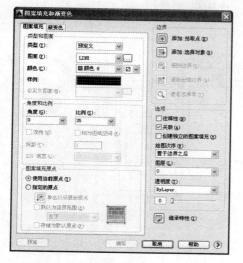

图 15-107　【图案填充和渐变色】对话框

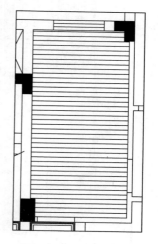

图 15-108　图案填充

08 重复操作，为其他区域的顶面绘制装饰图形，结果如图 15-109 所示。

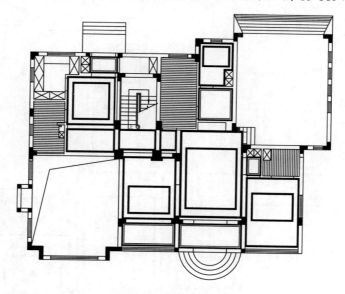

图 15-109　绘制结果

09 调入灯具图块。按 Ctrl+O 快捷键，打开配套光盘提供的"第 15 章\家具图例.dwg"文件，将其中的射灯、吊灯等图块复制粘贴至当前图形中，结果如图 15-110 所示。

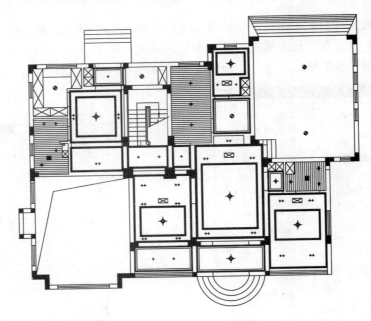

图 15-110   调入灯具图块

10 标高标注。调用 I【插入】命令，在弹出的【插入】对话框中选择标高图块；在
绘图区点取标高点与标高值，绘制标高标注的结果如图 15-111 所示。

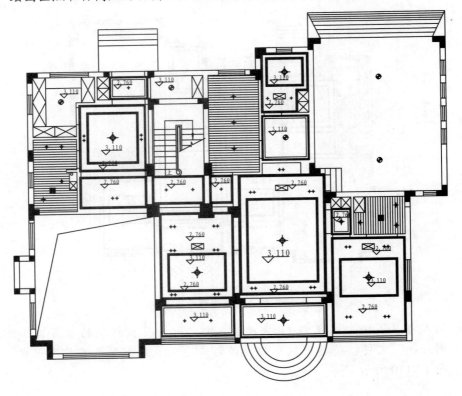

图 15-111   标高标注

11 绘制图例表。调用 REC【矩形】命令，绘制矩形；调用 X【分解】命令，分解矩形；调用 O【偏移】命令，偏移线段，结果如图 15-112 所示。

12 调用 CO【复制】命令，移动复制灯具图形至表格中；调用 MT【多行文字】命令，绘制图块数说明，结果如图 15-113 所示。

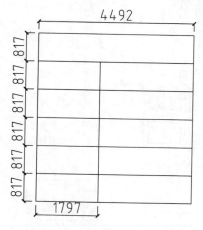

图 15-112 偏移线段

图例说明	
⊕	筒灯
◑	吸顶灯
✤	吊灯
▣	浴霸
------	暗藏灯带

图 15-113 操作结果

13 材料标注。调用 MLD【多重引线】命令，绘制顶面材料标注，结果如图 15-114 所示。

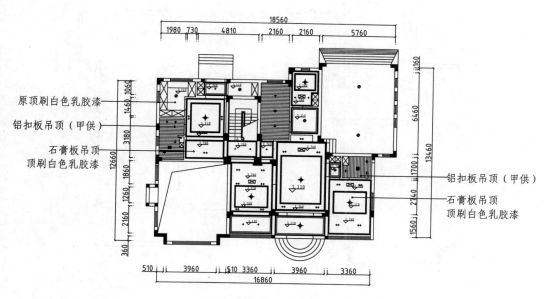

原顶刷白色乳胶漆

铝扣板吊顶（甲供）

石膏板吊顶
顶刷白色乳胶漆

铝扣板吊顶（甲供）

石膏板吊顶
顶刷白色乳胶漆

图 15-114 材料标注

14 图名标注。调用 MT【多行文字】命令，绘制图名和比例标注；调用 PL【多段线】命令，分别绘制宽度为 200 和 0 的下划线，结果如图 15-115 所示。

15 绘制别墅二层顶面图。调用 CO【复制】命令，移动复制一份二层平面图至一旁；调用 E【删除】命令，删除平面布置图上的图形，整理图形的结果如

图 15-116 所示。

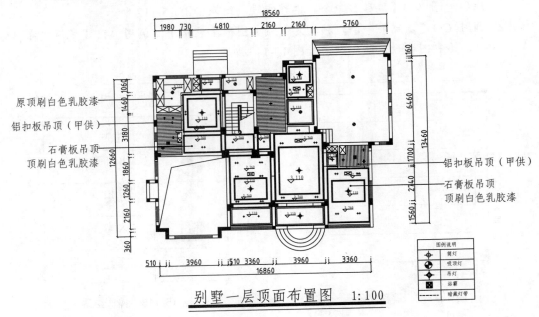

原顶刷白色乳胶漆

铝扣板吊顶（甲供）

石膏板吊顶
顶刷白色乳胶漆

铝扣板吊顶（甲供）

石膏板吊顶
顶刷白色乳胶漆

别墅一层顶面布置图　1:100

图 15-115　图名标注

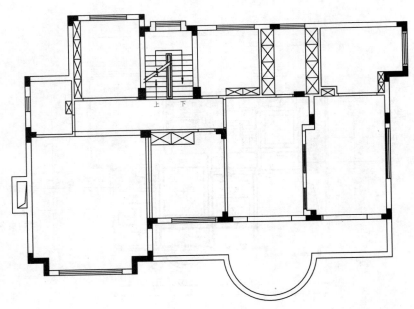

图 15-116　整理图形

16 绘制客厅挑空顶面的做法。调用 O【偏移】命令，偏移线段；调用 TR【修剪】命令，修剪线段，结果如图 15-117 所示。

17 填充顶面装饰图案。单击【绘图】工具栏上的【图案填充】按钮，在弹出的【图案填充和渐变色】对话框定义填充图案的参数，结果如图 15-118 所示。

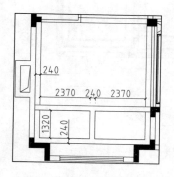

图 15-117　修剪线段

图 15-118　【图案填充和渐变色】对话框

18　在绘图区中单击【添加：拾取点】按钮，在绘图区拾取填充轮廓；按 Enter 键返回对话框。单击【确定】按钮关闭对话框，完成图案填充的操作，结果如图 15-119 所示。

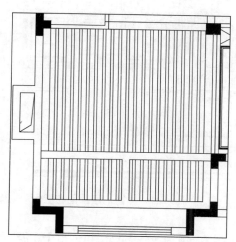

图 15-119　图案填充

19　沿用绘制别墅一层顶面图的方法，继续绘制二层其他区域的顶面装饰图案，结果如图 15-120 所示。

20　为二层顶面图绘制标高标注、材料标注以及图名标注，并从配套光盘提供的"第 15 章\家具图例.dwg"文件中复制粘贴灯具图块至当前图形中，结果如图 15-121 所示。

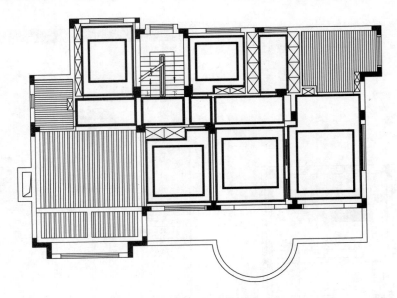

图 15-120　绘制结果

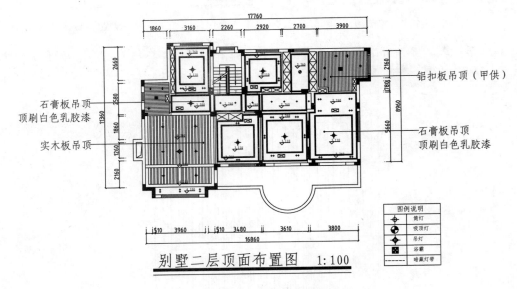

别墅二层顶面布置图　1:100

图 15-121　别墅二层顶面布置图

15.6　绘制别墅立面图

　　立面图主要表达居室立面的做法，本节介绍客厅立面图、卧室以及门厅立面图的绘制方法，这些都是居室装饰的重点区域之一。

15.6.1　绘制客厅立面图

　　别墅的客厅作为最重要的家庭活动场所，其装饰必定需要体现一定的风格与品位。本例客厅立面图的装饰沿袭欧式惯用的装饰手法，使用石材与墙纸饰面，原始中透露出现代气息。

01 整理图形。调用 REC【矩形】命令，在别墅一层平面图中框选待绘制立面图的平面图部分；调用 CO【复制】命令，移动复制框选的图形至空白区域，结果如图 15-122 所示。

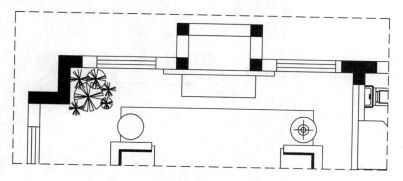

图 15-122 整理图形

02 绘制立面外轮廓。调用 L【直线】命令，绘制直线；调用 O【偏移】命令，偏移直线；调用 TR【修剪】命令，修剪线段，结果如图 15-123 所示。

03 填充墙体图案。调用 H【图案填充】命令，系统弹出【图案填充和渐变色】对话框。设置填充图案的参数，结果如图 15-124 所示。

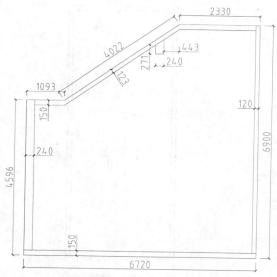

图 15-123 绘制立面外轮廓

图 15-124 设置参数

04 在绘图区拾取填充区域，绘制图案填充的结果如图 15-125 所示。

05 绘制立面装饰轮廓。调用 O【偏移】命令、TR【修剪】命令，偏移并修剪线段，结果如图 15-126 所示。

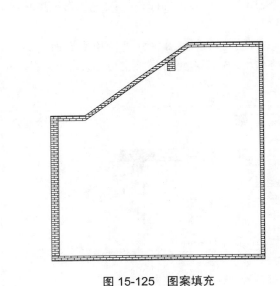

图 15-125　图案填充　　　　　　　图 15-126　绘制立面装饰轮廓

06 绘制立面窗轮廓。调用 REC【矩形】命令，绘制矩形，结果如图 15-127 所示。

07 调用 O【偏移】命令，设置偏移距离分别为 10、40、10，向内偏移矩形；调用 X【分解】命令，分解偏移得到的矩形；调用 TR【修剪】命令、EX【延伸】命令，对矩形执行编辑操作，结果如图 15-128 所示。

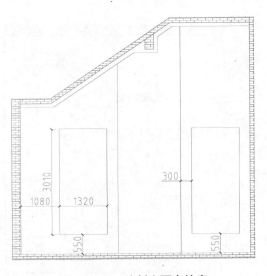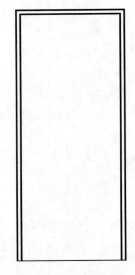

图 15-127　绘制立面窗轮廓　　　　　　图 15-128　编辑结果

08 绘制窗玻璃分隔线。调用 O【偏移】命令，偏移线段，结果如图 15-129 所示。

09 绘制窗框架。调用 O【偏移】命令，设置偏移距离为 30，偏移分隔线；调用 F【圆角】命令，设置圆角半径为 0，对线段执行圆角操作，结果如图 15-130 所示。

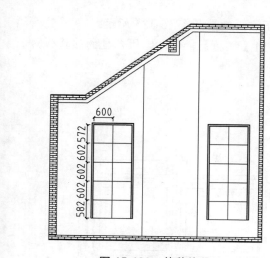

图 15-129　偏移线段

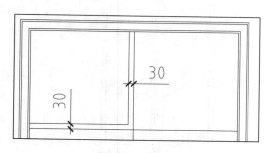

图 15-130　圆角操作

10 绘制玻璃位。调用 O【偏移】命令、F【圆角】命令，偏移线段并对其进行圆角处理，结果如图 15-131 所示。

11 调用 MI【镜像】命令，将图形镜像复制到右边，结果如图 15-132 所示。

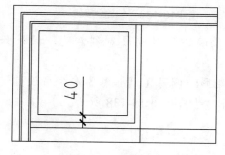

图 15-131　操作结果

图 15-132　镜像复制

12 重复调用 MI【镜像】命令，将图形镜像复制至下方，结果如图 15-133 所示。

13 调用 L【直线】命令，绘制直线，结果如图 15-134 所示。

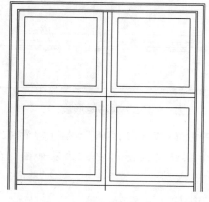

图 15-133　复制结果

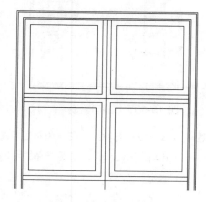

图 15-134　绘制直线

14 调用 MI【镜像】命令，将图形镜像复制到下方，结果如图 15-135 所示。

15 调用 MI【镜像】命令、E【删除】命令及 M【移动】命令，编辑末尾的玻璃位图形，结果如图 15-136 所示。

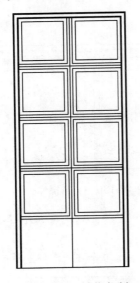

图 15-135　镜像复制

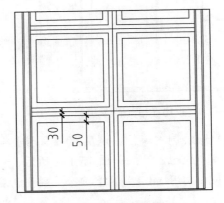

图 15-136　编辑结果

16 调用 CO【复制】命令，将绘制完成的立面窗图形移动复制到右边，结果如图 15-137 所示。

17 绘制窗台。调用 REC【矩形】命令，绘制矩形；调用 O【偏移】命令，设置偏移距离为 28、13，选择上方矩形边向下偏移，结果如图 15-138 所示。

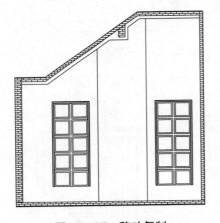

图 15-137　移动复制

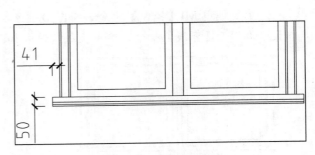

图 15-138　偏移矩形边

18 调入角线图块。按 Ctrl+O 快捷键，打开配套光盘提供的"第 15 章\家具图例.dwg"文件，将其中的角线图块复制粘贴到当前图形中，结果如图 15-139 所示。

19 调用 TR【修剪】命令，修剪线段，结果如图 15-140 所示。

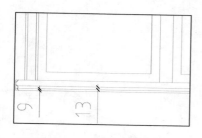

图 15-139 调入角线图块

图 15-140 修剪线段

20 绘制踢脚线。调用 O【偏移】命令，向上偏移墙线；调用 TR【修剪】命令，修剪线段，结果如图 15-141 所示。

21 调入立面图块。按 Ctrl+O 快捷键，打开配套光盘提供的"第 15 章\家具图例.dwg"文件，将其中的壁灯、窗帘等图块复制粘贴至当前图形中，结果如图 15-142 所示。

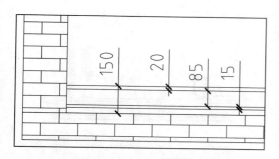

图 15-141 绘制踢脚线

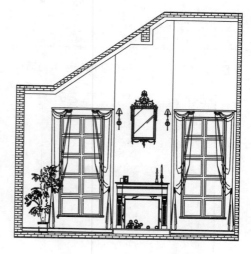

图 15-142 调入立面图块

22 填充玻璃窗图案。执行【绘图】|【图案填充】命令，系统弹出【图案填充和渐变色】对话框。定义填充图案的参数，结果如图 15-143 所示。

23 在绘图区中拾取装饰轮廓线，按 Enter 键返回对话框。单击【确定】按钮关闭对话框，完成图案填充的结果如图 15-144 所示。

24 填充壁炉位图案。调用 H【图案填充】命令，在弹出的【图案填充和渐变色】对话框中设置填充图案的参数，结果如图 15-145 所示。

25 在绘图区拾取走边的轮廓，绘制图案填充的结果如图 15-146 所示。

26 填充装饰背景墙图案。单击【绘图】工具栏上的【图案填充】按钮，在弹出的【图案填充和渐变色】对话框中定义填充图案的参数，结果如图 15-147 所示。

27 在绘图区中单击【添加：拾取点】按钮，在绘图区中拾取填充轮廓；按 Enter 键返回对话框。单击【确定】按钮关闭对话框，完成图案填充的操作，结果如图 15-148 所示。

图 15-143 【图案填充和渐变色】对话框

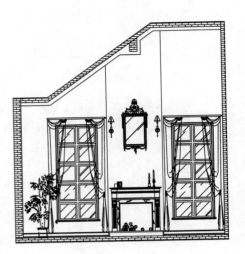

图 15-144 图案填充

图 15-145 设置参数

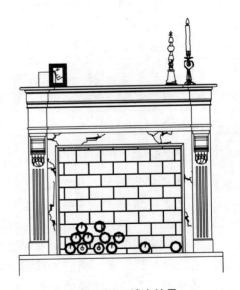

图 15-146 填充结果

28 材料标注。调用 MLD【多重引线】命令，为立面图绘制材料标注，结果如图 15-149 所示。

29 尺寸标注。调用 DLI【线性标注】命令，为立面图绘制尺寸标注，结果如图 15-150 所示。

图 15-147　【图案填充和渐变色】对话框

图 15-148　图案填充

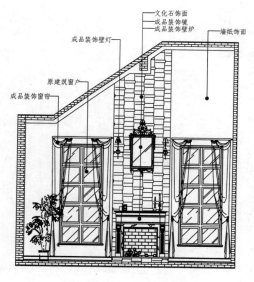

图 15-149　材料标注

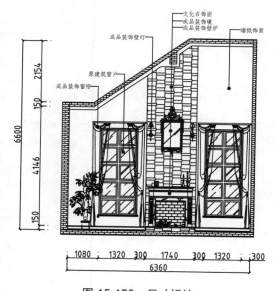

图 15-150　尺寸标注

30 图名标注。调用 MT【多行文字】命令，绘制图名和比例标注；调用 PL【多段线】命令，分别绘制宽度为 100 和 0 的下划线，结果如图 15-151 所示。

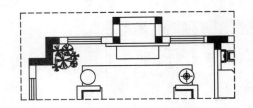

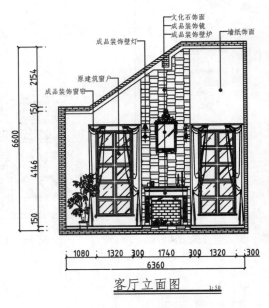

图 15-151　图名标注

15.6.2　绘制卧室立面图

卧室作为较为私密的场所，其装饰装潢也不可忽视。本例卧室立面图主要使用墙纸饰面，辅以墙面造型以及造型门，达到相互映衬的效果。

01 整理图形。调用 REC【矩形】命令，在别墅二层平面图中框选待绘制立面图的平面图部分；调用 CO【复制】命令，移动复制框选的图形至空白区域，结果如图 15-152 所示。

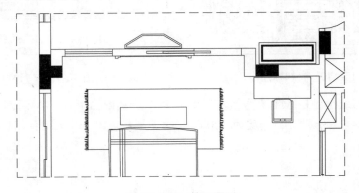

图 15-152　整理图形

02 绘制立面轮廓。调用 REC【矩形】命令，绘制矩形；调用 X【分解】命令，分解矩形；调用 O【偏移】命令，偏移矩形边；调用 H【图案填充】命令，绘制墙体图案，结果如图 15-153 所示。

03 绘制吊顶位及地板层。调用 O【偏移】命令，偏移线段；调用 TR【修剪】命令，修剪线段，结果如图 15-154 所示。

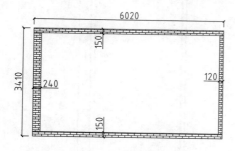

图 15-153　绘制立面轮廓

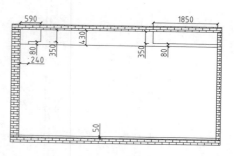

图 15-154　绘制吊顶位及地板层

04 调入立面角线图块。按 Ctrl+O 快捷键，打开配套光盘提供的"第 15 章\家具图例.dwg"文件，将其中的角线图块复制粘贴至当前图形中，结果如图 15-155 所示。

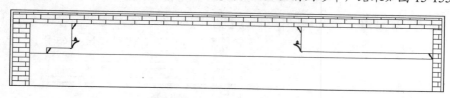

图 15-155　调入立面角线图块

05 调用 L【直线】命令，绘制连接直线，结果如图 15-156 所示。

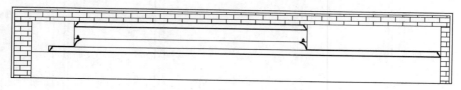

图 15-156　绘制连接直线

06 绘制立面轮廓。调用 O【偏移】命令、TR【修剪】命令，偏移并修剪线段，结果如图 15-157 所示。

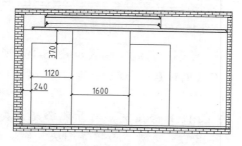

图 15-157　绘制立面轮廓

07 绘制装饰门及移动门门套。调用 O【偏移】命令，分别设置偏移距离为 10、40、10，向内偏移轮廓线；调用 F【圆角】命令，对线段执行圆角处理操作，结果如图 15-158 所示。

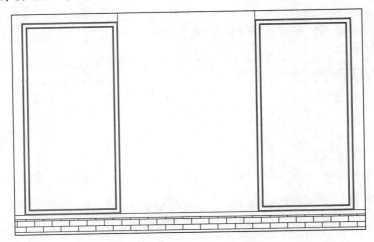

图 15-158　绘制装饰门及移动门门套

08 绘制电视背景墙装饰线。调用 O【偏移】命令，分别设置偏移距离为 15、25、15，向内偏移轮廓线；调用 TR【修剪】命令，修剪线段，结果如图 15-159 所示。

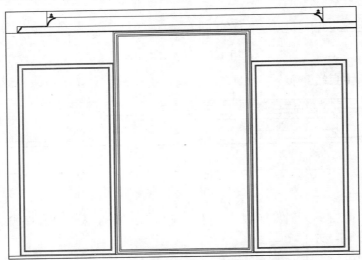

图 15-159　绘制电视背景墙装饰线

09 调用 L【直线】命令，绘制对角线，结果如图 15-160 所示。

10 绘制踢脚线。调用 O【偏移】命令，偏移线段；调用 TR【修剪】命令，修剪线段，结果如图 15-161 所示。

11 调入立面图块。按 Ctrl+O 快捷键，打开配套光盘提供的"第 15 章\家具图例.dwg"文件，将其中的电视机、吊顶等图块复制粘贴至当前图形中，结果如图 15-162 所示。

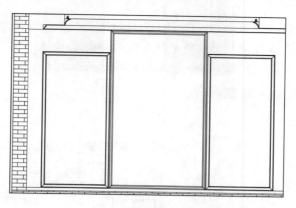

图 15-160　绘制对角线

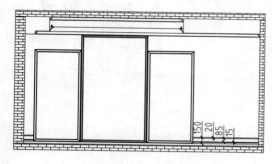

图 15-161　绘制踢脚线

图 15-162　调入立面图块

12 填充背景墙墙纸装饰图案。执行【绘图】|【图案填充】命令，系统弹出【图案填充和渐变色】对话框，在其中定义填充图案的参数，结果如图 15-163 所示。

13 在绘图区中拾取装饰轮廓线，按 Enter 键返回对话框。单击【确定】按钮关闭对话框，完成图案填充的结果如图 15-164 所示。

图 15-163　【图案填充和渐变色】对话框

图 15-164　图案填充

14 填充墙面装饰墙纸图案。调用 H【图案填充】命令，在弹出的【图案填充和渐变色】对话框中设置填充图案的参数，结果如图 15-165 所示。

15 在绘图区拾取填充轮廓，绘制图案填充的结果如图 15-166 所示。

图 15-165　设置参数

图 15-166　填充结果

16 材料标注。调用 MLD【多重引线】命令，为立面图绘制材料标注，结果如图 15-167 所示。

17 尺寸标注。调用 DLI【线性标注】命令，为立面图绘制尺寸标注，结果如图 15-168 所示。

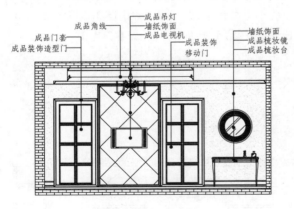

图 15-167　材料标注

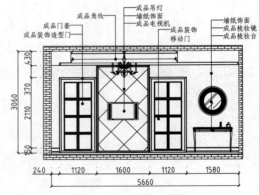

图 15-168　尺寸标注

18 图名标注。调用 MT【多行文字】命令，绘制图名和比例标注；调用 PL【多段线】命令，分别绘制宽度为 200 和 0 的下划线，结果如图 15-169 所示。

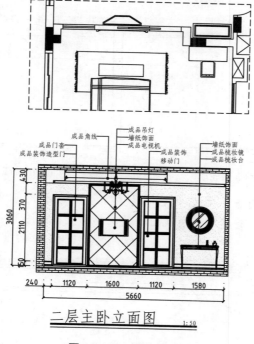

图 15-169　图名标注

15.6.3　绘制门厅立面图

门厅相当于整个居室的脸面，因为客人都是从门厅进入到室内的门厅给人的感觉在很大程度上影响居室给人的感觉。本例门厅的墙面装饰为墙纸，与实木成品楼梯栏杆相得益彰，给人以庄重和谐的感觉。

01　整理图形。调用 REC【矩形】命令，在别墅一层平面图中框选待绘制立面图的平面图部分；调用 CO【复制】命令，移动复制框选的图形至空白区域，结果如图 15-170 所示。

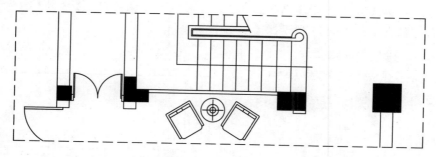

图 15-170　整理图形

02　绘制立面轮廓。调用 REC【矩形】命令、X【分解】命令及 O【偏移】命令，绘制立面轮廓；调用 H【填充】命令，为立面轮廓填充图案，结果如图 15-171 所示。

03　绘制吊顶位。调用 O【偏移】命令，偏移线段，结果如图 15-172 所示。

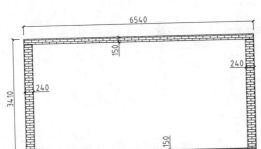

图 15-171　绘制立面轮廓　　　　　　　　图 15-172　绘制吊顶位

04 调入立面角线图块。按 Ctrl+O 快捷键，打开配套光盘提供的"第 15 章\家具图例.dwg"文件，将其中的角线图块复制粘贴至当前图形中。

05 调用 L【直线】命令，绘制连接直线，结果如图 15-173 所示。

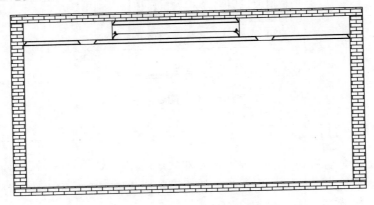

图 15-173　绘制连接直线

06 绘制立面装饰轮廓线。调用 O【偏移】命令，偏移线段；调用 TR【修剪】命令，修剪线段，结果如图 15-174 所示。

07 绘制踢脚线。调用 O【偏移】命令，偏移线段；调用 TR【修剪】命令，修剪线段，结果如图 15-175 所示。

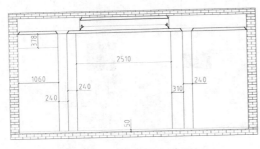

图 15-174　绘制立面装饰轮廓线

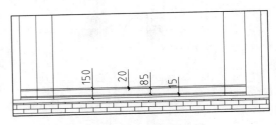

图 15-175　绘制踢脚线

08 绘制楼梯轮廓线。调用 L【直线】命令，绘制直线，结果如图 15-176 所示。

09 调用 O【偏移】命令，偏移线段；调用 F【圆角】命令、EX【延伸】命令，修剪扶手线段，结果如图 15-177 所示。

10 调入楼梯装饰线图块。按 Ctrl+O 快捷键，打开配套光盘提供的"第 15 章\家具图例.dwg"文件，将其中的装饰线图块复制粘贴至当前图形中，结果如图 15-178 所示。

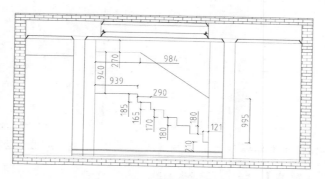

图 15-176 绘制楼梯轮廓线

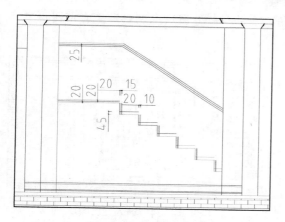

图 15-177 偏移线段

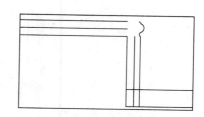

图 15-178 调入楼梯装饰线图块

11 调用 EX【延伸】命令，延伸线段；调用 E【删除】命令，删除线段，结果如图 15-179 所示。

12 调用 CO【复制】命令，移动复制楼梯装饰线图块，结果如图 15-180 所示。

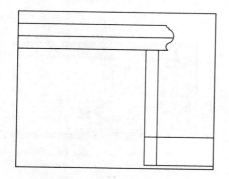

图 15-179 操作结果

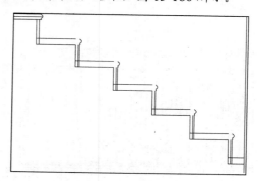

图 15-180 移动复制

13 调用 EX【延伸】命令，延伸线段；调用 O【偏移】命令，偏移线段；调用 TR 【修剪】命令，修剪线段，结果如图 15-181 所示。

14 重复操作，继续绘制图形，结果如图 15-182 所示。

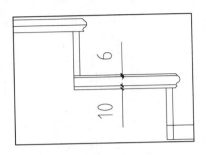

图 15-181　操作结果

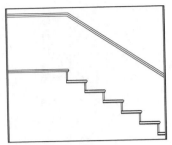

图 15-182　绘制复制

15 调用 PL【多段线】命令，绘制折断线，结果如图 15-183 所示。

16 调入立面图块。按 Ctrl+O 快捷键，打开配套光盘提供的"第 15 章\家具图例.dwg"文件，将其中的休闲桌椅、成品栏杆等图块复制粘贴至当前图形中，结果如图 15-184 所示。

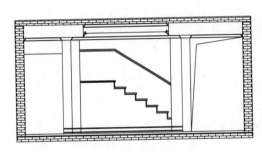

图 15-183　绘制折断线

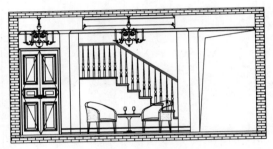

图 15-184　调入立面图块

17 材料标注。调用 MLD【多重引线】命令，为立面图绘制材料标注，结果如图 15-185 所示。

18 尺寸标注。调用 DLI【线性标注】命令，为立面图绘制尺寸标注，结果如图 15-186 所示。

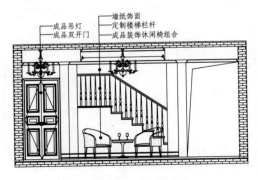

图 15-185　材料标注

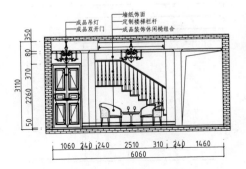

图 15-186　尺寸标注

19 图名标注。调用 MT【多行文字】命令，绘制图名和比例标注；调用 PL【多段线】命令，分别绘制宽度为 100 和 0 的下划线，结果如图 15-187 所示。

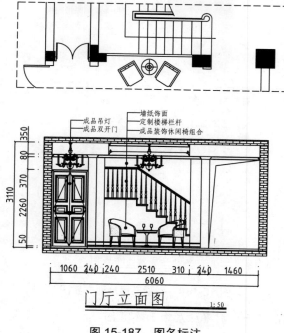

图 15-187　图名标注

15.7　思考与练习

1. 图 15-188 所示为别墅三层平面布置图，请读者沿用本章介绍的方法来绘制。

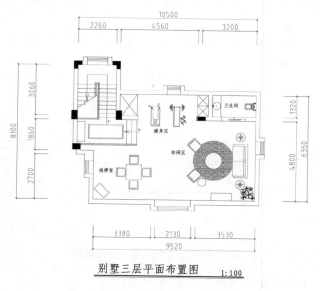

图 15-188　别墅三层平面布置图

2. 绘制如图 15-189 所示的别墅三层地面布置图。

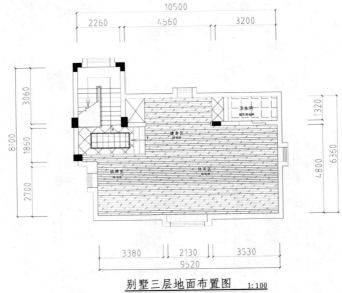

图 15-189 别墅三层地面布置图

3. 绘制如图 15-190 所示的别墅三层顶面布置图。

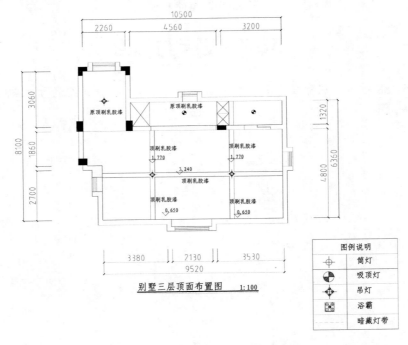

图 15-190 别墅三层顶面布置图

4. 绘制如图 15-191 所示的一层客厅 C 立面图。

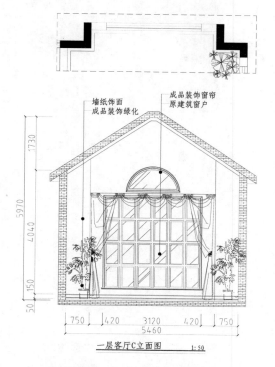

图 15-191　一层客厅 C 立面图

第 16 章

绘制建筑详图

➡ 本章导读

为满足施工需要，必须将房屋一些细部(又称为节点)的详细构造，比如形状、层次等，使用较大的比例来绘制图样，这些图样称为建筑详图，简称详图。

详图是建筑设计施工图纸不可缺少的图样，本章介绍建筑详图的绘制方法。

➡ 学习目标

➤ 了解建筑详图的特点。

➤ 熟悉建筑详图的图示内容和方法。

➤ 掌握外墙剖面详图的绘制方法。

➤ 掌握门窗详图的绘制方法。

➤ 掌握阳台栏杆详图的绘制方法。

16.1 建筑详图概述

建筑详图是建筑细部的施工图，是对建筑平面、立面、剖面图等基本图样的深化和补充，是建筑工程细部施工、建筑构配件的制作及编制预算的依据。

建筑详图的绘制比例一般有 1∶50、1∶20、1∶10、1∶5、1∶2、1∶1 等。视该表现部位构造的复杂程度来确定详图的表示方法。有的只需要一个剖面详图就能够表达清楚，比如墙身节点详图；有的需要另外增加平面详图，如楼梯详图与楼梯剖面详图，分别表示楼梯的平面和剖面做法，如图 16-1 所示。

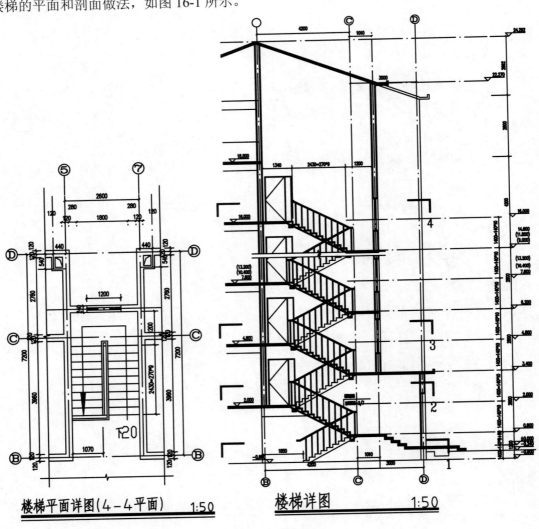

图 16-1　楼梯详图

房屋详图的种类有墙身节点详图、楼梯详图以及室内外构配件(比如室外的台阶、花池、花格、雨篷等，室内的卫生间、壁柜及门窗等)的详图，如图 16-2、图 16-3 所示。

绘制详图要求图示的内容详细清楚，尺寸标注齐全，文字说明详尽。通常应表达出构配件的详细构造，所用的各种材料及其规格，本部分的构造连接方法以及相对应的位置和关系；各部位、各细部的详细尺寸；有关的施工要求、构造层次以及制作方法说明等。

此外，建筑详图必须加注图名(或者详图符号)。详图符号应与被索引图样上的索引符号相对应，在详图符号的右下侧注写比例。

对于套用标准图或者通用图的建筑构配件和节点图，只需要注明所套用图集的名称、型号、页次，可以不另外绘制图样。

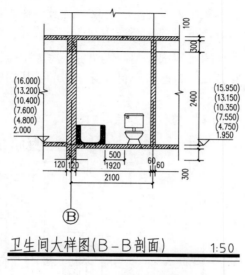

图 16-2 卫生间详图

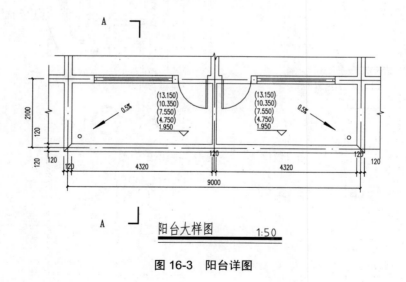

图 16-3 阳台详图

16.2 绘制外墙剖面详图

外墙剖面详图表达墙体的构造、做法以及尺寸、材料等，本节介绍绘制外墙剖面详图的相关知识。

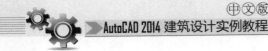
16.2.1   外墙剖面详图的图示内容及规定画法

本节介绍外墙剖面详图的图示内容以及规定画法和识读要点。

墙身详图其实就是建筑剖面图中外墙身部分的局部放大图。主要反映墙身各部位的详细构造、材料做法以及详细的尺寸，比如檐口、圈梁、墙厚、雨篷、阳台、防潮层、室内外地面、散水等，同时还要注明各部位的标高和详图索引符号。

墙身详图与平面图配合，是砌墙、室内外装修、门窗安装、编制施工预算以及材料估算的重要依据。

墙身详图经常采用 1：20 的比例来绘制。假如多层房屋中楼层各节点相同，可以只绘制底层、中间层来表示。为了节省图幅，绘制墙身详图可以从门窗洞中间折断，分解为几个节点详图的组合。

图 16-4 所示为绘制完成的某多层住宅外墙剖面图。

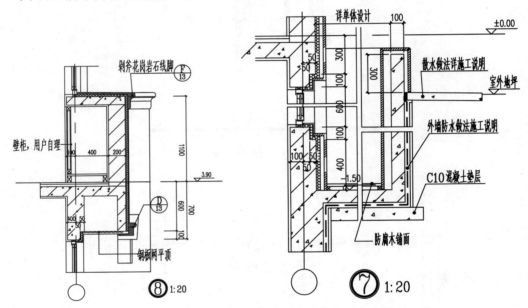

图 16-4   某多层住宅外墙剖面图

16.2.2   墙身详图的识读

墙身详图的识读步骤如下。

01 了解图名比例。

02 了解墙体的厚度以及所属定位轴线。

03 了解屋面、楼面、地面的构造层次和做法。

04 了解各部位的标高、高度方向的尺寸和墙身细部尺寸。墙身详图应标注室内外地面、各层楼面、屋面、窗台、圈梁或过梁以及檐口等处的标高。同时，还应标注窗台、檐口等部位的高度尺寸以及细部尺寸。在详图中，还应绘制抹灰及装饰构造线，并画出相应的材料图例。

05 了解各层梁(过梁或圈梁)、板、窗台的位置以及与墙身的关系。

06 了解檐口的构造做法。

16.2.3　绘制住宅楼外墙剖面详图

本节以多层住宅楼为例，介绍其外墙剖面详图的绘制方法，包括墙体、檐口排水沟等重要建筑构件剖面图的画法。

下面介绍墙体、屋顶檐口详图的绘制。在绘制的过程中，要注意表现各建筑构件的细部做法。

01 绘制墙体。调用 L【直线】命令，绘制直线；调用 O【偏移】命令，偏移直线；调用 TR【修剪】命令，修剪线段，结果如图 16-5 所示。

02 调用 PL【多段线】命令，绘制折断线，结果如图 16-6 所示。

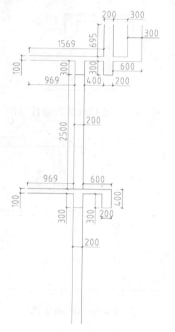

图 16-5　绘制墙体

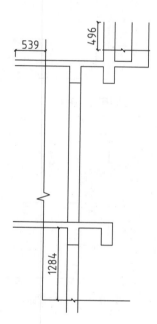

图 16-6　绘制折断线

03 调用 TR【修剪】命令，修剪线段，结果如图 16-7 所示。

04 绘制水泥砂浆找平层。调用 O【偏移】命令，设置偏移距离为 20，往外偏移墙线；调用 TR【修剪】命令，修剪线段，结果如图 16-8 所示。

05 绘制屋顶檐口排水沟。调用 O【偏移】命令，偏移线段，结果如图 16-9 所示。

06 调用 F【圆角】命令，设置圆角半径为 50，对线段执行圆角操作，结果如图 16-10 所示。

07 调用 O【偏移】命令，偏移线段；调用 EX【延伸】命令，延伸线段，结果如图 16-11 所示。

08 绘制墙面装饰层。调用 O【偏移】命令，偏移线段；调用 TR【修剪】命令，修剪线段，结果如图 16-12 所示。

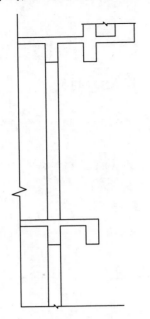

图 16-7　修剪线段

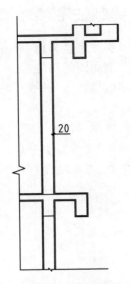

图 16-8　绘制水泥砂浆找平层

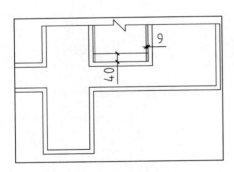

图 16-9　偏移线段

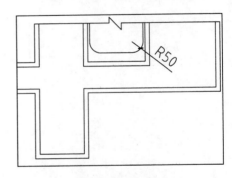

图 16-10　圆角操作

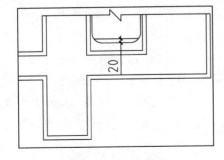

图 16-11　延伸线段

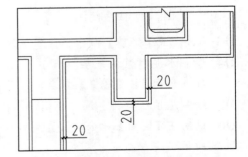

图 16-12　绘制墙面装饰层

09 绘制滴水线。调用 C【圆】命令，绘制半径为 15 的圆形，结果如图 16-13 所示。

10　调用 TR【修剪】命令，修剪线段，结果如图 16-14 所示。

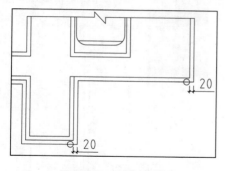

图 16-13　绘制圆形

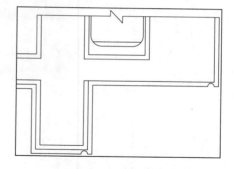

图 16-14　修剪线段

11　重复操作，完成下一层详图图形的绘制，结果如图 16-15 所示。

12　调用 L【直线】命令，绘制直线；调用 O【偏移】命令，偏移直线，结果如图 16-16 所示。

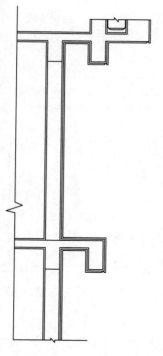

图 16-15　绘制结果

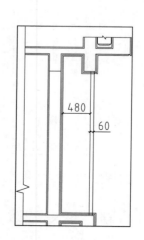

图 16-16　偏移直线

13　调用 TR【修剪】命令，修剪线段，结果如图 16-17 所示。

14　调用 L【直线】命令，绘制直线，结果如图 16-18 所示。

15　调用 O【偏移】命令，设置偏移距离为 10，向内偏移线段；调用 TR【修剪】命令，修剪线段，结果如图 16-19 所示。

16　重复操作，继续绘制图形，结果如图 16-20 所示。

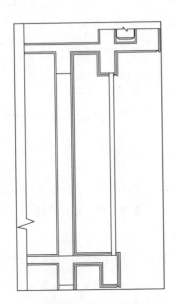

图 16-17　修剪线段

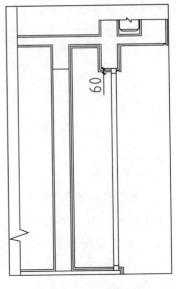

图 16-18　绘制直线

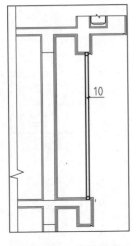

图 16-19　修剪线段

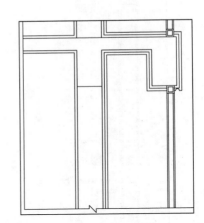

图 16-20　绘制结果

16.2.4　绘制空调支架以及图形标注

　　本节介绍空调支架的尺寸，以及支架安装于墙体之上的情况。另外，图形绘制完成后，应绘制标高标注，以表明该图形与地面相距的高度。尺寸标注标识图形的大小，图名标注标识图形的名称和制图比例。

01　绘制空调支架。调用 REC【矩形】命令，绘制矩形，结果如图 16-21 所示。

02　调用 C【圆】命令，绘制半径为 29 的圆形，结果如图 16-22 所示。

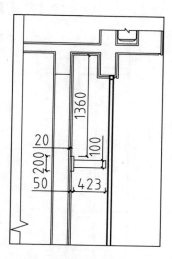

图 16-21 绘制矩形

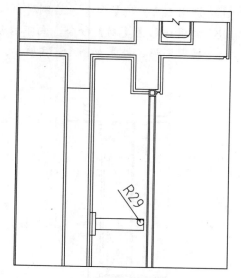

图 16-22 绘制圆形

03 调用 L【直线】命令，绘制直线，结果如图 16-23 所示。

04 调用 E、TR【修剪】命令，删除并修剪线段，结果如图 16-24 所示。

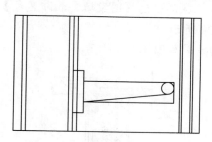

图 16-23 绘制直线

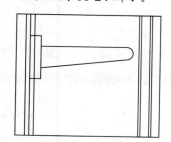

图 16-24 删除并修剪线段

05 绘制支架螺栓。调用 REC【矩形】命令，分别绘制尺寸为 91×11、10×31 的矩形，结果如图 16-25 所示。

06 绘制空调外机。调用 REC【矩形】命令，绘制矩形，结果如图 16-26 所示。

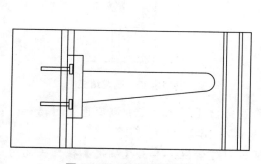

图 16-25 绘制支架螺栓

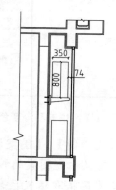

图 16-26 绘制空调外机

07 调用 L【直线】命令，绘制对角线，结果如图 16-27 所示。

08 调用 CO【复制】命令，向下移动复制空调外机图形；调用 TR【修剪】命令，修剪图形，结果如图 16-28 所示。

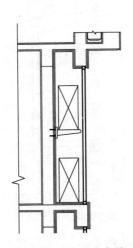

图 16-27   绘制对角线

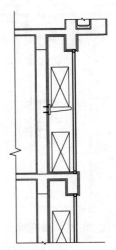

图 16-28   修剪图形

09 填充墙体图案。调用 H【图案填充】命令，在弹出的【图案填充和渐变色】对话框中设置图案填充的参数，结果如图 16-29 所示。

10 在绘图区拾取填充区域，绘制图案填充的结果如图 16-30 所示。

图 16-29   【图案填充和渐变色】对话框

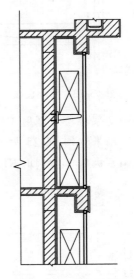

图 16-30   图案填充

11 执行【绘图】|【图案填充】命令，系统弹出【图案填充和渐变色】对话框，在其中定义填充图案的种类及比例，结果如图 16-31 所示。

12 在绘图区拾取填充区域，按 Enter 键返回对话框。单击【确定】按钮关闭对话框，完成图案填充的结果如图 16-32 所示。

图 16-31　设置参数

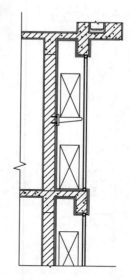

图 16-32　填充结果

13 尺寸标注。调用 DLI【线性标注】命令，为详图绘制尺寸标注，结果如图 16-33 所示。

14 绘制标高基准线。调用 L【直线】命令，绘制直线，结果如图 16-34 所示。

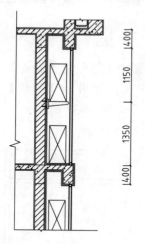

图 16-33　尺寸标注

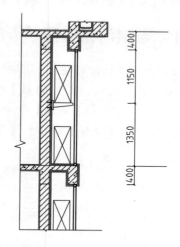

图 16-34　绘制标高基准线

15 标高标注。调用 I【插入】命令，在弹出的【插入】对话框中选择标高图块；在绘图区中拾取标高点及设置标高值，绘制标高标注的结果如图 16-35 所示。

16 材料标注。调用 MLD【多重引线】命令，绘制详图的材料标注。

17 图名标注。调用 MT【多行文字】命令，绘制图名标注；调用 PL【多段线】命令，分别绘制宽度为 50 和 0 的下划线，结果如图 16-36 所示。

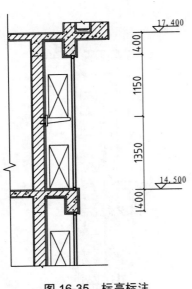

图 16-35　标高标注

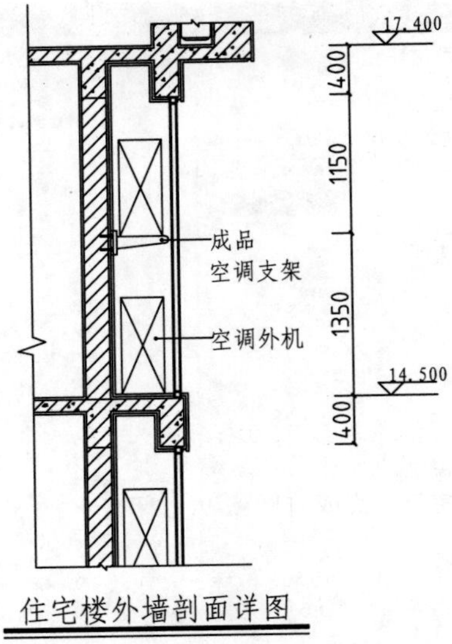

图 16-36　图名标注

住宅楼外墙剖面详图

成品
空调支架

空调外机

16.3　相关建筑详图的绘制

本节介绍相关建筑详图的绘制，包括门窗的详图、檐口的详图以及阳台栏杆的详图。

16.3.1　绘制门窗详图

门窗详图需要详细标注门窗的尺寸，可以弥补立面图中表达信息不完善的不足。

01 绘制门详图。调用 REC【矩形】命令，绘制矩形；调用 X【分解】命令，分解矩形；调用 O【偏移】命令，偏移矩形边，结果如图 16-37 所示。

02 调用 TR【修剪】命令，修剪线段，结果如图 16-38 所示。

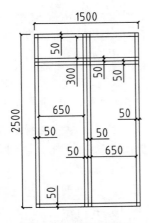

图 16-37　偏移矩形边

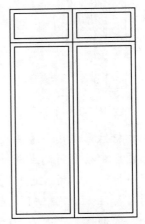

图 16-38　修剪线段

03 绘制指示箭头。调用 PL【多段线】命令，命令行提示如下。

```
命令：PLINE
指定起点：                    //指定起点
当前线宽为 0
指定下一个点或 [圆弧(A)/半宽(H)/长度(L)/放弃(U)/宽度(W)]：W
                    //输入 W，选择【宽度(W)】选项
指定起点宽度 <0>：30
指定端点宽度 <30>：30
指定下一个点或 [圆弧(A)/半宽(H)/长度(L)/放弃(U)/宽度(W)]：
                    //指定端点，绘制带线宽的多段线
指定下一点或 [圆弧(A)/闭合(C)/半宽(H)/长度(L)/放弃(U)/宽度(W)]：W
指定起点宽度 <30>：80
指定端点宽度 <80>：0
指定下一点或 [圆弧(A)/闭合(C)/半宽(H)/长度(L)/放弃(U)/宽度(W)]：
                    //向右移动鼠标，绘制箭头，结果如图 16-39 所示
```

04 调用 MI【镜像】命令，镜像复制指示箭头，结果如图 16-40 所示。

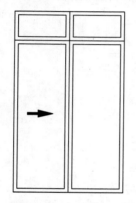

图 16-39 绘制指示箭头

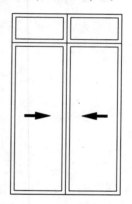

图 16-40 镜像复制

05 尺寸标注。调用 DLI【线性标注】命令，绘制尺寸标注，结果如图 16-41 所示。

06 绘制窗详图。调用 REC【矩形】命令，绘制矩形；调用 X【分解】命令，分解矩形；调用 O【偏移】命令，向内偏移矩形边，结果如图 16-42 所示。

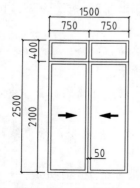

图 16-41 尺寸标注

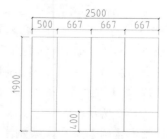

图 16-42 向内偏移矩形边

07 调用 O【偏移】命令，设置偏移距离为 50，偏移矩形边；调用 TR【修剪】命

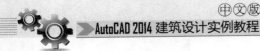

令，修剪线段，结果如图 16-43 所示。

08 调用 PL【多段线】命令，绘制指示箭头，结果如图 16-44 所示。

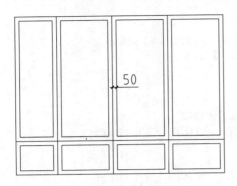

图 16-43　修剪线段

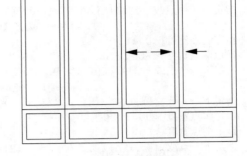

图 16-44　绘制指示箭头

09 调用 DLI【线性标注】命令，绘制尺寸标注，结果如图 16-45 所示。

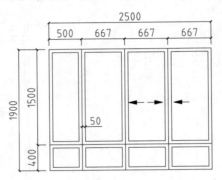

图 16-45　　绘制尺寸标注

16.3.2　绘制檐口详图

檐口是有坡屋顶特有的建筑构件之一，其具体的尺寸以及制作方法在立面图以及剖面图中不能完整显示，因此需要另外绘制详图进行说明。

01 绘制墙体。调用 L【直线】命令，绘制直线；调用 O【偏移】命令、TR【修剪】命令，偏移并修剪线段，结果如图 16-46 所示。

02 绘制水泥砂浆找平层及墙面装饰层。调用 O【偏移】命令，往外偏移墙线；调用 TR【修剪】命令，修剪线段，结果如图 16-47 所示。

03 绘制排水沟。调用 O【偏移】命令，偏移线段；调用 F【圆角】命令，对线段执行圆角操作，结果如图 16-48 所示。

04 调用 L【直线】命令，绘制直线；调用 TR【修剪】命令，修剪线段，结果如图 16-49 所示。

05 调用 C【圆】命令，绘制半径为 30 的圆形，结果如图 16-50 所示。

06 调用 TR【修剪】命令，修剪线段，结果如图 16-51 所示。

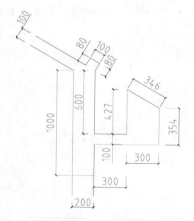

图 16-46　绘制墙体

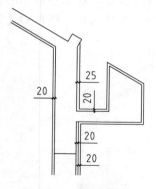

图 16-47　修剪线段

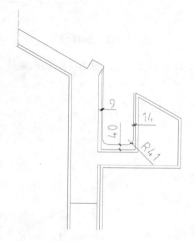

图 16-48　圆角操作

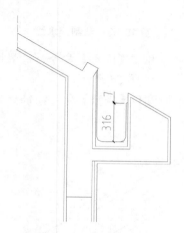

图 16-49　修剪结果

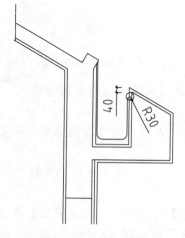

图 16-50　绘制圆形

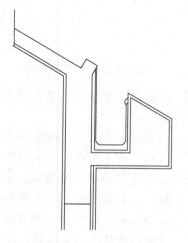

图 16-51　操作结果

07 绘制滴水线。调用 C【圆】命令，绘制半径为 15 的圆；调用 TR【修剪】命令，修剪线段，结果如图 16-52 所示。

08 绘制屋顶结构。调用 O【偏移】命令，偏移线段，结果如图 16-53 所示。

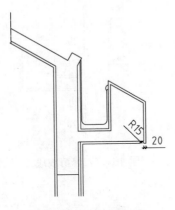

图 16-52　绘制滴水线

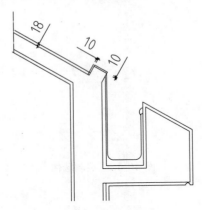

图 16-53　偏移线段

09 调用 F【圆角】命令，设置圆角半径为 5，对所偏移的线段执行圆角操作，结果如图 16-54 所示。

10 调用 O【偏移】命令，偏移直线，结果如图 16-55 所示。

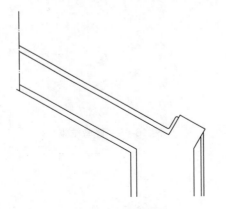

图 16-54　圆角操作

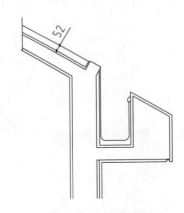

图 16-55　偏移直线

11 参照上一节墙体图案填充的参数，为现浇钢筋混凝土板绘制图案填充，结果如图 16-56 所示。

12 填充防水层图案。调用 H【图案填充】命令，在弹出的【图案填充和渐变色】对话框中设置填充参数，结果如图 16-57 所示。

13 在绘图区拾取填充区域，按 Enter 键返回对话框。单击【确定】按钮关闭对话框，绘制图案填充的结果如图 16-58 所示。

14 按 Enter 键，重新打开【图案填充和渐变色】对话框。更改【间距】参数为 5，在绘图区拾取填充区域，绘制图案填充的结果如图 16-59 所示。

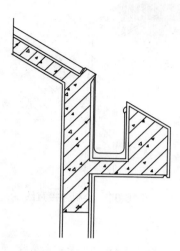

图 16-56　填充结果

图 16-57　【图案填充和渐变色】对话框

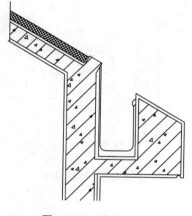

图 16-58　填充结果

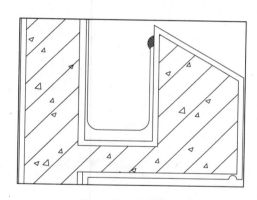

图 16-59　图案填充

15 调入彩瓦图块。按 Ctrl+O 快捷键，打开配套光盘提供的"第 15 章\家具图例.dwg"文件，将其中的彩瓦图形复制粘贴至当前图形中，结果如图 16-60 所示。

16 调用 L【直线】命令，绘制连接直线，结果如图 16-61 所示。

17 调用 DLI【线性标注】命令、I【插入】命令，绘制尺寸标注和标高标注，结果如图 16-62 所示。

18 材料标注。调用 MLD【多重引线】命令，绘制材料标注，结果如图 16-63 所示。

19 图名标注。调用 MT【多行文字】命令，绘制图名标注；调用 PL【多段线】命令，分别绘制宽度为 20 和 0 的下划线，结果如图 16-64 所示。

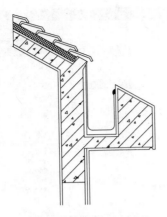

图 16-60　调入彩瓦图块

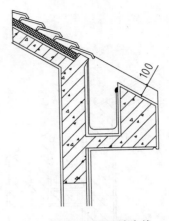

图 16-61　绘制连接直线

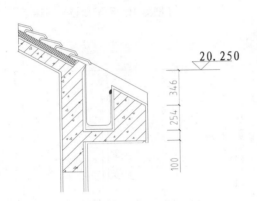

图 16-62　绘制结果

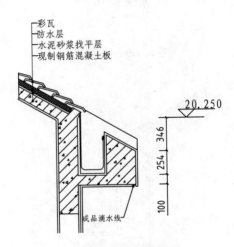

图 16-63　材料标注

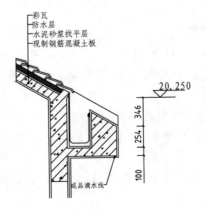

住宅楼檐口详图

图 16-64　图名标注

16.3.3　绘制阳台栏杆详图

阳台栏杆详图表明了栏杆与墙体的关系，以及栏杆本身的制作方法、使用材料以及细部尺寸等。

01 绘制楼板。调用 L【直线】命令，绘制直线，结果如图 16-65 所示。

02 调用 O【偏移】命令，偏移线段；调用 TR【修剪】命令，修剪线段，结果如图 16-66 所示。

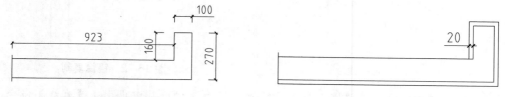

图 16-65　绘制楼板　　　　　　　　　　　　图 16-66　修剪线段

03 绘制滴水线。调用 C【圆】命令，绘制圆形；调用 TR【修剪】命令，修剪线段，结果如图 16-67 所示。

04 绘制栏杆固定构件。调用 REC【矩形】命令，绘制矩形；调用 L【直线】命令，绘制直线，结果如图 16-68 所示。

图 16-67　绘制滴水线　　　　　　　　　　　图 16-68　绘制结果

05 调用 C【圆】命令，绘制半径为 3 的圆形，结果如图 16-69 所示。

06 调用 CO【复制】命令，移动复制圆形，结果如图 16-70 所示。

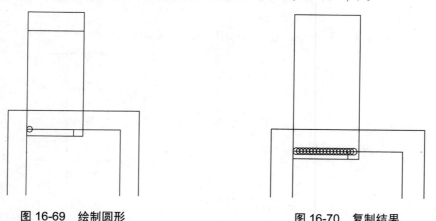

图 16-69　绘制圆形　　　　　　　　　　　　图 16-70　复制结果

07 调用 TR【修剪】命令，修剪线段，结果如图 16-71 所示。

08 调用 MI【镜像】命令，镜像复制图形，结果如图 16-72 所示。

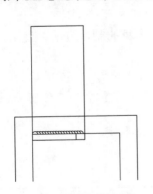

图 16-71　修剪线段

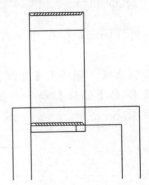

图 16-72　镜像复制

09 绘制螺栓。调用 C【圆】命令，绘制半径为 8 的圆形；调用 L【直线】命令，过圆心绘制直线，结果如图 16-73 所示。

10 调用 REC【矩形】命令，绘制矩形；调用 L【直线】命令，绘制直线，结果如图 16-74 所示。

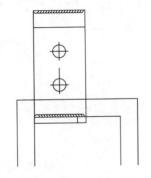

图 16-73　绘制结果

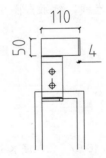

图 16-74　绘制直线

11 调用 REC【矩形】命令，绘制尺寸为 20×20 的矩形；调用 L【直线】命令，绘制直线，结果如图 16-75 所示。

12 调用 CO【复制】命令，移动复制图形，结果如图 16-76 所示。

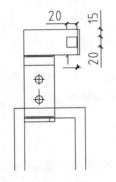

图 16-75　绘制结果

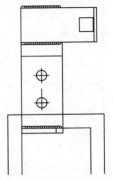

图 16-76　移动复制

13 绘制扁钢。调用 REC【矩形】命令，绘制矩形，结果如图 16-77 所示。

14 调用 CO【复制】命令，向上移动复制图形，结果如图 16-78 所示。

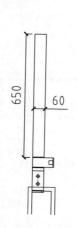

图 16-77　绘制矩形

图 16-78　向上移动复制图形

15 调用 REC【矩形】命令，绘制矩形；调用 C【圆】命令，绘制半径为 30 的圆形，结果如图 16-79 所示。

16 调用 TR【修剪】命令，修剪图形，结果如图 16-80 所示。

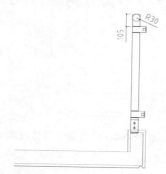

图 16-79　绘制圆形

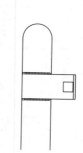

图 16-80　修剪图形

17 调用 C【圆】命令，以半径为 30 的圆形的圆心为圆心，分别绘制半径为 15、13 的圆形，结果如图 16-81 所示。

18 调用 C【圆】命令，绘制半径为 3 的圆形。单击【环形阵列】按钮，设置阵列项目数为 30，阵列复制圆形；调用 TR【修剪】命令，修剪线段，结果如图 16-82 所示。

19 调用 L【直线】命令，绘制直线，结果如图 16-83 所示。

20 绘制钢化夹胶玻璃。调用 REC【矩形】命令，绘制矩形，结果如图 16-84 所示。

21 绘制玻璃抓件。调用 REC【矩形】命令，绘制尺寸为 20×3 的矩形；调用 L【直线】命令，绘制直线，结果如图 16-85 所示。

22 参考 17.2.2 节中绘制墙体图案的参数，为楼板绘制图案填充，结果如图 16-86 所示。

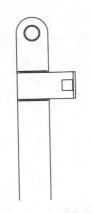

图 16-81　绘制圆形

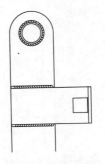

图 16-82　修剪线段

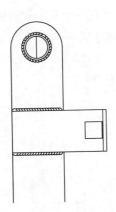

图 16-83　绘制直线

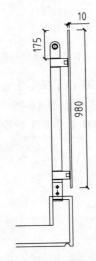

图 16-84　绘制钢化夹胶玻璃

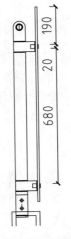

图 16-85　绘制玻璃抓件

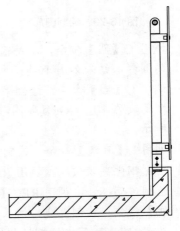

图 16-86　图案填充

23 尺寸标注。调用 DLI【线性标注】命令，为详图绘制尺寸标注，结果如图 16-87 所示。

24 材料标注。调用 MLD【多重引线】命令，为详图绘制材料标注，结果如图 16-88 所示。

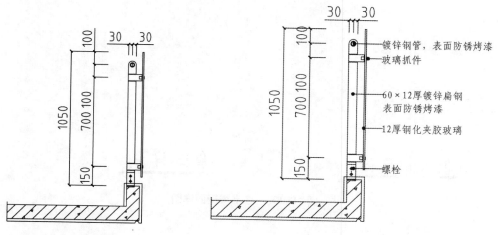

图 16-87　尺寸标注　　　　　　　　　图 16-88　材料标注

25 图名标注。调用 MT【多行文字】命令，绘制图名标注；调用 PL【多段线】命令，分别绘制宽度为 30 和 0 的下划线，结果如图 16-89 所示。

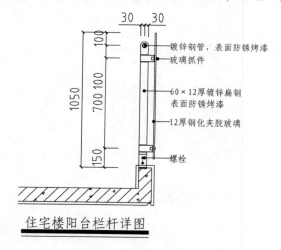

图 16-89　图名标注

16.4　思考与练习

沿用本章介绍的方法，绘制如图 16-90 所示的住宅楼剖面详图，其中做法及材料的使用可以参照本章所绘的其他详图。

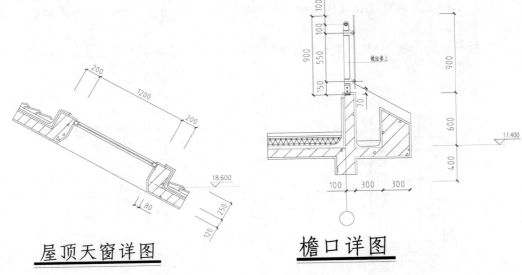

屋顶天窗详图

檐口详图

图 16-90　住宅楼剖面详图

第 17 章

绘制建筑设备施工图

➡️ 本章导读

　　建筑设备施工图通常指安装在建筑物内的给水排水管道、采暖通风空调、电气照明等管道，以及相应的设置、装置。它们服务于建筑物，使建筑物能够更好地发挥本身的功能，改善和提高使用者的生活质量，或者生产者的生产环境。

　　本章将详细讲解给水排水平面图、空调通风施工图和建筑电气施工图的绘制方法。

➡️ 学习目标

➤ 　了解建筑给水排水施工图的基本知识。

➤ 　掌握建筑给水排水施工图的绘制方法。

➤ 　了解建筑电气施工图的基本知识。

➤ 　掌握建筑电气施工图的绘制方法。

➤ 　了解空调通风施工图的基本知识。

➤ 　掌握空调通风施工图的绘制方法。

17.1　给水排水施工图概述

给水排水施工图反映了室内给水排水系统的安装，在绘制施工图时需要遵循国家规定的制图标准。本节介绍室内给水排水系统的组成以及给水排水施工图的绘制内容及表示方法。

17.1.1　室内给水系统的组成

室内给水系统由供水管、水表节点、给水管网、用水设备以及给水附件等组成。它将水从室外自来水给水总管引入室内，并送至各个出水口，比如各种类型的水龙头、洁具等用水设备。图 17-1 所示为室内给水系统图。

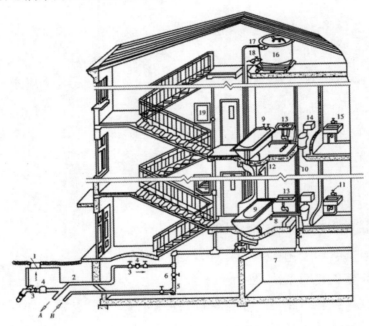

图 17-1　室内给水系统图

1—阀门井；2—引入管；3—闸阀；4—水表；5—水泵；6—止回阀；7—干管；8—支管；
9—浴盆；10—立管；11—水龙头；12—淋浴器；13—洗脸盆；14—大便器；15—洗涤盆；
16—水箱；17—进水管；18—出水管；19—消火栓；
A—入蓄水池；B—来自蓄水池。

17.1.2　室内排水系统的组成

室内排水系统由污水收集设备、横支管、排水立管、排出管、通气管、清通设备以及其他设备组成。它将生活污水从各污水收集点(例如洁具、地漏等)引到排污管道，然后排出到室外检查井、化粪池段。图 17-2 所示为室内排水系统图。

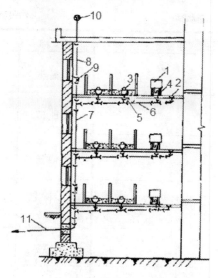

图 17-2　室内排水系统图

1—拖布池；2—地漏；3—蹲便器；4—S 形存水弯；5—洁具排水管；6—横管；
7—立管；8—通气管；9—立管检查口；10—透气帽；11—排出管

17.1.3　给水排水施工图的概念

给水排水施工图是指房屋内部的厨房和盥洗室等卫生设备的图样，以及工矿企业车间内生产用水装置的施工设计图纸。主要表示居室内用水器具的安装位置及其管道布置情况，一般由平面图、系统图以及安装详图组成。

17.1.4　给水排水施工图的图示内容

给水排水施工图的图示内容如下。

(1) 在给水排水施工图上，所有的管道、附件、设备均不需要详尽表达其形状，都采用统一规定的图例符号。表 17-1 所示为《建筑给水排水制图标准》GB/T 50106—2010 中摘取的给水排水施工图中常用的图例。

表 17-1　给水排水施工图图例

名　　称	图　　例	名　　称	图　　例
管道	给水——J——J 污水——W——W 废水——F——F	通气帽	
方形伸缩器		雨水斗	YD-　　YD- 平面　　系统

续表

名　称	图　例	名　称	图　例
刚性防水套管		排水漏斗	平面　　系统
柔性防水套管		圆形地漏	平面　　系统
清扫口	平面　　系统	方形地漏	平面　　系统
自动冲洗水箱	平面　　系统	Y 形除污器	
吸气阀		法兰连接	
管堵		保护管	
三通连接		四通连接	
弯折管		吸水喇叭口	平面　　系统
存水弯		法兰连接	
闸阀		截止阀	
压力调节阀		蝶阀	
止回阀		减压阀	
单把混合水龙头		混合角阀龙头	
回转混合水龙头		皮带水龙头	
室外消火栓		喷淋头	
火力警铃		推车式灭火器	
消防水炮		洒水栓	

续表

名　称	图　例	名　称	图　例
手提式灭火器		推车式灭火器	
水泵接合器		遥控信号阀	
水流指示器		水力警铃	
立式洗脸盆		浴盆	
盥洗槽		污水池	
蹲式大便器		壁挂式小便器	
矩形化粪池		隔油池	
阀门井 检查井		水表井	
水泵	卧式　　立式	卧式热交换器	
温度计		压力表	
水表		真空表	

  (2)　建筑平面轮廓以及轴线、门窗等构造，反映建筑物的平面布置和相关尺寸，用细实线来绘制。

  (3)　给水排水管道多采用粗的单线来绘制，不考虑管道的粗细，只在管道旁边注明管道的直径。为了区分给水和排水管道，需要用不同的线型来表示。通常情况下，绘制给水管道使用实线来绘制，绘制排水管道用虚线来绘制。

  (4)　在绘制给水排水施工图时，需要对建筑或装饰施工图中各种房间的功能用途、有关要求、相关尺寸、位置关系等有足够的了解，以便相互配合，做好预埋件和预留洞口等工作。

17.1.5　给水排水施工图绘制要求

  绘制给水排水施工图主要表明用水设备的类型、位置、给水和排水各支管、立管、干

管的平面位置，以及各管道配件的平面布置等。

用水器具分布在建筑物各层内，给水排水平面图也需要分层来绘制。通常情况下，整个建筑物的给水引入管和排水出户管都位于一层地面以下，并与其他各层有所区别，因此建筑底层给水排水平面图必须绘制。

每层给水排水平面布置图中的管路，都是以连接该卫生器具的管路为准，并不是以楼地面作为分界线，所以凡是连接某楼层卫生设备的管路，虽然有安装在楼板上面或者下面的，但是都属于该楼层的管道，所以都要画在该楼层的平面布置图中。

无论管道投影的可见性如何，都应该按照管道系统的线型来绘制，并且管道仅表示其安装位置，并不表示其具体平面位置尺寸。

图 17-3、图 17-4 所示分别为卫生间给水、排水图的绘制结果。

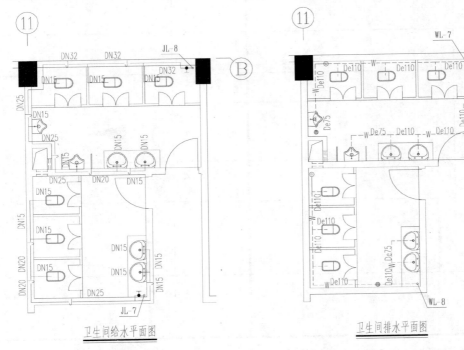

图 17-3　卫生间给水平面图　　　　图 17-4　卫生间排水平面图

17.1.6　绘制某别墅给水排水平面图

本节介绍别墅给水排水平面图的绘制方法，包括立管的绘制、平面管线的绘制等。

01　调用素材文件。按 Ctrl+O 快捷键，打开配套光盘提供的"第 17 章\别墅二层平面图.dwg"文件，结果如图 17-5 所示。

02　绘制给水立管。调用 C【圆】命令，绘制半径为 52 的圆形，结果如图 17-6所示。

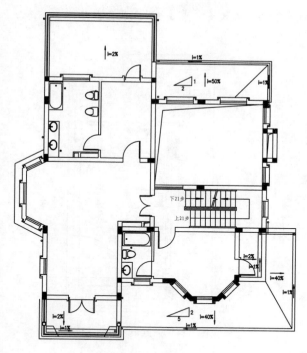

图 17-5　调用素材文件

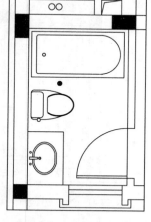

图 17-6　绘制给水立管

03 绘制污水、废水立管。调用 C【圆】命令，绘制半径为 65 的圆形；调用 O【偏移】命令，设置偏移距离为 32，向内偏移圆形，结果如图 17-7 所示。

04 立管编号。调用 PL【多段线】命令，绘制引线；调用 MT【多行文字】命令，绘制立管编号，结果如图 17-8 所示。

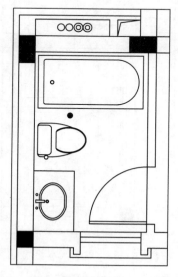

图 17-7　绘制污水、废水立管

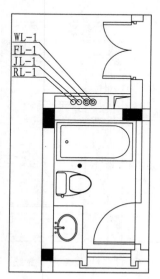

图 17-8　立管编号

05 绘制热给水管线。调用 L【直线】命令，绘制直线，结果如图 17-9 所示。

06 绘制冷给水管线。调用 L【直线】命令、TR【修剪】命令，绘制并修剪直线，结果如图 17-10 所示。

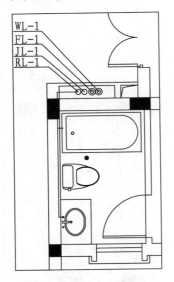

图 17-9　绘制热给水管线

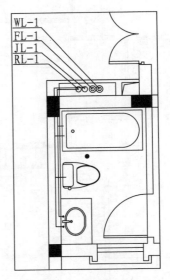

图 17-10　绘制冷给水管线

07 绘制废水管线。调用 L【直线】命令，绘制直线，结果如图 17-11 所示。

08 绘制污水管线。调用 L【直线】命令，绘制直线，结果如图 17-12 所示。

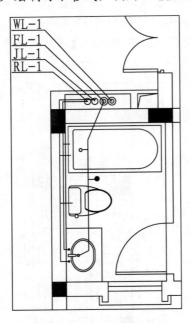

图 17-11　绘制废水管线

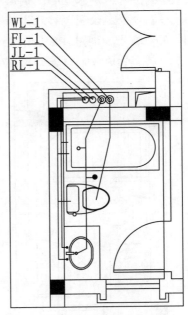

图 17-12　绘制污水管线

09 绘制立管。调用 C【圆】命令，绘制圆形；调用 PL【多段线】命令、MT【多行文字】命令，绘制立管编号，结果如图 17-13 所示。

10 绘制热给水管线。调用 L【直线】命令，绘制给水管线，结果如图 17-14 所示。

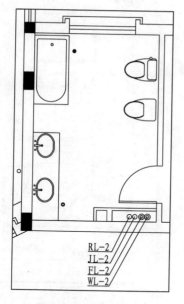

图 17-13 绘制立管

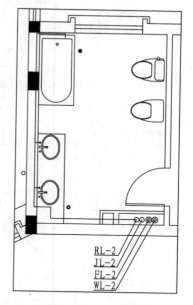

图 17-14 绘制热给水管线

11 调用 L【直线】命令，分别绘制冷给水管线以及废水管线线路，结果如图 17-15 所示。

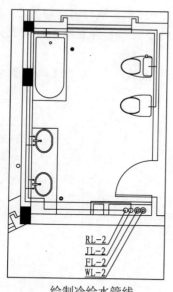

绘制冷给水管线

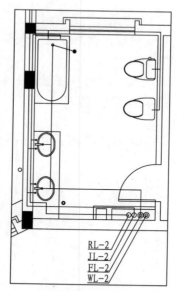

绘制废水管线

图 17-15 绘制管线线路

12 重复调用 L【直线】命令，绘制污水管线线路，完成别墅给水排水平面图的绘制，结果如图 17-16 所示。

13 绘制图名标注。调用 MT【多行文字】命令，绘制图名和比例标注；调用 L【直线】命令，绘制宽度不一的下划线，结果如图 17-17 所示。

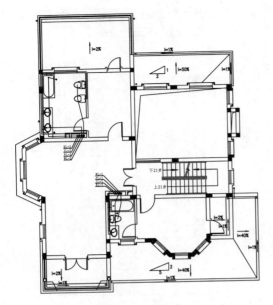

图 17-16　绘制结果

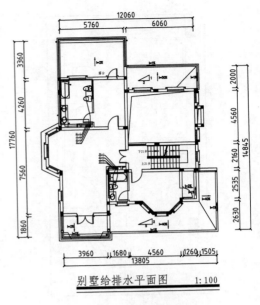

别墅给排水平面图　　　1：100

图 17-17　绘制图名标注

17.1.7　绘制某别墅排水系统图

本节介绍别墅排水系统图的绘制方法，表明居室中排水管线与用水器具之间的连接关系。

01　绘制管线线路。调用 L【直线】命令绘制管线，并将直线的线型更改为虚线，结果如图 17-18 所示。

02　绘制层间线。调用 L【直线】命令，绘制直线；调用 O【偏移】命令，偏移直线，结果如图 17-19 所示。

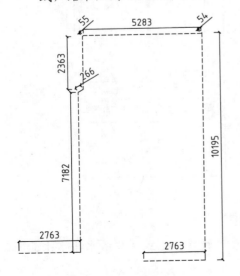

图 17-18　绘制管线线路

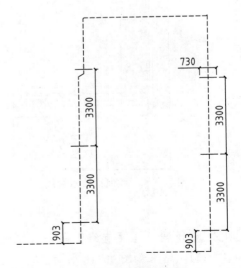

图 17-19　绘制层间线

03 绘制标注基准线。调用 L【直线】命令、O【偏移】命令，绘制并偏移直线，结果如图 17-20 所示。

04 调用 MT【多行文字】命令，绘制文字标注，结果如图 17-21 所示。

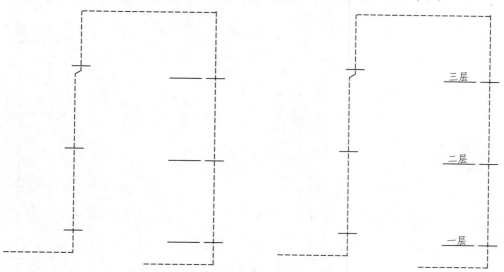

图 17-20　绘制标注基准线　　　　　　图 17-21　绘制文字标注

05 绘制分支管线线路。调用 L【直线】命令，绘制直线；调用 TR【修剪】命令，修剪线段，结果如图 17-22 所示。

06 绘制通气帽连接管线。调用 L【直线】命令，绘制直线，结果如图 17-23 所示。

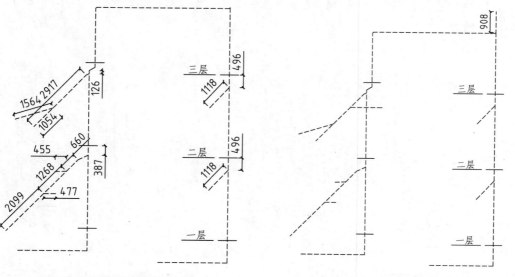

图 17-22　绘制分支管线线路　　　　　　图 17-23　绘制通气帽连接管线

07 调入洁具等图块。按 Ctrl+O 快捷键，打开配套光盘提供的 "第 15 章\家具图例.dwg" 文件，将其中的洁具等图块复制粘贴至当前图形中，结果如图 17-24 所示。

08 调用 L【直线】命令，绘制标注基准线；调用 MT【多行文字】命令，绘制文字标注，结果如图 17-25 所示。

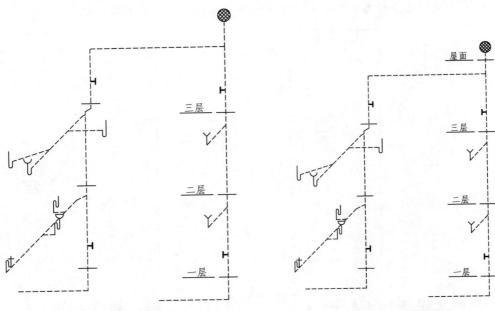

图 17-24　调入洁具等图块　　　　　　　　图 17-25　绘制结果

09 绘制引出标注。调用 MLD【多重引线】命令，绘制引出标注，结果如图 17-26 所示。

10 绘制管径标注。调用 MT【多行文字】命令，绘制管径标注，结果如图 17-27 所示。

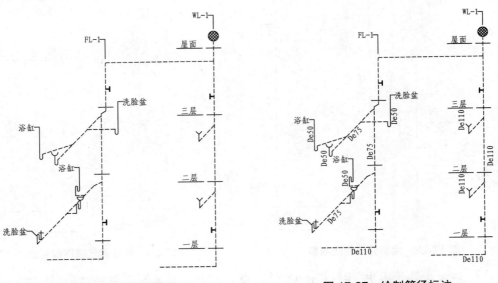

图 17-26　绘制引出标注　　　　　　　　图 17-27　绘制管径标注

11 调用 C【圆】命令，绘制半径为 350 的圆形；调用 L【直线】命令，过圆心绘制直线；调用 MT【多行文字】命令，绘制文字标注，结果如图 17-28 所示。

12　绘制图名标注。调用 MT【多行文字】命令，绘制图名和比例标注；调用 L【直线】命令，绘制宽度不一的下划线，结果如图 17-29 所示。

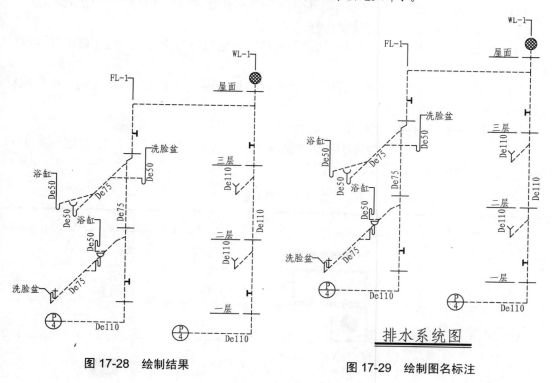

图 17-28　绘制结果

图 17-29　绘制图名标注

17.2　建筑电气施工图的绘制

电气施工分为强电施工和弱电施工两类。强电施工为人类提供能源以及动力照明；弱电施工为人类提供信息服务，如电话和有线电视等。

电气施工图是表示居室内电气设施与电线走向的图纸。

本节介绍建筑电气施工图纸的绘制方法。

17.2.1　电气施工图的图示内容

电气平面图主要表达某一电气施工中电气设备、装置和线路的平面布置，一般在建筑平面图的基础上绘制。其图示内容如下。

(1) 配电线路的方向、相互连接的关系。

(2) 线路编号、敷设方式以及规格型号等。

(3) 各种电器的位置、安装方式。

(4) 各种电气设施进线口位置以及接地保护点等。

17.2.2 电气施工图的识读

电气施工图的识图步骤如下：

(1) 查看施工图集中的设计说明，明了该图纸所绘建筑对象的电气设计思路。

(2) 查看图纸目录，了解图纸的张数及类型。

(3) 在查看电气平面图时，可一边结合规格表和电气符号图表，一边了解图样内容，读懂图样中电气符号的意义。

(4) 读电气平面图时应按照房间的顺序有次序地阅读，以了解线路的走向、设备的安装位置等。

(5) 阅读平面图时应与系统图一起对照，弄清楚图纸中所表达的意思。

(6) 电气平面图中不绘制具体的电气设备图形，只以图例来表示。表 17-2～表 17-9 所示为电气图常用的图形符号。

表 17-2 灯具图例

名　称	图　例	名　称	图　例
单管荧光灯		五管荧光灯	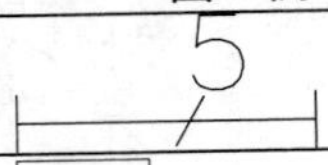
安全出口指示灯		格栅顶灯	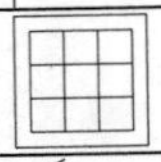
自带电源事故照明灯		聚光灯	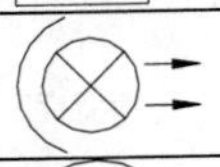
普通灯		壁灯	
半嵌入式吸顶灯	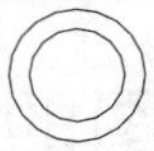	荧光花吊灯	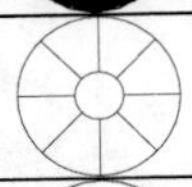
安装插座灯	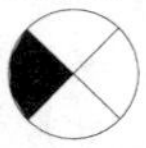	嵌入筒灯	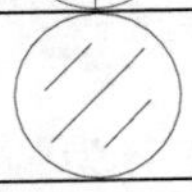
顶棚灯		局部照明灯	

表 17-3 开关图例

名　称	图　例	名　称	图　例
开关	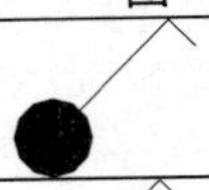	双联开关	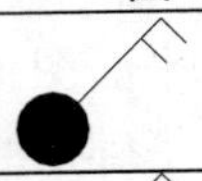
三联开关	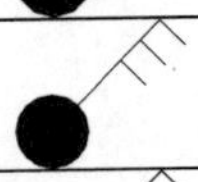	四联开关	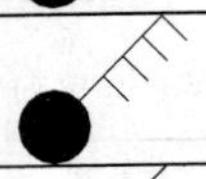
防爆单极开关	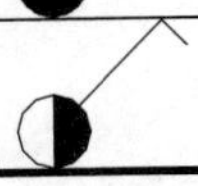	具有指示灯的开关	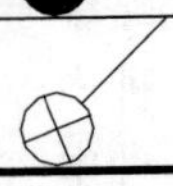

续表

名　称	图　例	名　称	图　例
双控开关		定时开关	
限制接近按钮		按钮	
延时开关		钥匙开关	
中间开关		定时器	

表 17-4　插座图例

名　称	图　例	名　称	图　例
电视插座		电话插座	
网络插座		双联插座	
安装插座		密闭插座	
空调插座		插座箱	
单相插座		单相暗敷插座	
单相防爆插座		带保护点的插座	
密闭单相插座		带联锁的开关	
带熔断器的插座		地面插座盒	
风扇		轴流风扇	

表 17-5　动力设备图例

名　称	图　例	名　称	图　例
电热水器		280° 防火阀	
接地		配电屏	

名　称	图　例	名　称	图　例
接线盒		电铃	
信号板、箱、屏		电阻箱	
电磁阀		直流电焊机	
直流发电机		交流发电机	
电磁阀		小时计	
电度表		钟	
电阻加热装置		电锁	
管道泵		风机盘管	
分体式空调器(空调器)		分体式空调器(冷凝器)	
整流器		桥式全波整流器	
电动机启动器		变压器	
调节启动器		风扇	

表 17-6　箱柜设备图例

名　称	图　例	名　称	图　例
屏、箱、台、柜		动力照明配电箱	
信号板、箱、屏		电源自动切换箱	
自动开关箱		刀开关箱	

名　称	图　例	名　称	图　例
带熔断器的刀开关箱		照明配电箱	
熔断器箱		组合开关箱	
事故照明配电箱		多种电源配电箱	
直流配电盘		交流配电盘	
电度表箱		鼓形控制器	

表 17-7　消防设备图例

名　称	图　例	名　称	图　例
感温探测器		感烟探测器	
感光探测器		气体探测器	
感烟感温探测器		定温探测器	
消火栓起泵按钮		报警电话	
手动报警装置		火灾警铃	
火灾警报扬声器		水流指示器	
防火阀70度		湿式自动报警阀	
集中型火灾报警控制器		区域型火灾报警控制器	
输入输出模块		电源模块	
电信模块		模块箱	
火灾电话插孔		水流指示器(组)	
信号阀		雨淋报警阀(组)	
室外消火栓		室内消火栓(单口、系统)	
火灾报警装置		增压送风口	

表 17-8　广播设备图例

名　　称	图　例	名　　称	图　例
传声器		扬声器	
报警扬声器		扬声器箱	
带录音机		放大器	
无线电接收机		音量控制器	
播放机		音箱	
有线广播台		静电式传声器	
监听器		传声器插座	

表 17-9　电话设备图例

名　　称	图　例	名　　称	图　例
有线终端站		警卫电话站	
电话机		带扬声器电话机	
人工交换机		扩音对讲设备	
功放单元		警卫信号总报警器	
放大器		电视	
带阻滤波器		有线转接站	
均衡器		卫星接收天线	

17.2.3　绘制别墅照明平面图

本节介绍别墅照明平面图的绘制方法，包括电器设备的布置、电线的走向等。

01　调用素材文件。按 Ctrl+O 快捷键，打开配套光盘提供的"第 17 章\别墅二层平面图.dwg"文件。调用 E【删除】命令，删除平面图上多余的图形，整理结果如

图 17-30 所示。

02 调入吸顶灯图块。按 Ctrl+O 快捷键，打开配套光盘提供的"第 15 章\家具图例.dwg"文件；将其中的吸顶灯图块复制到当前图形中，结果如图 17-31 所示。

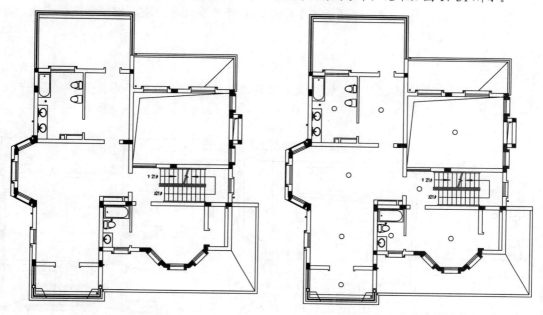

图 17-30　调用素材文件　　　　　　　　　图 17-31　调入吸顶灯图块

03 按 Ctrl+C、Ctrl+V 快捷键，从配套光盘提供的"第 15 章\家具图例.dwg"文件中复制粘贴壁灯图形至当前图形中，结果如图 17-32 所示。

04 调入排气扇图块。重复使用复制粘贴快捷键，将排气扇图块从家具图例.dwg 文件中调入至当前图形中，结果如图 17-33 所示。

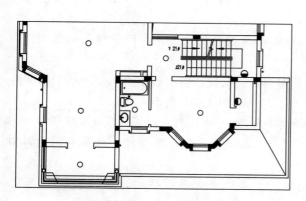

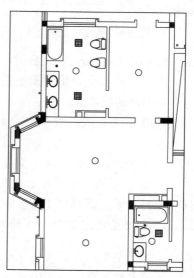

图 17-32　调入壁灯图块　　　　　　　　　图 17-33　调入排气扇图块

05 调入开关图块。按 Ctrl+O 快捷键，打开配套光盘提供的"第 15 章\家具图例.dwg"文件；将其中的开关图块复制粘贴至当前图形中，结果如图 17-34 所示。

06 绘制连接导线。调用 L【直线】命令，在开关和灯具图块之间绘制连接直线，结果如图 17-35 所示。

 提示

绘制折断线区域为客厅上空，是挑空设计，因此其吸顶灯的开关应位于一层平面图上，在二层平面图不予表示。

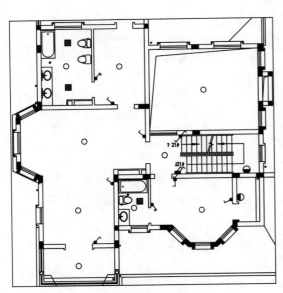

图 17-34 调入开关图块

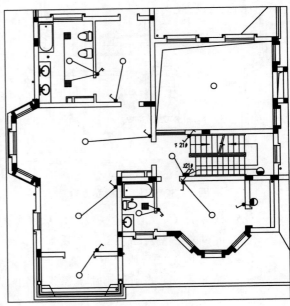

图 17-35 绘制连接导线

07 按 Ctrl+C、Ctrl+V 快捷键，从配套光盘提供的"第 15 章\家具图例.dwg"文件中复制粘贴接线盒图形至当前图形中，结果如图 17-36 所示。(注：被圆形框选的矩形即为接线盒。)

08 调用 L【直线】命令，绘制吸顶灯与接线盒之间的连接导线，结果如图 17-37 所示。

09 调入空调室内机图块。重复使用复制粘贴快捷键，将空调室内机图块从"家具图例.dwg 文件"中调入至当前图形中，结果如图 17-38 所示。

10 绘制立管。调用 C【圆】命令，绘制半径为 32 的圆形，结果如图 17-39 所示。

11 调用 L【直线】命令，绘制空调室内机与接线盒的连接导线，结果如图 17-40 所示。

12 调入引线图块。按 Ctrl+O 快捷键，打开配套光盘提供的"第 15 章\家具图例.dwg"文件，将其中的引线图块复制至当前图形中，结果如图 17-41 所示。

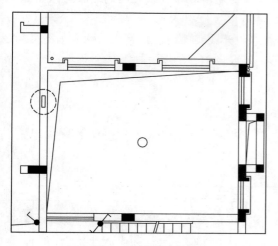

图 17-36　调入接线盒图块

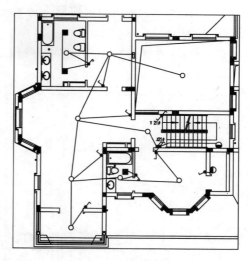

图 17-37　绘制连接导线

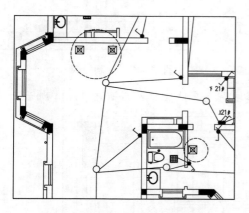

图 17-38　调入空调室内机图块

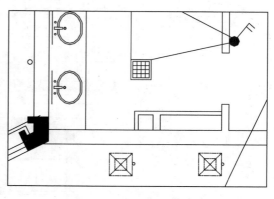

图 17-39　绘制立管

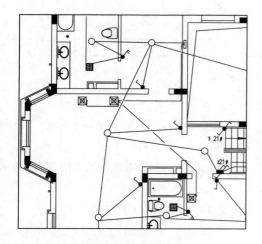

图 17-40　绘制连接导线

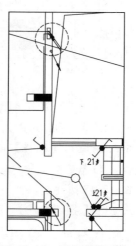

图 17-41　调入引线图块

13 绘制连接导线。调用 L【直线】命令，绘制吸顶灯与引线之间的连接导线，结果如图 17-42 所示。

14 调用 L【直线】命令，绘制壁灯与单机双控开关之间的连接导线，结果如图 17-43 所示。

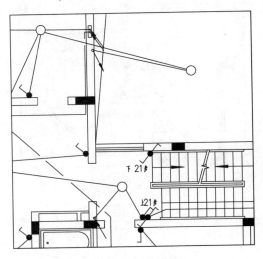

图 17-42　绘制导线

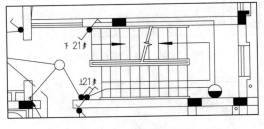

图 17-43　绘制结果

15 调用 CO【复制】命令，移动复制导线图形至导线上，结果如图 17-44 所示。

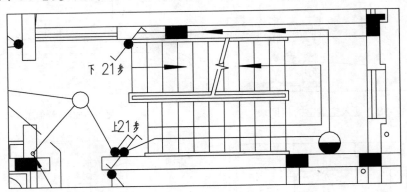

图 17-44　移动复制结果

16 别墅照明平面图的绘制结果如图 17-45 所示。

17 绘制图例表。调用 REC【矩形】命令，绘制矩形；调用 X【分解】命令，分解矩形；调用 O【偏移】命令，偏移矩形边，结果如图 17-46 所示。

18 调用 CO【复制】命令，从照明平面图中移动复制各电气图块至图例表中，结果如图 17-47 所示。

19 调用 MT【多行文字】命令，绘制图例说明，结果如图 17-48 所示。

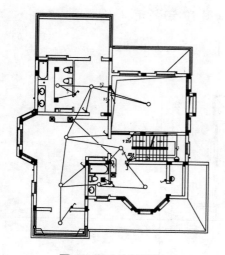

图 17-45　绘制结果

928
1833
928
2099
547
580
580
580
956
3447
784
5789

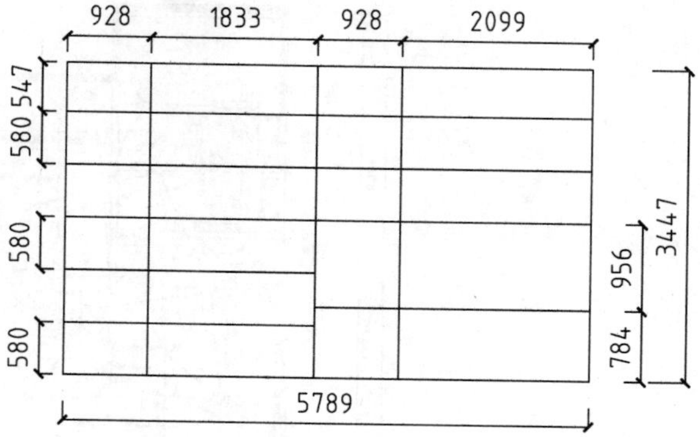

图 17-46　偏移矩形边

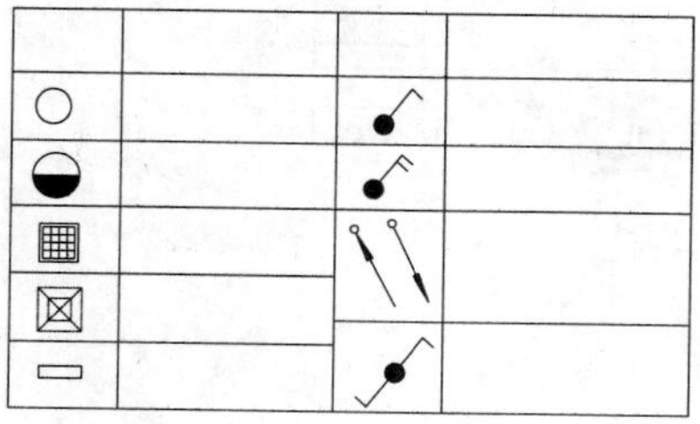

图 17-47　复制结果

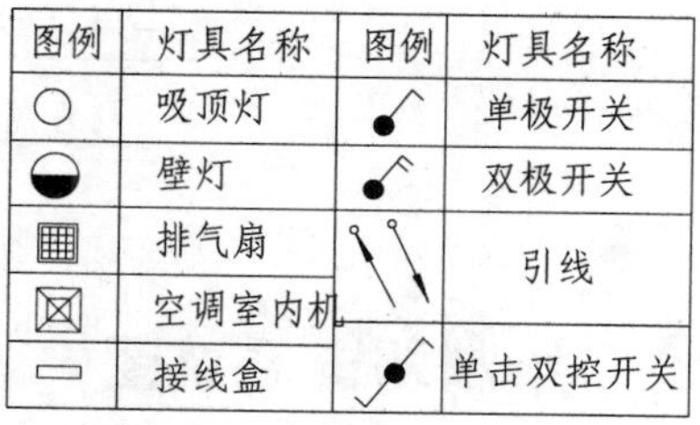

图例
灯具名称
图例
灯具名称
吸顶灯
单极开关
壁灯
双极开关
排气扇
引线
空调室内机
接线盒
单击双控开关

图 17-48　绘制说明

20 绘制引出标注。调用 MLD【多重引线】命令，绘制引出标注，结果如图 17-49 所示。

排气扇
接线盒
离地100安装
二层照明、空调机电源
配电箱引来详见系统图
空调室内机
Pe=131W
空调室内机
Pe=131W

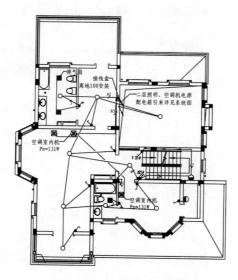

图 17-49　绘制引出标注

21 绘制图名标注。调用 MT【多行文字】命令，绘制图名和比例标注；调用 L【直线】命令，绘制宽度不一的下划线，结果如图 17-50 所示。

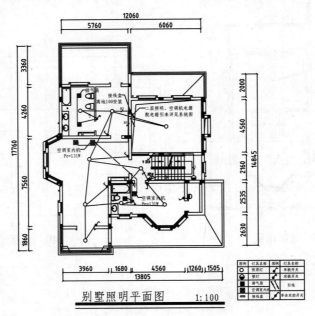

图 17-50　绘制图名标注

17.2.4　绘制弱电系统图

本节介绍别墅弱电系统图的绘制，包括线路的布置、设备与电线的连接、电线的型号、敷设信息等。

01 绘制层间线。调用 L【直线】命令，绘制直线；调用 O【偏移】命令，偏移直线，并将直线的线型更改为虚线，结果如图 17-51 所示。

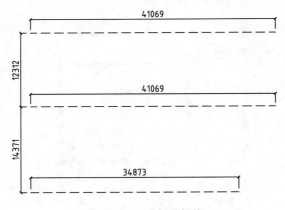

图 17-51　绘制层间线

02 调入弱电信息箱图块。按 Ctrl+O 快捷键，打开配套光盘提供的"第 15 章\家具图例.dwg"文件，将其中的弱电信息箱图块复制到当前图形中，结果如图 17-52 所示。

03 绘制导线。调用 L【直线】命令，绘制导线，结果如图 17-53 所示。

图 17-52　调入弱电信息箱图块

图 17-53　绘制导线

04 调用 O【偏移】命令，分别设置偏移距离为 283，选择导线向右偏移，共偏移十次，结果如图 17-54 所示。

05 调用 L【直线】命令，绘制水平导线；调用 TR【修剪】命令，修剪导线，结果如图 17-55 所示。

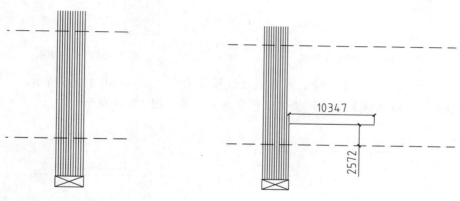

图 17-54　偏移结果

图 17-55　修剪导线

06 调用 O【偏移】命令，分别设置偏移距离为 395，选择导线向右偏移，共偏移六次；调用 EX【延伸】命令，延伸所偏移的导线，结果如图 17-56 所示。

07 调用 F【圆角】命令，设置圆角半径为 0，对导线执行圆角操作，结果如图 17-57 所示。

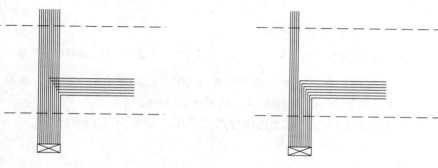

图 17-56　延伸导线

图 17-57　圆角操作

08 调用 L【直线】命令，绘制垂直导线，结果如图 17-58 所示。

09 调用 O【偏移】命令，分别设置偏移距离为 1993、1807、1722、1722、1820、1752，向左偏移导线；调用 EX【延伸】命令，延伸导线，结果如图 17-59 所示。

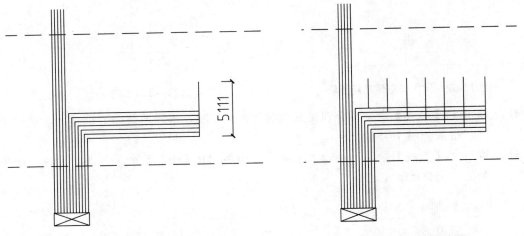

图 17-58　绘制垂直导线　　　　　　　　　图 17-59　偏移结果

10 调用 TR【修剪】命令，对导线直线修剪操作，结果如图 17-60 所示。

11 调用 L【直线】命令，绘制水平导线，结果如图 17-61 所示。

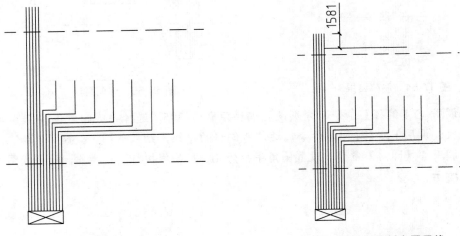

图 17-60　修剪操作　　　　　　　　　图 17-61　绘制水平导线

12 调用 O【偏移】命令，设置偏移距离为 395，选择导线向上偏移，偏移 4 次；调用 EX【延伸】命令，延伸导线，结果如图 17-62 所示。

13 调用 F【圆角】命令，对导线执行圆角处理，结果如图 17-63 所示。

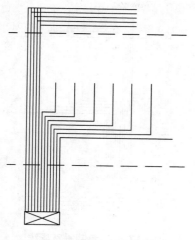

图 17-62　延伸导线

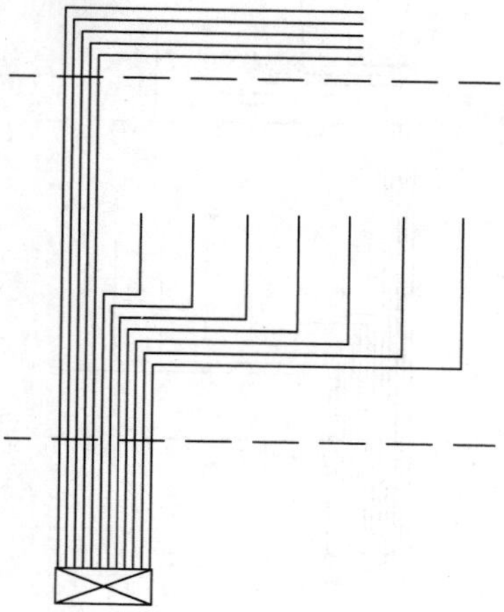

图 17-63　圆角处理

14　调用 L【直线】命令，绘制垂直导线，结果如图 17-64 所示。

15　调用 O【偏移】命令，设置偏移距离为 1905、1876、1806、1793，向左偏移导线；调用 EX【延伸】命令，延伸导线，结果如图 17-65 所示。

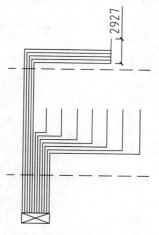

图 17-64　绘制垂直导线

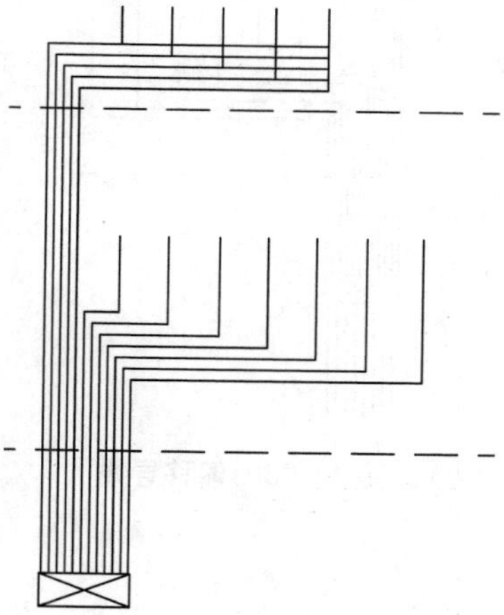

图 17-65　延伸导线

16　调用 TR【修剪】命令，修剪导线，结果如图 17-66 所示。

17　调用 L【直线】命令，绘制垂直导线，结果如图 17-67 所示。

18　调用 O【偏移】命令，设置偏移距离为 400，向右偏移导线，共偏移七次，结果如图 17-68 所示。

19　调用 L【直线】命令，绘制水平导线，结果如图 17-69 所示。

20　调用 O【偏移】命令，设置偏移距离为 565，向上偏移导线，共偏移七次；调用 TR【修剪】命令，修剪导线，结果如图 17-70 所示。

21　调用 F【圆角】命令，对导线执行圆角操作，结果如图 17-71 所示。

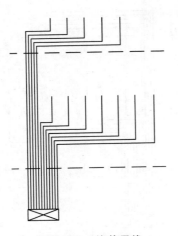

图 17-66 修剪导线

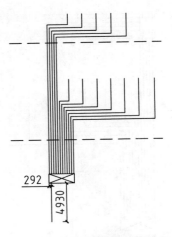

图 17-67 绘制垂直导线

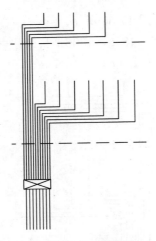

图 17-68 偏移导线

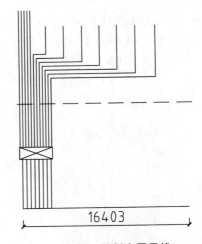

图 17-69 绘制水平导线

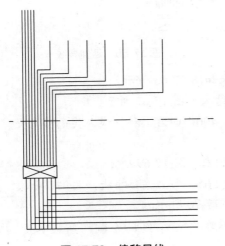

图 17-70 偏移导线

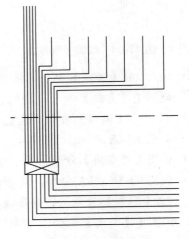

图 17-71 圆角操作

22 调用 L【直线】命令，绘制垂直导线，结果如图 17-72 所示。

23 调用 O【偏移】命令，设置偏移距离为 1799、1657、1742、1347、1337、1408、1326，向左偏移导线；调用 TR【修剪】命令，修剪导线，结果如图 17-73 所示。

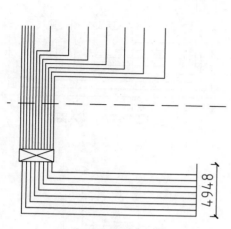

图 17-72　绘制垂直导线

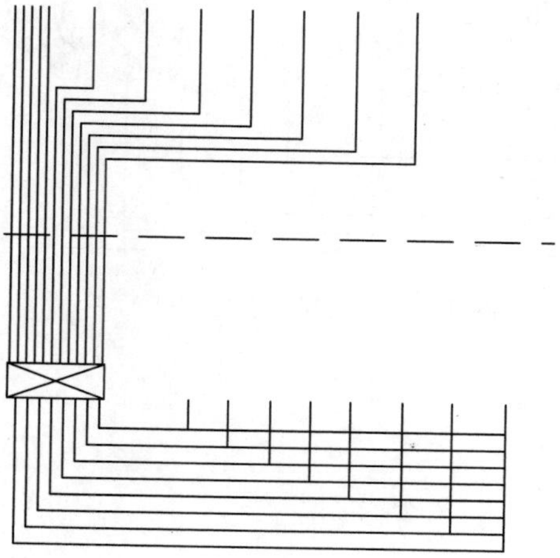

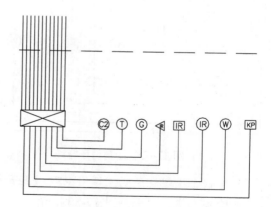

图 17-73　修剪导线

24 调用 F【圆角】命令，对导线执行圆角处理，结果如图 17-74 所示。

25 调入电气设备图块。按 Ctrl+O 快捷键，打开配套光盘提供的"第 15 章\家具图例.dwg"文件，将其中的电气设备图块复制粘贴至当前图形中，结果如图 17-75 所示。

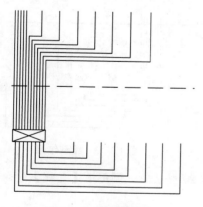

图 17-74　圆角处理

图 17-75　调入电气设备图块

26 调用 MT【多行文字】命令，绘制文字标注，结果如图 17-76 所示。

27 按 Ctrl+C、Ctrl+V 快捷键，从配套光盘提供的"第 15 章\家具图例.dwg"文件中复制其他电气设备图形至当前图形中，结果如图 17-77 所示。

28 调用 L【直线】命令，绘制垂直导线，结果如图 17-78 所示。

29 重复操作，继续调入电气设备图块并完成连接导线的绘制，结果如图 17-79 所示。

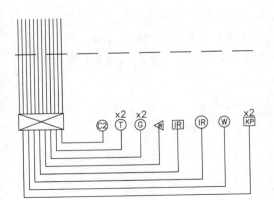

图 17-76　绘制文字标注

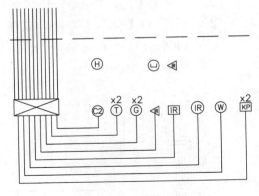

图 17-77　调入图块

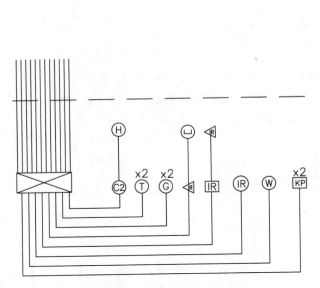

图 17-78　绘制垂直导线

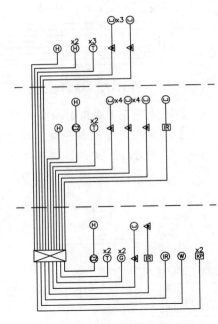

图 17-79　绘制结果

30 绘制导线埋设说明。调用 REC【矩形】命令，绘制矩形；调用 L【直线】命令，绘制直线，结果如图 17-80 所示。

31 调用 L【直线】命令，绘制角度为 45°的短斜线，结果如图 17-81 所示。

32 调用 O【偏移】命令，偏移线段，结果如图 17-82 所示。

33 调用 MT【多行文字】命令，绘制文字标注，结果如图 17-83 所示。

34 调用 REC【矩形】命令，绘制矩形；调用 L【直线】命令，绘制直线；调用 X【分解】命令，分解矩形；调用 O【偏移】命令，偏移矩形边，结果如图 17-84 所示。

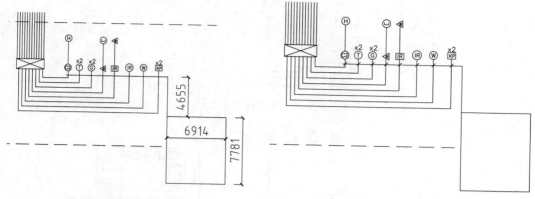

图 17-80　绘制结果　　　　　　　　　　　图 17-81　绘制短斜线

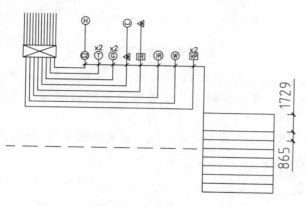

图 17-82　偏移线段

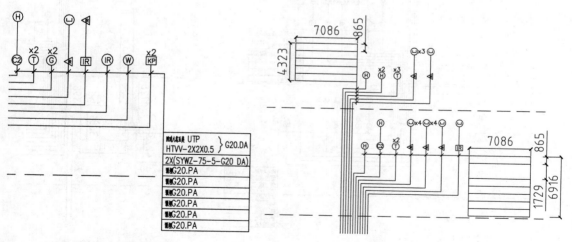

图 17-83　绘制文字标注　　　　　　　　　图 17-84　绘制结果

35 调用 MT【多行文字】命令，绘制管线埋设说明，结果如图 17-85 所示。

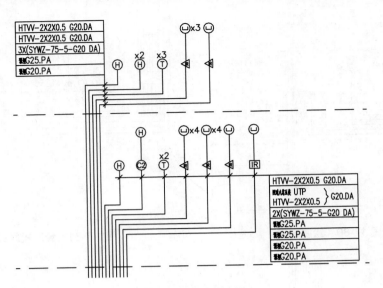

图 17-85　绘制文字说明

36 调入电气设备图块。按 Ctrl+O 快捷键，打开配套光盘提供的"第 15 章\家具图例.dwg"文件，将其中的电气设备图块复制到当前图形中，结果如图 17-86 所示。

37 调用 L【直线】命令，绘制连接导线，结果如图 17-87 所示。

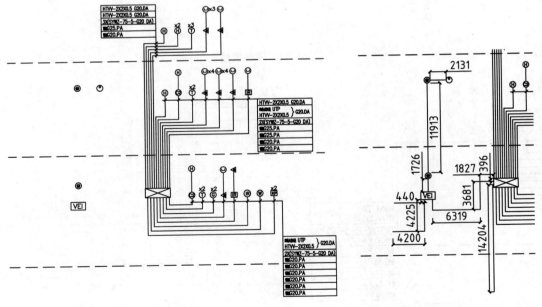

图 17-86　调入电气设备图块　　　　　　　图 17-87　绘制连接导线

38 调用 L【直线】命令，绘制标注线，结果如图 17-88 所示。

39 调用 MT【多行文字】命令，绘制文字标注，结果如图 17-89 所示。

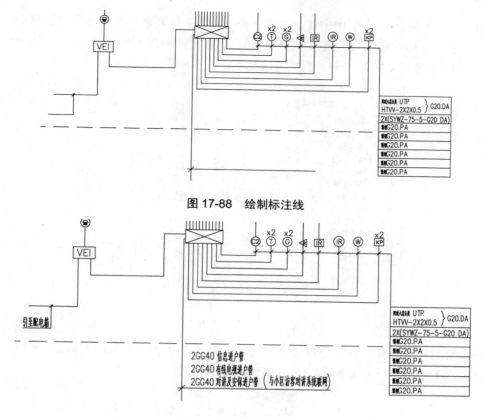

图 17-88　绘制标注线

图 17-89　绘制文字标注

40 绘制层数标注。调用 MT【多行文字】命令，绘制层数标注文字，结果如图 17-90 所示。

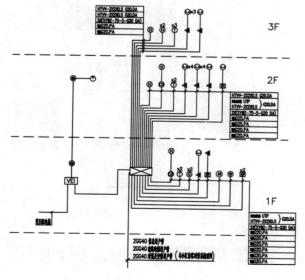

图 17-90　绘制层数标注

41 绘制图例表。调用 REC【矩形】命令、X【分解】命令及 O【偏移】命令，绘制图例表格；调用 CO【复制】命令，将电气设备图例移动复制至表格中；调用 MT【多行文字】命令，绘制文字标注，结果如图 17-91 所示。

图 列						
图 列	设备名称	型号及规格	单位	敷设方式	敷设高度	部 位
⊠	弱电信息箱	PB6031B	台	嵌墙	下口离地 1.4m	车库内
⊘	RJ45/RJ11型双孔终端	86H60	只	嵌墙	下口离地 0.3m	卧室、起居室、书房
⊞	电话出线盒	86H60	只	嵌墙	下口离地 0.3m	卧室等
⊤	有线电视终端盒	86H60	只	嵌墙	下口离地 0.3m	卧室等
▥	可视对讲主机	JB-2000IIIML	只	明装	下口离地 1.4m	出入口处
▨	报警系统控制键盘		只	嵌墙	下口离地 1.3m	出入口处
⊙	紧急求助按钮		只	嵌墙	下口离地 1.3m	主卧室等
Ⓦ	局温探测器	JTW-BCD-2106	只	吸顶		车库
⊚	可视对讲分机（带紧急报警按钮）	JB-2003V	只	明装	下口离地 1.4m	起居室等处
ⒾⓇ	红外探测器		只	吸顶		厨房
ⒾⓇ	红外探测器		只	明装	下口离地 3m	起居室休息室
Ⓛ	磁控开关		只			卧室等
◁	红外幕帘探测器		只	明装	下口离地 3m	卧室等
Ⓖ	气体泄漏探测器		只	吸顶		厨房

图 17-91　绘制图例表

42 绘制图名标注。调用 MT【多行文字】命令，绘制图名和比例标注；调用 L【直线】命令，绘制宽度不一的下划线，结果如图 17-92 所示。

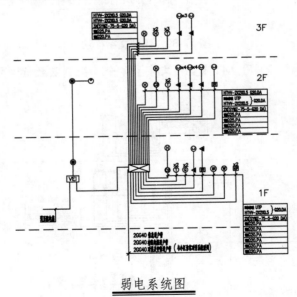

弱电系统图

图 17-92　绘制图名标注

17.3　空调通风施工图的绘制

暖通空调图主要表达室内采暖与通风系统的设置方法与安装效果，是建筑设备施工图重要的组成图样。本节以别墅的暖通空调施工为例，介绍其绘制方法。

17.3.1　空调系统的组成

空调系统是指对室内空气进行加温、冷却、过滤或净化后，使用气体输送管道进行空气调节的系统，主要由以下 4 个部分组成。

(1) 通风管道及部件：主要有通风管道、管件、部件等。

(2) 制冷管道及附件：主要有给水管、回水管、阀门等。

(3) 通风设备：主要有通风机、加热、加湿、过滤器等。

(4) 制冷设备：主要有压缩机、交换、蒸发、冷凝器等。

17.3.2　通风系统的分类

通风系统可以按照处理方式、作用范围和作用动力分成三类。

1. 按处理方式

- 送风：将新鲜空气送入房间，达到改善空气质量的效果。
- 排风：将室内被污染的空气经处理后排出室外。

2. 按作用范围

- 局部通风：为改善室内局部地区的工作条件进行的通风换气，使室内局部保持空气流通。
- 全面通风：为改善整个室内空气质量进行的通风换气，使室内保持空气流通。

3. 按作用动力

- 自然通风：借助室内外气压差产生的风压和室内外温差产生的热压进行通风换气的方式。
- 机械通风：依靠机械动力(即风机风压)进行通风换气。

17.3.3　空调通风施工图概述

空调通风施工图包括空调通风平面图、剖面图、轴测图、设备安装详图等。本小节介绍空调通风平面图、系统图的图示内容以及绘制方法。

1. 空调通风系统平面图

空调通风系统平面图需要表达通风管道、设备的平面布置情况以及相关的尺寸，包含以下内容。

(1) 使用双线绘制风管、异径管、弯头、静压箱、检查口、测定孔、调节阀、防火阀等图形。

(2) 在水式空调系统中，需要用实线表示冷热媒管道的平面位置以及形状等。

(3) 标注送、回风系统的编号，送、回风口的空气流动方向等。

(4) 标注空气处理设备(室)的长宽尺寸，各种设备的定位尺寸等。

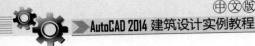

(5) 标注风道及风口尺寸,圆管注明管径,矩形管注明宽×高。

(6) 标注各部件的名称、规格、型号、外形尺寸以及定位尺寸等。

绘制空调通风系统平面图的方法如下。

(1) 建筑平面图的主要轮廓,包括墙身、梁、柱、门窗洞、楼梯等,与通风系统布置相关的建筑构配件需要用细实线绘制,与通风系统布置无关的图形绘制从简。

底层平面图要绘制房屋的开间和进深轴线,其他楼层平面图可以仅绘制边界轴线,需要标注轴线编号以及房间的名称。

(2) 通风系统平面图按照本层平顶以下使用投影法俯视绘制。

(3) 使用图例来表示工艺设备轮廓线,并标注器设备名称、型号;使用中实线来绘制主要设备,比如空调、附尘器以及通风机等;使用细实线来绘制次要设备及部件,比如过滤器、吸气罩以及空气分布器等,设备部件应标出编号并列表表示。

(4) 绘制风管,连接各设备。在绘制风管时,使用双线按比例以粗实线来绘制;在绘制风管法兰时,使用单线以中实线来绘制。

(5) 为解决建筑平面体形过大的问题,可以对建筑图样采取分段绘制,所以通风系统平面图也可采取分段绘制的方式。在绘制时分段部位应与建筑图样一致,应绘制分段示意图。

(6) 图上出现多根风管重叠时,应按需要将其上面(下面)或前面(后面)的风管使用折断线来断开,断开处需绘制文字说明。两根风管交叉时,可以不断开绘制,其交叉部分的不可见轮廓线可以不绘制。

(7) 标注设备及管道的定位尺寸(即设备或管道的中心线与建筑定位轴线或者墙面的距离)及管道断面尺寸。

圆形风管以Φ表示,矩形风管以宽×高来表示。风管管径或者断面尺寸应标注在风管上或风管法兰盘处延长的细实线上方。

图 17-93 所示为绘制完成的通风系统平面图。

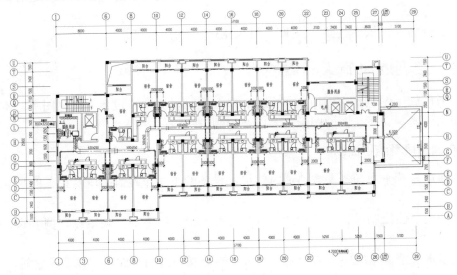

图 17-93 通风系统平面图

2. 通风系统图

通风系统图采用轴测图方式表示通风系统的全部管道、设备和各种部件的空间连接以及纵横交错、高低变化等情况。主要包含以下内容。

(1) 通风系统、通风设备以及各部件的编号应与平面图一致，以方便查询。

(2) 使用单线在图中表示各管道的管径或截面尺寸、标高、坡度以及坡向等。

(3) 标注出风口、调节阀、检查口、检测孔、风帽以及各异性部件的位置和尺寸等。

(4) 标注各设备的名称或规格型号等。

绘制空调通风系统图的方法如下。

(1) 一般采用三等正面斜轴测投影或正等测投影来绘制。

(2) 应按比例绘制设备、管道及三通、弯头、变径管等配件以及设备与管道连接处的法兰盘等内容。

(3) 按比例以单线绘制通风管道。

(4) 可分段绘制系统图，但在分段的接头处须用细虚线连接或用文字说明。

(5) 绘制主要设备、部件的编号，以便与平面、剖面图及设备表来对照；注明管道、截面尺寸、标注、坡度(标注方向与平面图一致)，管道标高应标注中心标高。假如所注标高不是中心标高，应在标高符号下绘制文字加以说明。

图 17-95 所示为绘制完成的通风系统图。

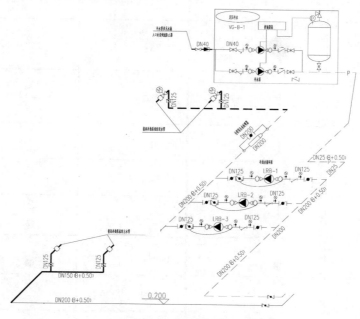

图 17-94　通风系统图

17.3.4　通风空调常见图例

表 17-10 所示为空调通风施工图常用的图例。

表 17-10 空调通风施工图常用图例

名　称	图　例	名　称	图　例
截止阀		电磁阀	
平衡锤安全阀		消声止回阀	
气开隔膜阀		气闭隔膜阀	
逆止阀		隔膜阀	
压力调节阀		膨胀阀隔膜阀	
温度调节阀		安全阀	
底阀		浮球阀	
蝶阀		膨胀阀	
散热器三通		三通阀	
闸阀		止回阀	
电动二通阀		液动阀	
球阀		减压阀	
节流阀		电动蝶阀	
液动蝶阀		气动蝶阀	
液动闸阀		快开阀	
手动调节阀		安全阀	
减压阀		弹簧安全阀	

续表

名 称	图 例	名 称	图 例
重锤安全阀		自动排气阀	
旋塞阀		节流孔板	
活接头		平衡阀	
管道泵		离心水泵	
柱塞阀		手动排气阀	
角阀		管封	
变径管		除污器	
直通型(或反冲式)除污器	E	补偿器	
爆破膜		热表	R
软接头		金属软管	
阻火器		漏斗	
地漏		快速接头	
定压差阀		调节止回关断阀	

17.3.5 绘制别墅空调通风平面图

本节介绍别墅空调通风平面图的绘制方法，包括布置通风设备、绘制风管等操作。

01 调用素材文件。按 Ctrl+O 快捷键，打开配套光盘提供的"第 17 章\别墅二层平面图.dwg"文件。调用 E【删除】命令，删除平面图上多余的图形；调用 L【直线】命令，绘制门口线，整理结果如图 17-95 所示。

02 调入排气扇图块。按 Ctrl+O 快捷键，打开配套光盘提供的"第 15 章\家具图例.dwg"文件，将其中的排气扇图块复制到当前图形中，结果如图 17-96 所示。

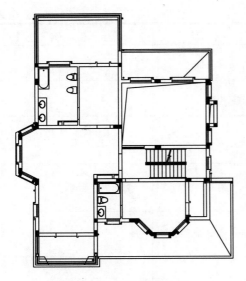

图 17-95　调用素材文件

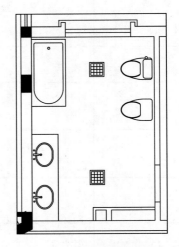

图 17-96　调入排气扇图块

03 按 Ctrl+C、Ctrl+V 快捷键，从配套光盘提供的"第 15 章\家具图例.dwg"文件中复制管道连接构件图形至当前图形中，结果如图 17-97 所示。

04 重复操作，将防雨百叶风口图形调入当前视图中，结果如图 17-98 所示。

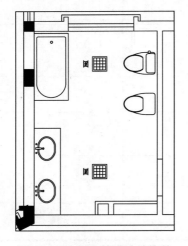

图 17-97　调入管道连接构件

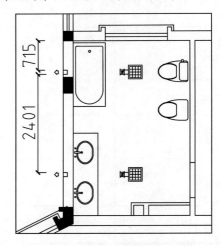

图 17-98　调入防雨百叶风口图块

05 调用 L【直线】命令，绘制风管，结果如图 17-99 所示。

06 调用 L【直线】命令，绘制排气扇之间的连接导线，结果如图 17-100 所示。

07 调入风机设备图块。按 Ctrl+O 快捷键，打开配套光盘提供的"第 15 章\家具图例.dwg"文件，将其中的风机设备图块复制到当前图形中，结果如图 17-101 所示。

08 绘制立管。调用 C【圆】命令，绘制半径为 50 的圆形，结果如图 17-102 所示。

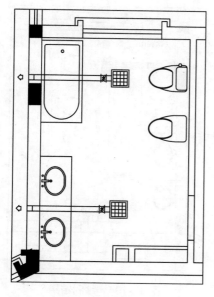

图 17-99　绘制风管

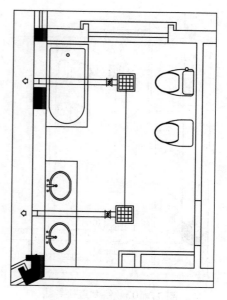

图 17-100　绘制连接导线

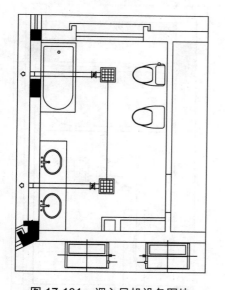

图 17-101　调入风机设备图块

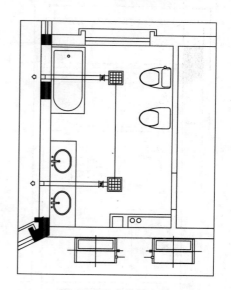

图 17-102　绘制立管

09 调用 L【直线】命令，绘制连接导线，结果如图 17-103 所示。

10 按下 Enter 键重复调用 L【直线】命令，绘制风机与立管的导线连接，结果如图 17-104 所示。

11 按 Ctrl+C、Ctrl+V 快捷键，从配套光盘提供的"第 15 章\家具图例.dwg"文件中复制粘贴排气扇、管道连接构件以及防雨百叶图形至当前图形中，结果如图 17-105 所示。

12 调用 L【直线】命令，绘制风管图形，结果如图 17-106 所示。

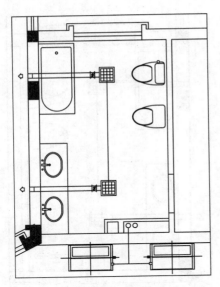

图 17-103 绘制连接导线

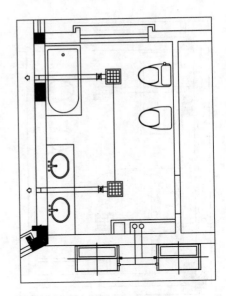

图 17-104 绘制结果

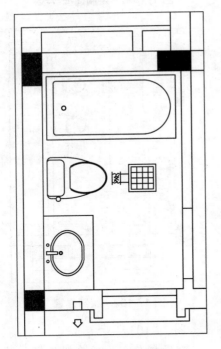

图 17-105 调入图块

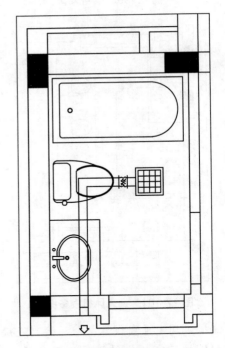

图 17-106 绘制风管

13 调用 L【直线】命令，定义风管的弯头位置，结果如图 17-107 所示。

14 调用 F【圆角】命令，分别设置圆角半径为 150、50，对风管执行圆角操作，结果如图 17-108 所示。

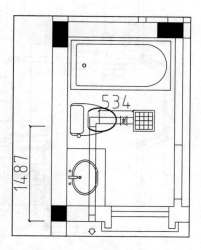

图 17-107　绘制直线

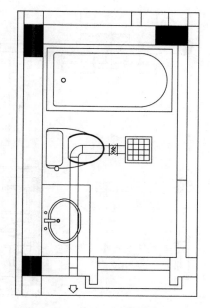

图 17-108　圆角操作

15 调入风机设备图块。按 Ctrl+O 快捷键，打开配套光盘提供的"第 15 章\家具图例.dwg"文件，将其中的风机设备图块复制到当前图形中。调用 C【圆】命令，绘制半径为 50 的圆形以表示立管图形，结果如图 17-109 所示。

16 调用 L【执行】命令，绘制风机与立管的连接导线，结果如图 17-110 所示。

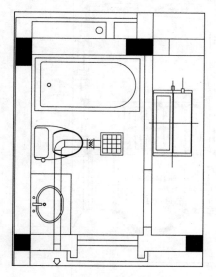

图 17-109　绘制结果

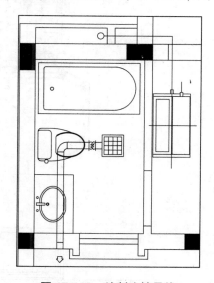

图 17-110　绘制连接导线

17 调用 L【直线】命令，绘制导线，结果如图 17-111 所示。

18 绘制管径标注。调用 MLD【多重引线】命令，绘制管径标注的结果如图 17-112 所示。

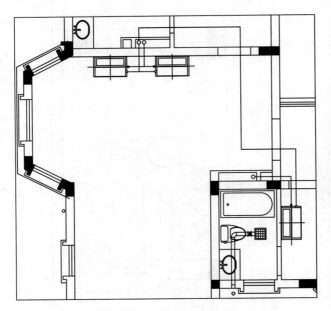

图 17-111　绘制导线

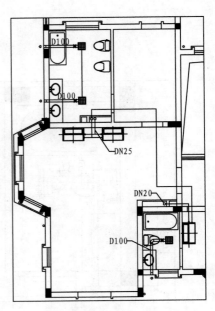

图 17-112　管径标注

19 绘制引出标注。调用 MLD【多重引线】命令、PL【多段线】命令及 MT【多行文字】命令，为平面图绘制引出标注，结果如图 17-113 所示。

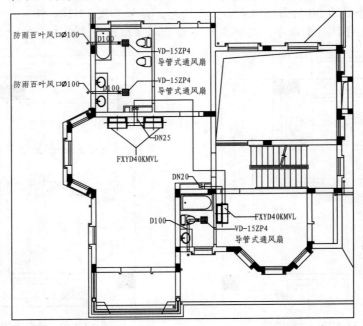

图 17-113　引出标注

20 绘制图名标注。调用 MT【多行文字】命令，绘制图名和比例标注；调用 L【直线】命令，绘制宽度不一的下划线，结果如图 17-114 所示。

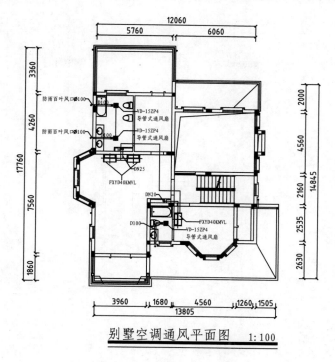

别墅空调通风平面图　1:100

图 17-114　绘制图名标注

第 18 章

施工图的打印方法与技巧

➲本章导读

　　对建筑图纸而言，其输出对象主要为打印机，打印输出的图纸将成为施工人员施工的主要依据。AutoCAD 提供了两种施工图打印方式，分别是模型空间打印和图纸空间打印。本章通过具体实例，分别讲解模型空间和图纸空间打印施工图的方法。

➲学习目标

➢ 了解建筑施工图出图的基本知识。

➢ 掌握模型空间打印的方法。

➢ 掌握图纸空间打印的方法。

18.1 模型空间打印

模型空间即通常所说的绘图空间,将待打印的图纸开启,在模型空间中对打印参数进行相应的设置,即可打印输出图纸。

18.1.1 调用图签

在执行图纸打印前,应先为图纸插入图框,以便在打印出的图框上书写制图单位、制图人等信息。这样做可以在对图纸产生异议时,有迹可寻,方便及时找人修改图纸。

01 按 Ctrl+O 快捷键,打开配套光盘提供的"第 18 章\18.1.1 插入图签.dwg"素材文件,结果如图 18-1 所示。

图 18-1 打开素材

02 执行【插入】|【块】命令,系统弹出【插入】对话框。选择"A3 图签"图块,结果如图 18-2 所示。

图 18-2 选择"A3 图签"图块

03 单击【确定】按钮，此时命令行提示"指定插入点或 [基点(B)/比例(S)/旋转 (R)]"选项。输入 S，选择"比例(S)"选项；输入比例参数为 80，单击指定图签 的插入点，结果如图 18-3 所示。

图 18-3　插入图签

18.1.2　页面设置

页面设置主要是指各打印参数的设置，包括打印机、图纸的尺寸、打印的方向等。

01 执行【文件】|【页面设置管理器】命令，系统弹出图 18-4 所示的【页面设置管 理器】对话框。

02 单击【新建】按钮，在弹出的【新建页面设置】对话框中定义新页面设置的名 称，结果如图 18-5 所示。

图 18-4　【页面设置管理器】对话框

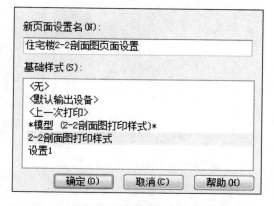

图 18-5　【新建页面设置】对话框

03 单击【确定】按钮，打开【页面设置-模型】对话框。设置在模型空间的打印参数，结果如图 18-6 所示。

04 单击【确定】按钮返回【页面设置管理器】对话框，选择刚才所新建的新页面样式，单击【置为当前】按钮。单击【关闭】按钮关闭对话框，完成页面设置操作。

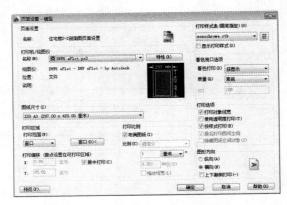

图 18-6 【页面设置-模型】对话框

18.1.3 打印

打印是指根据所定义的打印样式打印输出选定的图形。

01 执行【文件】|【打印】命令，系统弹出图 18-7 所示的【打印-模型】对话框。

02 单击【窗口】按钮，命令行提示如下。

```
命令：_plot
指定打印窗口
指定第一个角点：          //如图 18-8 所示
指定对角点：            //如图 18-9 所示
```

图 18-7 【打印-模型】对话框

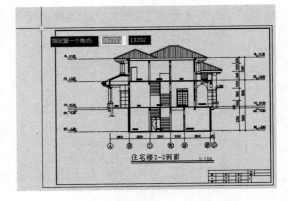

图 18-8 指定第一个角点

03 此时返回【打印-模型】对话框，单击【预览】按钮，在弹出的预览窗口中预览图形，该图形会以预览的形式打印输出，如图 18-10 所示。

04 单击界面上方的【打印】按钮🖨，即可将图纸打印输出。

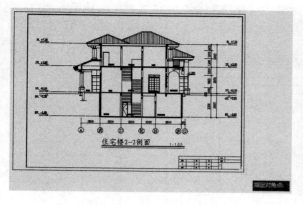

图 18-9　指定对角点

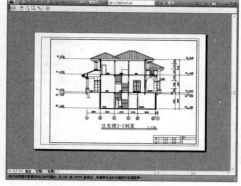

图 18-10　打印预览

 提示

在命令行中输入 PLOT 命令并按 Enter 键，单击标题栏上的【打印】按钮🖶，亦可弹出【打印—模型】对话框。

18.2　图纸空间打印

通过在图纸空间中创建视口，可以将视口内的图形打印输出，本节介绍这种操作方法。

18.2.1　进入布局空间

在图纸空间打印输出图形，应首先进入软件的布局空间。在该空间内设置一系列的参数，方可将图纸打印输出。

01 按 Ctrl+O 快捷键，打开配套光盘提供的"第 18 章\18.2 图纸空间打印.dwg"素材文件。

02 单击绘图区左下角上的【布局】标签，如图 18-11 所示。

03 即可进入布局空间，如图 18-12 所示。

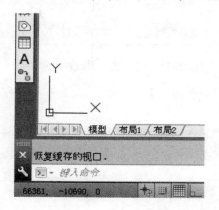

图 18-11　单击【布局】标签

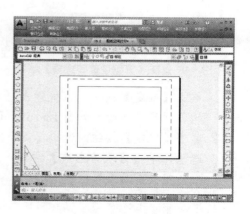

图 18-12　布局空间

04 单击选中系统默认的视口边框，调用 E【删除】命令，将其删除，结果如图 18-13 所示。

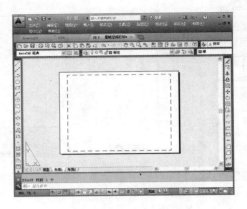

图 18-13　删除视口

18.2.2　页面设置

通过设置打印页面参数，可以对打印设备、打印图幅以及图纸的打印效果进行设定。

01 在【布局】标签上单击右键，在弹出的快捷菜单中选择【页面设置管理器】命令，如图 18-14 所示。

02 系统弹出【页面设置管理器】对话框，单击【新建】按钮，在弹出的【新建页面设置】对话框中定义新样式的名称，如图 18-15 所示。

图 18-14　选择【页面设置管理器】命令　　　　图 18-15　【新建页面设置】对话框

03 单击【确定】按钮，系统弹出【页面设置-布局 1】对话框。设置布局打印样式的各项参数，结果如图 18-16 所示。

04 单击【确定】按钮，返回【页面设置管理器】对话框。选中【立面图打印样式】选项，单击【置为当前】按钮，如图 18-17 所示。单击【关闭】按钮关闭对话框，完成页面设置操作。

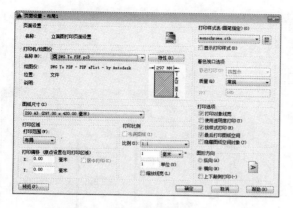

图 18-16　【页面设置-布局 1】对话框　　　　图 18-17　【页面设置管理器】对话框

05 此时布局空间如图 18-18 所示。

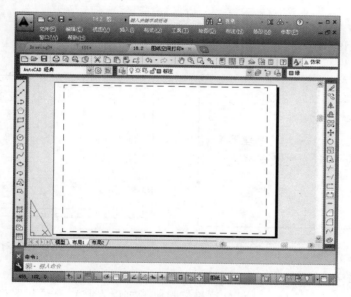

图 18-18　设置结果

18.2.3　创建视口

根据需要打印图形的数目，确定待创建视口的个数。本节需要打印两个立面图，根据图形的形状，可以创建两个相互平行的视口。

01 执行【视图】|【视口】|【新建视口】命令，如图 18-19 所示。

02 系统弹出【视口】对话框，选择【两个：水平】选项，如图 18-20 所示。

03 单击【确定】按钮，在布局空间中指定视口的第一个角点，如图 18-21 所示。

04 拖动鼠标，指定对角点，如图 18-22 所示。

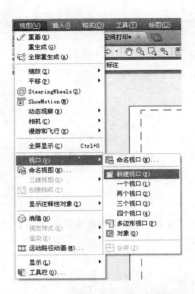

图 18-19　执行命令

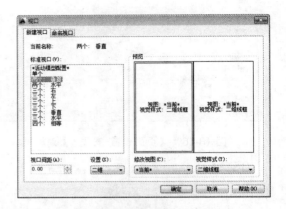

图 18-20　【视口】对话框

图 18-21　指定视口的第一个角点

图 18-22　指定对角点

05 创建视口的结果如图 18-23 所示。

06 在视口内双击鼠标，待视口边框变粗时，可以在视口内编辑图形，调整图形的显示范围，结果如图 18-24 所示。

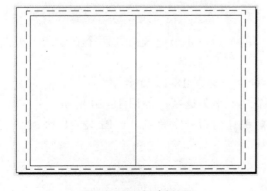

图 18-23　创建视口

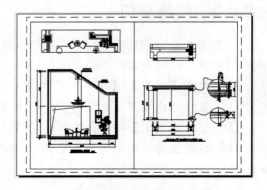

图 18-24　调整图形的显示范围

18.2.4　加入图签

在图纸空间中加入图签与在模型空间中加入图签的操作相同，本节简单介绍之。

01　执行【插入】|【块】命令，在弹出的【插入】对话框中选择"A3 图签"图块，插入图签的结果如图 18-25 所示。

02　调用 SC【缩放】命令，指定缩放因子为 0.9，将图签进行缩小，使其全部位于虚线框内，结果如图 18-26 所示。

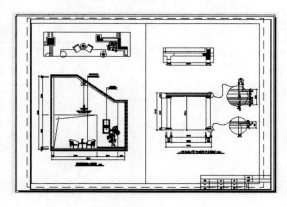

图 18-25　加入图签

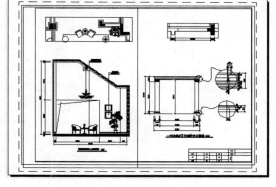

图 18-26　调整图签大小

18.2.5　打印

在图纸空间中打印图纸与在模型空间中打印图纸稍微不同，本节介绍在图纸空间中打印图形的操作。

01　将视口所在图层设置为不打印状态。

02　执行【文件】|【打印】命令，系统弹出图 18-27 所示的【打印-布局 1】对话框。

03　单击【预览】按钮，系统弹出打印预览界面，结果如图 18-28 所示。

04　单击界面上方的【打印】按钮🖨，即可将图纸打印输出。

图 18-27　【打印-布局 1】对话框

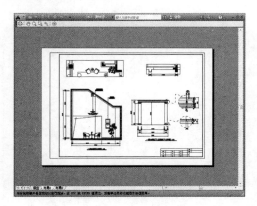

图 18-28　打印预览界面